Collana a cura di ̶̶̶̶̶̶̶̶ Lamberti

L'astrofisica è facile!

Mike Inglis

Tradotto dall'edizione originale inglese:
Astrophysics is Easy! di Mike Inglis
Copyright © Springer-Verlag London Limited 2007
All Rights Reserved

Versione in lingua italiana: © Springer-Verlag Italia 2009

Traduzione di:
Giusi Galli

Edizione italiana a cura di:
Springer-Verlag Italia   Gruppo B Editore
Via Decembrio, 28   Via Tasso, 7
20137 Milano   20123 Milano
springer.com   www.lestelle-astronomia.it

Springer fa parte di
Springer Science+Business Media

ISBN 978-88-470-1059-8 Springer-Verlag Italia
e-ISBN 978-88-470-1060-4

Foto nel logo: rotazione della volta celeste; l'autore è il romano Danilo Pivato, astrofotografo italiano di grande tecnica ed esperienza
Foto di copertina: l'ammasso stellare NGC 2467 (telescopio ESC/MPG e WFI)
Progetto grafico della copertina: Simona Colombo, Milano
Impaginazione: Erminio Consonni, Lenno (CO)
Stampa: Grafiche Porpora S.r.l., Segrate, Milano

Stampato in Italia

A mio padre e ad Alan, che sono già fra le stelle

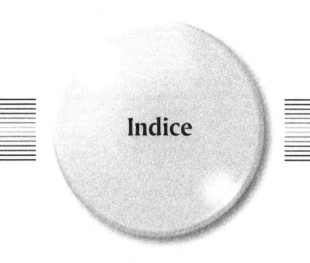

Indice

Prefazione

Eccomi ancora una volta prendere carta e penna e iniziare un viaggio che spieghi le complessità misteriose e affascinanti delle stelle, delle galassie e della materia che si trova tra di esse. È stato un viaggio che si è sviluppato lungo molti e diversi percorsi, con ravvedimenti e sterzate improvvise, dopo lunghe ore passate a chiedermi preoccupato se per caso fossi stato troppo difficile in quel punto, o troppo superficiale in quell'altro, poiché è un dato di fatto che molti astrofili sono parecchio preparati sugli argomenti che essi seguono con tanta passione. Comunque sia, il libro ora è finito e l'avete nelle vostre mani!

Nel tempo che mi è occorso per scriverlo, ho avuto la fortuna di incontrare nella casa editrice, e di godere del suo aiuto, l'amico Harry Bloom, che, da astronomo professionista come me, sa bene che i divulgatori d'astronomia sono una strana razza che va trattata con tanta pazienza e accondiscendenza. Grazie Harry, ti devo molto. Devo anche ringraziare l'amico John Watson, anch'egli collaboratore della Springer, il primo che vide con favore l'idea di produrre un libro di questo tipo. John è anche astrofilo, cosicché sapeva esattamente quali argomenti dovevano assolutamente essere trattati nel libro e quali, invece, dovevano essere evitati.

La mia fortuna è di avere avuto come docenti d'astronomia alcuni dei maggiori esperti mondiali in vari campi: è stato un privilegio conoscerli, e ancora lo è. Non solo essi sono astronomi di eccelse capacità, teoriche od osservative, ma sono pure straordinari educatori. Sono Chris Kitchin, Alan McCall, Iain Nicolson, Robert Forrest, e il povero Lou Marsh. Sono stati i migliori docenti che io abbia mai avuto. Ho scritto il libro generalmente di notte, da solo: a tenermi compagnia c'era la musica sublime di alcuni autori che voglio ringraziare: sono Steve Roach, David Sylvian, John Martyn e i Blue Nile.

Quando non tutto andava nel verso giusto, diversi amici hanno contribuito a risollevarmi lo spirito, scherzandoci sopra davanti a un boccale di birra. Sono gli inglesi Pete, Bill, Andy e Stuart, e gli americani Sean e Matt.

L'astronomia rappresenta un lato assai importante della mia vita, ma certamente non quanto la mia famiglia. Mio fratello Bob è anche un grande amico e mi ha aiutato molto soprattutto negli anni della mia formazione in quanto astronomo. Mia madre Myra, così piena d'energia, divertente, serena ha sempre supportato il mio sogno di diventare astronomo sin da quando ero bambino. È sempre stata un punto di riferimento e un esempio positivo per tutti noi. Infine, non esagero se dico che questo libro non sarebbe mai nato senza l'aiuto di Karen, la mia compagna. "*Diolch Cariad*", grazie amore. Grazie per aver reso la mia vita così allegra e serena!

Mike Inglis
Long Island, USA

Ringraziamenti

Devo ringraziare le seguenti persone e organizzazioni per il loro aiuto, per avermi concesso di citare i loro lavori e di utilizzare i dati da essi forniti.

L'Agenzia Spaziale Europea (ESA), per il permesso di usare i cataloghi *Hipparcos* e *Tycho*.

I miei colleghi del Suffolk County Community College, USA, per il loro supporto e incoraggiamento.

Gli astronomi della Princeton University, USA, per le discussioni riguardo all'intero processo della formazione stellare.

Gli astronomi dell'Università dello Hertfordshire, UK, per le letture che mi hanno consigliato e per le utili discussioni.

Gary Walker, dell'American Association of Variable Stars Observers, per le informazioni relative ai vari tipi di stelle variabili.

Cheryl Gundy, dello Space Telescope Science Institute, USA, per avermi fornito dati astrofisici relativi a molti degli argomenti trattati.

Stuart Young, dell'Università dello Hertfordshire, UK, per le discussioni e le informazioni riguardanti la formazione stellare e il diagramma di Hertzsprung-Russell.

Chris Packham, dell'Università della Florida, USA, che mi ha aiutato a rilevare diversi errori che avevo fatto e che mi ha dato l'*input* corretto per trattare gli AGN.

Karen Milstein, per il superbo lavoro di revisione della stesura iniziale del libro, nonché delle prime bozze.

Lo Smithsonian Astrophysical Observatory, USA, per avermi fornito dati sulle stelle e sugli ammassi stellari.

Robert Forrest, dell'Osservatorio dell'Università dell'Hertfordshire, UK, Michael Hurrell e Donald Tinkler, della South Bayfordbury Astronomical Society, UK, che mi hanno messo a disposizione le loro note osservative.

Scrivendo un libro come questo, che entra nel dettaglio di parecchie questioni, è virtualmente impossibile evitare gli errori. Se ne troverete qualcuno, mi rammarico della svista, e vi sarò grato se me lo segnalerete.

Se inoltre pensate che io abbia omesso una stella o una galassia che avrebbero potuto descrivere meglio qualche aspetto dell'astrofisica, sentitevi liberi di contattarmi all'indirizzo: **inglism@sunysuffolk.edu**.

Non posso promettere di rispondere a tutte le *e-mail*, ma di certo le leggerò.

Una panoramica generale

Per il vasto pubblico, l'astrofisica – ovvero la scienza che tratta di stelle, di galassie e dell'intero Universo in cui viviamo – sembra un argomento adatto a un testo di livello universitario, cosicché l'idea di una guida all'astrofisica per astrofili a prima vista potrebbe apparire quasi un non senso. In realtà, posso assicurarvi che tutti possono capire bene come nasce una stella, come trascorre la sua vita, come si pensa che evolvano le galassie e cosa la loro forma ci può dire della loro origine e della loro età, come ebbe inizio l'Universo e come potrebbe finire. In effetti, non serve una matematica complessa per capire tutto questo: basta saper moltiplicare, dividere, sommare e sottrarre!

E quel che più conta è che ci sono innumerevoli oggetti meravigliosi che possono essere osservati nel cielo notturno, capaci di illustrare concretamente all'astrofilo il più astruso concetto astrofisico. Cosa occorre allora? Solo la voglia di apprendere e un cielo scuro e sereno.

Imparare qualcosa di più approfondito relativamente ai processi della formazione stellare, a cosa capita quando una stella espansa muore, o perché alcune galassie sono spirali e altre ellittiche può aggiungere un altro livello di interesse e di curiosità a una sessione osservativa. Per esempio, molti astrofili conoscono bene la stella Rigel, nella costellazione d'Orione, ma quanti sanno che si tratta di una stella gigante, con una massa 40 volte quella del Sole e quasi mezzo milione di volte più luminosa della nostra stella? Quanti sanno che la galassia più vicina a noi, M31 in Andromeda, ospita nel suo nucleo un buco nero supermassiccio con una massa 50 milioni di volte quella del Sole? O che la Nebulosa in Orione, una delle più belle in cielo, è di fatto un'immensa culla dentro la quale stanno nascendo nuove stelle proprio mentre noi stiamo leggendo questo libro? Conoscere questi aspetti, anche quantitativamente, arricchisce senz'altro la mera attività osservativa.

Ciascuna parte di questo libro si riferisce a un aspetto astrofisico specifico. La prima parte si focalizza su concetti che sono indispensabili per avere una piena comprensione di tutto il resto, ed è divisa in argomenti come la luminosità, la massa, la distanza delle stelle e così via. Passeremo poi a considerare gli strumenti dell'astronomo, in particolare la spettroscopia. Praticamente, tutto ciò che sappiamo sulle stelle e sulle galassie deriva proprio dagli studi fatti attraverso questa importantissima tecnica. Spenderemo un po' di tempo per approfondire quello che si chiama "diagramma di Hertzsprung-Russell (H-R)" se c'è uno strumento che può compendiare la vita di una stella, o di un ammasso stellare, questo è proprio il diagramma H-R, come vedremo. Esso riassume alcuni dei concetti più basilari e rivelatori di tutta l'evoluzione stellare e si può dire che una volta che si sia capito il diagramma H-R allora si è capito come una stella evolve.

Passando poi agli oggetti celesti, prenderemo le mosse dalla formazione delle stelle dalle nubi di gas e polveri e concluderemo con gli aspetti finali della vita di una stella, la quale può risolversi in un evento spettacolare che è detto supernova, che porta alla formazione di una stella di neutroni o anche di un buco nero.

A una scala maggiore, tratteremo delle galassie, delle loro forme (la morfologia), della loro distribuzione spaziale e delle loro origini.

Gli argomenti sono stati scelti in modo specifico affinché, contemporaneamente, possano essere osservati gli oggetti di cui si sta trattando; così, ad ogni tappa del nostro viaggio, una sezione osservativa riporterà la descrizione di quegli oggetti che meglio possono incarnare e dimostrare i concetti trattati. Molte di queste sorgenti, siano esse stelle, nebulose o galassie, si renderanno visibili anche dentro strumenti ottici modesti; molti altri addirittura a occhio nudo. In pochi casi eccezionali, sarà invece necessario un telescopio di media apertura. Come ovvio, non verranno presentati tutti gli oggetti presenti in cielo, ma solo alcuni casi rappresentativi (normalmente i più brillanti). Questi esempi vi consentiranno di imparare qualcosa riguardo alle stelle, alle nebulose o alle galassie a vostro piacimento: essi costituiranno una sorta di iconografia "dal vero" per questo libro.

Ad uso del lettore che ha qualche propensione per la matematica vengono fornite un po' di formule, riquadrate in aree con un fondino grigio. Ma nessuno abbia timore a leggere questi riquadri: non si devono possedere particolari abilità matematiche per riuscire a comprendere questo libro; i riquadri servono solo per sottolineare e descrivere in modo più preciso i meccanismi e i principi dell'astrofisica. Se vi piace la matematica, allora mi sento di raccomandare fortemente la lettura di queste sezioni, che favoriranno la vostra comprensione dei vari concetti e vi metteranno in grado di determinare parametri come l'età di una stella, la sua distanza, la massa e la luminosità. La matematica qui presentata sarà molto semplice, comparabile a quella che si studia nel biennio della scuola media superiore. In effetti, per semplificare al massimo le formule matematiche, utilizzeremo formule approssimate (ma assolutamente accettabili) e proporremo calcoli poco complessi, che pure produrranno risultati sorprendentemente accurati.

Il lettore noterà immediatamente che non sono presenti nel libro mappe stellari. La ragione di questo fatto è semplice: si era provato ad includere qualche mappa, ma si era poi verificato che le dimensioni sarebbero state fonte di critica: i lettori avrebbero trovato queste mappe troppo piccole, ma, d'altra parte, pubblicare mappe più grandi e dettagliate per ogni oggetto menzionato nel libro avrebbe comportato almeno il raddoppio delle sue dimensioni e probabilmente un costo di produzione triplo. Considerato che esistono molti programmi per computer che sono in grado di tratteggiare mappe celesti, si è pensato che sarebbe più semplice per il lettore produrre da sé le mappe a cui è interessato piuttosto che presentarle tutte qui.

Infine, mi piace sottolineare che questo libro si presta ad essere letto in vari modi.

Naturalmente, si può partire dall'inizio e leggerlo tutto in sequenza fino alla fine; ma se il lettore fosse particolarmente interessato diciamo alle supernovae e agli stadi finali della vita di una stella, oppure agli ammassi di galassie, non c'è ragione perché non abbia ad andare direttamente ai paragrafi che trattano tali argomenti. Potrebbe magari trovare una nomenclatura non troppo familiare, ma ho cercato di scrivere il libro abbondando nelle descrizioni, spesso ripetendole più volte, di modo che questo non dovrebbe rappresentare un problema. Inoltre, molti astrofili potrebbero andare subito alla lista degli oggetti da osservare. In definitiva, leggete il libro nel modo che vi sembra più piacevole.

Ed ora, senz'altro indugio, incominciamo il nostro viaggio di scoperta...

 # Gli strumenti del mestiere

1.1 La distanza

Per determinare molti dei parametri di base degli oggetti celesti è anzitutto necessario stabilire quanto tali oggetti siano vicini o lontani da noi. Vedremo più avanti quanto questo sia di vitale importanza, perché l'apparenza luminosa di una stella nel cielo notturno potrebbe significare tanto che essa è vicina a noi, quanto che essa è inerentemente una stella luminosa. Al contrario, alcune stelle possono apparirci deboli sia perché si trovano a distanze immense dal Sole, sia perché sono intrinsecamente molto deboli (o per entrambe le cose assieme). È quindi indispensabile capire quale sia la spiegazione più corretta.

La determinazione della distanza in astronomia è sempre stata fonte di difficoltà e di errori; e continua ad esserlo anche ai nostri giorni. Non c'è ancora consenso su quale sia il metodo migliore da adottare, almeno per ciò che riguarda le distanze degli oggetti agli estremi confini della nostra Galassia, la Via Lattea, e delle altre galassie. Il metodo più antico, che è usato ancora ai nostri giorni, è probabilmente anche il più preciso per quanto riguarda la misura delle distanze stellari.

Questa tecnica, concettualmente semplice, è detta *parallasse stellare*. Si tratta sostanzialmente di due misure angolari eseguite sulla medesima stella quando questa è osservata da due differenti posizioni lungo l'orbita terrestre. Generalmente, tali misure vengono fatte a distanza di sei mesi (quindi da posizioni diametralmente opposte sull'orbita della Terra): in tal modo, se la stella è relativamente vicina, sembrerà cambiare la propria posizione rispetto allo sfondo delle stelle lontane. La parallasse (p) della stella osservata è pari alla metà dell'angolo che misura lo spostamento apparente della posizione della stella. Maggiore è la parallasse, minore sarà la distanza (d) della stella. La figura 1.1 illustra questo concetto.

Se per una stella si misura una parallasse di 1 secondo d'arco (1" = 1°/3600) con una base parallattica di 1 Unità Astronomica (UA), che è la distanza media della Terra dal Sole, allora, per definizione, la distanza della stella è di 1 *parsec* (pc). Dunque, il parsec è

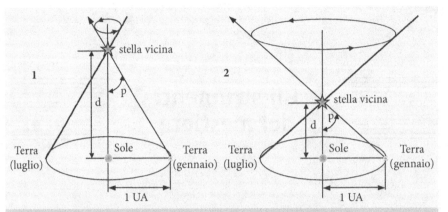

Figura 1.1. La parallasse stellare.
(1) Mentre la Terra si muove attorno al Sole, una stella vicina cambia la sua posizione apparente rispetto alle stelle di fondo. La parallasse (p) della stella è l'ampiezza angolare del raggio dell'orbita terrestre vista dalla stella.
(2) Più la stella è vicina, maggiore è l'angolo di parallasse.

la distanza di un oggetto che ha una parallasse di 1 secondo d'arco: è l'unità di distanza più frequentemente utilizzata dagli astronomi[1].

La distanza di una stella, in parsec, è data dal reciproco della sua parallasse, in secondi d'arco, e normalmente si esprime come:

$$d = 1/p$$

Così, usando questa formuletta, comprendiamo che una stella che abbia una parallasse di 0,1 secondi d'arco si troverà alla distanza di 10 pc, mentre un'altra con una parallasse di 0,05 secondi d'arco sarà distante 20 pc.

Box 1.1 Relazione tra parallasse e distanza

$$d = 1/p$$

d = distanza di una stella, misurata in pc
p = angolo di parallasse di una stella, misurato in secondi d'arco.
Questa semplice relazione spiega perché gli astronomi usano misurare le distanze in parsec piuttosto che in anni luce (a.l.). La stella più brillante nel cielo notturno è Sirio (α Canis Majoris), che ha una parallasse di 0,379 secondi d'arco. La sua distanza dalla Terra è dunque:

$$d = 1/p = 1/0,379 = 2,63 \text{ pc}$$

Si noti che 1 pc equivale a 3,26 a.l. Questa distanza può dunque essere espressa anche così:

$$d = 2,63 \times 3,26 = 8,6 \text{ anni luce}$$

Sorprendentemente, tutte le stelle conosciute hanno angoli di parallasse minori di 1 secondo d'arco; d'altra parte, gli angoli più piccoli di 0,01 secondi d'arco sono assai difficili da misurare dalla superficie terrestre a causa degli effetti indotti dall'atmosfera; ciò limita la possibilità di misurare le distanze con il metodo parallattico a circa 100 pc (1/0",01). Dallo spazio, il satellite europeo Hipparcos, lanciato nel 1989, fu in grado di misurare gli angoli di parallasse con una precisione di 0,001 secondi d'arco, il che consentì di rilevare le distanze fino a circa 1000 pc[2].

Questo metodo di misura delle distanze è utile però solo per le stelle relativamente vicine. Le stelle della Galassia sono per la gran parte troppo lontane affinché su di esse si possano compiere misure di parallasse. Dunque bisogna escogitare qualche altro metodo di misura.

Molte stelle variano la loro luminosità (sono le cosiddette stelle variabili) e alcune di esse giocano un ruolo importante nella determinazione delle distanze. Anche se discuteremo le loro proprietà dettagliatamente più avanti, è istruttivo menzionarle a questo punto.

Ci sono due tipi di variabili che sono particolarmente utili quando si voglia determinare la distanza. Sono le variabili Cefeidi e le variabili tipo RR Lyrae[3]. Entrambe sono classificate come variabili pulsanti, ossia stelle che vanno soggette a una variazione periodica del diametro nel corso del tempo. L'importanza di queste stelle sta nel fatto che c'è una precisa relazione tra la loro luminosità[4] media e i loro periodi di variabilità. Tanto più lungo è il tempo in cui una stella varia la sua brillantezza (il periodo), tanto maggiore è la luminosità intrinseca. Si tratta della famosa relazione periodo-luminosità[5]. Il periodo di variabilità di una stella è relativamente facile da misurare (lo possono fare anche gli astrofili) e, una volta che sia stato misurato il periodo, resta determinata la luminosità intrinseca della stella. A questo punto, comparando la luminosità, che è una misura della brillantezza intrinseca della stella, con la brillantezza che essa mostra in cielo, è possibile calcolare la sua distanza[6]. Usando come riferimento le Cefeidi, sono state determinate le distanze di galassie fino a circa 60 milioni di a.l.

Un approccio del tutto simile può essere utilizzato sfruttando le stelle RR Lyrae, che sono meno luminose delle Cefeidi e hanno periodi minori di un giorno. Con queste stelle si determinano le distanze fino a circa 2 milioni di a.l.

Un altro metodo per la misura della distanza è quello della parallasse spettroscopica, nel quale la conoscenza del tipo spettrale di una stella può condurre alla stima della sua luminosità intrinseca, la quale a sua volta può essere comparata con la brillantezza apparente per ricavare la distanza.

Ci sono altri metodi per la determinazione della distanza che vengono usati per oggetti più lontani, come sono le galassie. Tali metodi includono quello di Tully-Fisher e la famosa Legge di Hubble. Di tutti questi metodi discuteremo in maggior dettaglio nel seguito.

Un'ultima annotazione riguardo alla determinazione della distanza. Non si pensi che questi metodi producano misure esatte, perché un certo errore è inevitabile. L'errore usualmente si colloca tra il 10 e il 25%, né ci si deve meravigliare se talvolta giunge al 50%. Si tenga presente che un errore del 25% per una stella stimata alla distanza di 4000 a.l. significa che essa potrebbe trovarsi in realtà tra 3000 e 5000 a.l. La tabella 1.1 riporta le 20 stelle più vicine.

Discutiamo ora di alcune delle stelle più vicine dal punto di vista osservativo. La lista che riportiamo non è per nulla completa, ma include solo le stelle che sono facilmente visibili. Molte delle stelle vicine al Sole sono estremamente deboli e rappresentano una sfida osservativa notevole: per questo non le abbiamo incluse nella nostra selezione.

Nel corso del libro ho usato la seguente nomenclatura relativa alle stelle: dapprima riporto il loro nome comune (quando ce l'hanno), seguito dalla designazione scientifica. Successivamente, riporto la loro posizione in ascensione retta e declinazione. In seguito, indico i mesi in cui la stella è meglio posizionata per le osservazioni.

Tabella 1.1. Le 20 stelle più vicine

	Stella	Distanza, a.l.	Costellazione
1	Sole	—	—
2	Proxima Centauri	4,22	Centaurus
3	Alfa Centauri A[7]	4,39	Centaurus
4	Stella di Barnard	5,94	Ophiuchus
5	Wolf 359	7,8	Leo
6	Lalande 21185	8,31	Ursa Major
7	Sirio A[7]	8,60	Canis Major
8	UV Ceti A[7]	8,7	Cetus
9	Ross 154	9,69	Sagittarius
10	Ross 248	10,3	Andromeda
11	Epsilon Eridani	10,49	Eridanus
12	HD 217987	10,73	Piscis Austrinus
13	Ross 128	10,89	Virgo
14	L 789–6 A [7]	11,2	Aquarius
15	61 Cygni A	11,35	Cygnus
16	Procione A [7]	11,42	Canis Minor
17	61 Cygni B	11,43	Cygnus
18	HD 173740	11,47	Draco
19	HD 173739	11,64	Draco
20	GX Andromedae	11,64	Andromeda

La riga successiva presenta alcuni dati e informazioni pertinenti alla stella: la magnitudine apparente, seguita dalla magnitudine assoluta e da altri dati specifici (la distanza in anni luce e la parallasse, oppure, più avanti, il tipo spettrale ecc.); concludo con la costellazione di appartenenza.

1.1.1 Le stelle più vicine [8]

Proxima Centauri	**V645 Cen**	**14h 29,7m**	**–62° 41'**	Mar-**Apr**-Mag
11,01v m [9]	15,45 M	4,22 a.l.	0",772	**Centaurus**

La Proxima Centauri è la stella più vicina al Sistema Solare: per questo motivo ne parliamo, ma è un astro molto debole, visibile solo al telescopio. Si tratta di una nana rossa e anche di una stella a *flare*, ossia che va soggetta a frequenti brillamenti con un'ampiezza di circa una magnitudine. Dati recenti indicano che, contrariamente a quanto si pensava, non è fisicamente associata alla α Centauri: essa si trova a transitare nei pressi di questa stella muovendosi su un'orbita iperbolica.

Sirio A	α **Canis Majoris**	**06h 29,7m**	**–16° 43'**	Dic-Gen-Feb
–1,44 m	1,45 M	8,6 a.l.	0",379	**Canis Major**

Sirio, conosciuta anche come la Stella del Cane, è magnifica da osservare. È la più brillante stella del cielo ed è la sesta in ordine di distanza dal Sole. È famosa tra gli astrofili per le esotiche variazioni di colore che esibisce per effetto della scintillazione atmosferica. Ha una stella nana come compagna, la prima nana bianca che sia stata scoperta. La sua visione è fantastica in ogni strumento ottico.

Procione	α Canis Minoris	07h 39,3m	−56° 13'	Dic-**Gen**-Feb
0,40 m	2,68 M	11,41 a.l.	0",283	Canis Minor

L'ottava stella in ordine di luminosità e la quindicesima in ordine di distanza dal Sole, anche Procione, come Sirio, è accompagnata da una nana bianca, che però non si rende visibile attraverso strumenti amatoriali.

Stella di Barnard	HD 21185 [10]	17h 57,8m	+4° 38'	Apr-**Mag**-Giu
9,54 m	13,24 M	5,94 a.l.	0",549	Ophiuchus

La Stella di Barnard è la terza più vicina a noi ed è una nana rossa. Ciò che la rende famosa è il fatto di avere il più grande moto proprio[11] fra tutte le stelle del cielo: 10,4 secondi d'arco per anno. Con questa velocità apparente essa percorre un tratto angolare paragonabile al diametro della Luna in circa 180 anni. La sua velocità lineare è di 140 km/s. Qualcuno ipotizza che sia una stella della popolazione dell'alone galattico.

61 Cygni A	V 1803 Cyg	21h 06,9m	+38° 45'	Lug-**Ago**-Set
5,20$_v$ m	7,49 M	11,35 a.l.	0",287	Cygnus

La 61 Cygni è una bella stella doppia con una separazione di 30,3 secondi d'arco fra le sue componenti, con un angolo di posizione di 150° (si veda la sezione 3.7). Entrambe le componenti sono nane e di colore arancione. La "v" a deponente della magnitudine indica che è una stella variabile. È famosa per essere stata la prima stella per la quale si riuscì a misurare la distanza attraverso il metodo della parallasse: ci riuscì F.W. Bessel nel 1838.

GX And	Grb 34	00h 18,2m	+44° 01'	Ago-**Set**-Ott
8,09$_v$ m	10,33 M	11,65 a.l.	0",280	Andromeda

Questo è uno dei più famosi sistemi binari composti da nane rosse, con la stella primaria che è essa stessa una stella doppia spettroscopica. Conosciuta anche come Groombridge 34 A, la GX And si trova circa un quarto di grado a nord della 26 Andromedae.

Lacaille 9352	HD 217987	23h 05,5m	−35° 52'	Ago-**Set**-Ott
7,35 m	9,76 M	10,73 a.l.	0",304	Pisces Austrinus

Si tratta di una nana rossa con il quarto moto proprio conosciuto in ordine di velocità: si sposta in cielo di poco meno di 7 secondi d'arco all'anno e quindi impiega circa tre secoli per coprire il diametro angolare della Luna Piena. Lacaille è nella parte estrema sud-orientale della costellazione, circa 1° a sud-sudest della π PsA.

UV Ceti	L 726−8 A	01h 38,8m	−17° 57'	Set-**Ott**-Nov
12,56$_v$ m	15,42 M	8,56 a.l.	0",381	Cetus

La UV Ceti è la settima stella in ordine di distanza dal Sole ed è una nana rossa piuttosto difficile da osservare, benché non impossibile. Anzi, è un sistema binario di due nane rosse, ed entrambe le componenti sono stelle a *flare*, la più debole delle quali viene riportata in vecchi testi come "la stella a *flare* di Luyten", dal nome dell'astronomo W.J. Luyten che la osservò per la prima volta nel 1949.

ε Eridani	HD 22049	03h 32,9m	−09° 77'	Ott-**Nov**-Dic
3,72 m	6,18 M	10,49 a.l.	0",311	Eridanus

Decima stella in ordine di distanza da noi, è un oggetto visibile a occhio nudo. Osservazioni recenti indicano che potrebbe essere accompagnata da un sistema planetario con due pianeti.

1.2 Brillantezza e luminosità

Il numero di stelle e di galassie presenti in cielo è immenso. Per la gran parte, le stelle sono alimentate dallo stesso processo energetico che fa splendere il Sole. Questo tuttavia non significa che le stelle siano tutte uguali, poiché differiscono sotto diversi aspetti, come la massa, le dimensioni e così via. Una delle caratteristiche più importanti è la loro *luminosità* (L), che normalmente viene misurata in watt (W), oppure in unità di luminosità solare, indicata con il simbolo $L_\odot$[12]. La luminosità è la quantità di energia che la stella emette ogni secondo, ossia la sua potenza. Naturalmente, noi non possiamo misurare la luminosità di una stella per via diretta: ne misuriamo la brillantezza, ma ne dobbiamo conoscere la distanza per risalire alla reale luminosità intrinseca. Per esempio, α Centauri A e il Sole sono stelle caratterizzate da luminosità quasi identiche, ma mentre il Sole ci inonda di luce, la α Centauri A ci appare nel cielo notturno come un semplice puntino luminoso, perché è circa 270 mila volte più lontana del Sole.

Per determinare la reale luminosità di una stella abbiamo bisogno anzitutto di conoscere la sua brillantezza apparente, che definiremo come la quantità di luce che raggiunge la Terra nell'unità di tempo e di area [13]. La luce che si allontana dalla stella si distribuisce su una superficie progressivamente crescente, obbedendo a quella che si chiama *legge dell'inverso del quadrato*. Se il Sole si trovasse non alla distanza che sappiamo, ma a una distanza doppia, allora dalla Terra esso ci apparirebbe più debole di un fattore $2^2 = 4$. Se si trovasse a una distanza 10 volte maggiore, ci apparirebbe $10^2 = 100$ volte più debole. Se noi dovessimo osservare il Sole posto alla stessa distanza di α Centauri A, ci apparirebbe più debole di un fattore 270.000^2, che equivale a 70 miliardi.

La legge dell'inverso del quadrato ci dice quant'è la quantità di energia che entra nei nostri occhi oppure in un rivelatore. Immaginiamo una sfera enorme di raggio d, con centro nella stella. La quantità di luce che filtra ogni secondo attraverso un metro quadrato della superficie di tale sfera è pari alla luminosità totale emessa dalla stella (L) divisa per la superficie della sfera, espressa in m². Poiché la superficie di una sfera è data dalla formula $4\pi d^2$ è facile capire

Box 1.2 La formula luminosità/distanza

La relazione tra distanza, brillantezza e luminosità è data da:

$$b = L/4\pi d^2$$

dove b è la brillantezza (flusso) di un stella in W/m²
L è la luminosità della stella in W
d è la distanza della stella in m.

Esempio
Applichiamo questa formula a Sirio, che ha una luminosità di $8,5 \times 10^{27}$ W e che si trova alla distanza di 8,6 a.l. [Nota: 1 a.l. è pari a $9,46 \times 10^{15}$ m; dunque 8,6 a.l. sono: $8,6 \times 9,46 \times 10^{15} = 8,14 \times 10^{16}$ m]

$$b = 8,5 \times 10^{27} / [4\pi(8,14 \times 10^{16})^2] = 1 \times 10^{-7} \text{ W/m}^2$$

Ciò significa che, per esempio, un rivelatore con un'area di 1 m² (potrebbe essere lo specchio di un telescopio riflettore) riceverà approssimativamente una potenza di un decimilionesimo di watt!

che, aumentando il raggio d della sfera, diminuirà il flusso. Ecco perché il flusso che arriva alla Terra da una stella è determinato anche dalla distanza della stella

Questa quantità – l'energia che giunge ai nostri occhi – è la brillantezza apparente di cui abbiamo già parlato. Essa viene misurata in watt su metro quadrato (W/m²).

Gli astronomi misurano la brillantezza di una stella con rivelatori sensibili alla luce, i *fotometri*. Fare *fotometria* significa misurare il flusso luminoso di un oggetto celeste.

Box 1.3 Luminosità, distanza e flusso

Per determinare la luminosità intrinseca di una stella, dobbiamo conoscere la sua distanza e la sua brillantezza apparente. Possiamo eseguire i nostri calcoli prendendo il Sole come riferimento. In primo luogo, riscriviamo la formula del Box 1.2 in questo modo:

$$L = 4 \pi d^2 b$$

Possiamo scrivere questa stessa equazione per il Sole:

$$L_\odot = 4 \pi d_\odot{}^2 b_\odot$$

Ora dividiamo membro a membro le due formule, e otterremo:

$$L/L_\odot = (d/d_\odot)^2 b/b_\odot$$

Quindi, ciò di cui abbiamo bisogno per determinare la luminosità di una stella è conoscere quanto essa sia più lontana dalla Terra rispetto al Sole, ciò che viene espresso dal rapporto $d/d_\odot$, e quanto essa sia brillante in relazione al Sole, ciò che è dato dal rapporto $b/b_\odot$.

Esempio

Compariamo una stella rispetto a un'altra. Supponiamo che la Stella 1 si trovi a metà della distanza della Stella 2 e che risulti il doppio più brillante di essa. Confrontiamo le loro luminosità intrinseche. Poiché $d_1/d_2 = 1/2$ e $b_1/b_2 = 2$, risulta:

$$L_1/L_2 = (1/2)^2 \times 2 = 0,5$$

Ciò significa che la Stella 1 ha una luminosità intrinseca che è la metà di quella della Stella 2: ci appare più brillante solo perché è più vicina a noi.

1.3 Magnitudini

Probabilmente la prima cosa che ciascuno di noi nota quando guarda il cielo notturno è che le stelle differiscono in luminosità. Poche sono brillanti, altre lo sono un po' meno e la grande maggioranza sono stelle deboli. Questa caratteristica, la brillantezza di una stella, viene misurata dalla sua *magnitudine*. La magnitudine è una delle più antiche classificazioni scientifiche usate ancora ai nostri giorni e fu introdotta dall'astronomo greco Ipparco. Egli classificò le stelle più brillanti come stelle di prima magnitudine; quelle che erano circa brillanti la metà delle stelle di prima magnitudine furono chiamate di seconda magnitudine, e così via; le stelle di sesta magnitudine erano le più deboli che egli potesse ancora vedere [14]. Ai giorni nostri, grazie ai vari ausili ottici di cui disponiamo, noi siamo in grado di osservare stelle assai più deboli di queste e quindi l'intervallo delle magnitudini si è allargato, raggiungendo ormai la magnitudine 30. Poiché la scala si riferisce a quanto brillante una stella appare a un osservatore sulla Terra, più correttamente si deve parlare di *magnitudine apparente*, e il corrispondente simbolo è *m*.

Si sarà notato che questo tipo di misura può creare una certa confusione poiché gli oggetti più brillanti hanno valori di magnitudine minori. Per esempio una stella di magnitudine apparente +4 è più debole di una stella di magnitudine apparente +3. Altro punto da notare è che la classificazione delle stelle è andata soggetta a diverse revisioni dai tempi di Ipparco e da un paio di secoli in qua è stato fatto un tentativo di porre tale scala su una base più salda e scientifica. Nel XIX secolo, gli astronomi cominciarono a misurare accuratamente la luce delle stelle e furono in grado di stabilire che una stella di magnitudine 1 è all'incirca 100 volte più brillante di una stella di magnitudine 6. Per dirla in altri termini, ci vogliono 100 stelle di magnitudine 6 per far pervenire a noi la luce di una stella di prima magnitudine. Dunque, la definizione della scala delle magnitudini venne fissata in questo modo: una differenza di 5 magnitudini viene assunta come corrispondente esattamente a un fattore 100 nel rapporto delle luminosità (vedi tabella 1.2). Ne consegue che la differenza di 1 magnitudine corrisponde a un fattore di 2,512 nel rapporto di luminosità. Lo si vede bene dal seguente calcolo:

$$2{,}512 \times 2{,}512 \times 2{,}512 \times 2{,}512 \times 2{,}512 = (2{,}512)^5 = 100$$

Usando la scala moderna, ora risulta che diversi oggetti hanno una magnitudine negativa. Sirio, la stella più brillante del cielo, ha una magnitudine di –1,44; al massimo della sua luminosità Venere giunge a –4,4, la Luna Piena a –12,6, il Sole a –26,7.

Tabella 1.2 Differenza di magnitudine e rapporto di luminosità.

differenza di magnitudine	rapporto di luminosità
0,0	1,0
0,1	1,1
0,2	1,2
0,3	1,3
0,4	1,45
0,5	1,6
0,7	1,9
1	2,5
2	6,3
3	16
4	40
5	100
7	630
10	10.000
15	1.000.000
20	100.000.000

Box 1.4 Magnitudine apparente e rapporto di flusso

Gli astronomi usano sia la magnitudine apparente (m) che la magnitudine assoluta (M). Vediamo quali sono le relazioni che sussistono tra queste due grandezze. Consideriamo due stelle, s_1 and s_2, di magnitudine apparente m_1 e m_2 e, rispettivamente, con un flusso b_1 e b_2. La relazione tra flusso e magnitudini può essere scritta così:

$$m_1 - m_2 = -2,5 \log (b_1 - b_2)$$

Questo ci dice in che modo il rapporto tra i loro flussi (b_1/b_2) corrisponde a una differenza nelle rispettive magnitudini apparenti ($m_1 - m_2$).

Esempio
Sirio A ha una magnitudine apparente di –1,44, mentre il Sole di –26,8. La differenza nelle magnitudini è di 25,36: qual è il rapporto tra i flussi che ci pervengono dalle due stelle?

$$-1,44 - (-26,8) = -2,5 \log (b_{Sirio}/b_{Sole})$$

$$-10,1 = \log (b_{Sirio}/b_{Sole})$$

da cui:

$$(b_{Sirio}/b_{Sole}) = 10^{-10,1} = 7,9 \times 10^{-11} = 1/1,27 \times 10^{10}$$

Sirio ci appare dunque 12,7 miliardi di volte più debole del Sole; in realtà, sappiamo che Sirio ha una luminosità intrinseca 22 volte maggiore di quella del Sole. Ci appare così debole perché è assai più lontana da noi.

La scala delle magnitudini apparenti non ci dice se una stella è brillante perché vicina, oppure debole perché piccola o distante; ci dice solo qual è la brillantezza apparente di una stella, ossia quanto luminosa ci appaia la stella osservata a occhio nudo o attraverso un telescopio. Un parametro più significativo è la *magnitudine assoluta* (M) di una stella, definita come la brillantezza che un oggetto avrebbe se fosse posto alla distanza standard di 10 pc. Si tratta di una distanza arbitraria, ma essendo la stessa per tutte le stelle, ne quantifica di fatto la brillantezza intrinseca [15]. Per esempio Deneb, una bella stella del cielo estivo, nella costellazione del Cigno, ha una magnitudine assoluta $M = -8,73$, il che la rende una delle stelle intrinsecamente più luminose, mentre la Stella di Van Biesbroeck ha una magnitudine assoluta $M = +18,6$, il che significa che è una delle stelle intrinsecamente più deboli che si conoscano. La tabella 1.3 elenca le 20 stelle più brillanti in cielo.

Tabella 1.3 Le 20 stelle più brillanti.

	stella	magnitudine apparente (m)	costellazione
1	Sirio	$-1,44_v$ [16]	Canis Major
2	Canopo	$-0,62_v$	Carina
3	Alfa Centauri	$-0,28$	Centaurus
4	Arturo	$-0,05_v$	Boötes
5	Vega	$0,03_v$	Lyra
6	Capella	$0,08_v$	Auriga
7	Rigel	$0,18_v$	Orion
8	Procione	$0,40$	Canis Minor
9	Achernar	$0,45_v$	Eridanus
10	Betelgeuse	$0,45_v$	Orion
11	Hadar	$0,61_v$	Centaurus
12	Altair	$0,76_v$	Aquila
13	Acrux	$0,77$	Crux
14	Aldebaran	$0,87$	Taurus
15	Spica	$0,98_v$	Virgo
16	Antares	$1,05_v$	Scorpius
17	Polluce	$1,16$	Gemini
18	Fomalhaut	$1,16$	Piscis Austrinus
19	Becrux	$1,25_v$	Crux
20	Deneb	$1,25$	Cygnus

Box 1.5 Relazione tra magnitudine apparente, assoluta e distanza

La magnitudine *apparente* e quella *assoluta* di una stella possono essere utilizzate per determinare la sua distanza, attraverso la formula:

$$m - M = 5 \log d - 5$$

dove
m = magnitudine apparente
M = magnitudine assoluta
d = distanza (in parsec)

Il termine $(m - M)$ è detto *modulo di distanza*. Girando la formula, dalla magnitudine apparente e dalla distanza si può ricavare la magnitudine assoluta.

Esempio
Sirio si trova alla distanza di 2,63 parsec e ha una magnitudine apparente di –1,44. La sua magnitudine assoluta può essere calcolata così:

$$M = m - 5 \log d + 5 = -1,44 - 5 \log (2,63) + 5 = 1,46$$

Essendo 4,8 la magnitudine assoluta del Sole, si capisce che la luminosità di Sirio è 22 volte maggiore di quella del Sole.

1.3.1 Le stelle più brillanti

Di seguito riportiamo una lista di alcune delle stelle più brillanti del cielo. La lista è tutt'altro che completa. Molte delle stelle più luminose sono già state menzionate nel paragrafo relativo alle stelle più vicine: quelle stelle non verranno ripetute qui.

Polluce	β Gem	07h 45,3m	+28° 02'	Dic-**Gen**-Feb
1,16 m	1,09 M	33,72 a.l.		**Gemini**

Questa è la più brillante delle due stelle famose dei Gemelli, l'altra essendo Castore.

Becrux	β Crucis	12h 47,7m	–59° 41'	Mar-**Apr**-Mag
1,25$_v$ m	–3,92 M	352,1 a.l.		**Crux**

Questa stella si trova nello stesso campo ove è possibile ammirare l'ammasso stellare "Scrigno di gioielli". È una stella variabile pulsante con un'ampiezza di variazione luminosa molto contenuta.

Spica	α Virginis	13h 25,2m	–11° 10'	Mar-**Apr**-Mag
0,98$_v$ m	–3,55 M	262 a.l.		**Virgo**

La quindicesima stella in ordine di brillantezza è una binaria spettroscopica, con la stella compagna che orbita molto vicina alla principale. Spica è anche una variabile pulsante, benché la variabilità non possa essere rilevata attraverso strumentazione amatoriale.

Hadar	β Centauri	14h 03,8m	–60° 22'	Mar-**Apr**-Mag
0,58$_v$ m	–5,45 M	525 a.l.		**Centaurus**

Questa è l'undicesima stella in ordine di brillantezza, ed è invisibile agli osservatori dell'emisfero settentrionale per via della sua declinazione fortemente negativa (si trova a soli 4°,5 dalla α Centauri). La sua luminosità intrinseca è 10 mila volte maggiore di quella del Sole. È una stella bianca con una compagna di magnitudine 4,1: la coppia è difficilmente separabile in uno strumento amatoriale, poiché la compagna è separata di soli 1,28 secondi d'arco dalla primaria.

Arturo	α Boötis	14h 15,6m	+19° 11'	Mar-**Apr**-Mag
–0,16$_v$ m	–0,10 M	36,7 a.l.		**Boötes**

Arturo, la quarta stella più brillante del cielo, è anche la più brillante dell'emisfero settentrionale, a nord dell'equatore celeste. Ha una bella colorazione arancione ed è notevole per il suo moto peculiare attraverso il cielo. Diversamente dalla gran parte delle stelle, Arturo non si muove nel piano della Via Lattea, ma percorre la sua orbita attorno al centro galattico su un piano fortemente inclinato. I calcoli predicono che passerà nei pressi del Sistema Solare entro alcune migliaia di anni, muovendosi in direzione della costellazione della Vergine. Alcuni astronomi valutano che, in meno di mezzo milione di anni, Arturo scomparirà alla vista degli osservatori a occhio nudo. Quanto a luminosità intrinseca, la stella è circa 100 volte più luminosa del Sole.

Rigil Kentaurus	α Centauri	14h 39,6m	–60° 50'	Apr-**Mag**-Giu
–0,20$_v$ m	4,07M	4,39 a.l.		**Centaurus**

Rigil Kentaurus, la terza stella più brillante del cielo, fa parte di un sistema triplo: le due componenti più luminose contribuiscono alla maggior parte della luce. Il sistema triplo contiene la stella più vicina al Sole, la Proxima Centauri. Il gruppo esibisce un notevole moto proprio (è il moto sulla volta celeste relativo alle stelle di fondo).

Antares	α Scorpii	16h 29,4m	–26° 26'	Apr-**Mag**-Giu
1,06$_v$ m	–5,28 M	604 a.l.		Scorpius

Si tratta di una gigante rossa con una luminosità pari a 6 mila volte quella del Sole e un diametro centinaia di volte maggiore. A rendere del tutto speciale questa stella è il vivido contrasto di colore che si può osservare relativamente alla stellina che le è compagna, la quale viene spesso descritta come di color verde, in contrasto con la rossa Antares. La compagna ha una magnitudine 5,4 e dista dalla principale 2,6 secondi d'arco, con angolo di posizione di 273°.

Vega	α Lyrae	18h 36,9m	+38° 47'	Giu-**Lug**-Ago
0,03$_v$ m	0,58 M		25,3 a.l.	Lyra

Alta nel cielo estivo, familiare agli osservatori dell'emisfero nord, Vega è la quinta stella in ordine di brillantezza. Simile a Sirio nella composizione e nelle dimensioni, Vega è tre volte più distante e per questo ci appare più debole. Spesso descritta di un colore blu metallico, è stata una delle prime stelle per le quali sia stato scoperto un disco di polveri che la circonda, forse sede di un proto-sistema planetario in formazione. Vega fu la stella polare circa 12 mila anni fa e lo sarà di nuovo tra altri 12 mila anni.

Altair	α Aquilae	19h 50,8m	+08° 52'	Giu-**Lug**-Ago
0,76$_v$ m	2,20 M		16,77 a.l.	Aquila

È la dodicesima stella in ordine di luminosità. Tra quelle più brillanti, è la stella che ruota su se stessa più velocemente, completando una rotazione in circa 6,5 ore. L'alta velocità le conferisce la forma elongata di quello che viene definito un ellissoide appiattito. Si pensa che, per via di questa curiosa proprietà, la stella possa avere un diametro equatoriale addirittura doppio di quello polare. La stella viene normalmente riportata come di colore bianco, benché alcuni osservatori vi scorgano una sfumatura di giallo.

Fomalhaut	α Piscis Austrini	22h 57,6m	–29° 37'	Ago-**Set**-Ott
1,17 m	1,74 M		25,07 a.l.	Piscis Austrinus

Nella lista delle stelle più brillanti si trova al diciottesimo posto ed è una stella bianca, che appare rossastra agli osservatori settentrionali solo a causa della scintillazione atmosferica. Si trova in un'area celeste piuttosto povera di stelle, ed è curioso il fatto che una stella vicina, che tuttavia non è legata gravitazionalmente ad essa, si trovi alla stessa distanza dalla Terra e si muova nello spazio nella stessa direzione e sostanzialmente con la stessa velocità di Fomalhaut. Qualcuno suggerisce che le due stelle siano i resti di un ammasso o di una associazione stellare che si sono smembrati molto tempo fa. La seconda stella, di colore arancione e di magnitudine 6,5, giace circa 2° a sud di Fomalhaut.

Achernar	α Eridani	01h 37,7m	–57° 14'	Set-**Ott**-Nov
0,45$_v$ m	–2,77 M		144 a.l.	Eridanus

Collocata nella parte meridionale della costellazione, troppo in basso per gli osservatori dell'emisfero settentrionale, Achernar è la nona stella più brillante del cielo ed è una delle pochissime stelle luminose con la designazione "p", ad indicare che si tratta di una stella "peculiare".

Aldebaran	α Tauri	04h 35,9m	+16° 31'	Ott-**Nov**-Dic
0,87 m	−0,63 M	65,11 a.l.		**Taurus**

La stella n. 14 nella lista delle più brillanti compare nel mezzo dell'ammasso stellare delle Iadi, benché non sia fisicamente associata a quel gruppo di stelle, trovandosi circa a metà distanza tra noi e i membri dell'ammasso. Questa stella di colore arancione è circa 120 volte più luminosa del Sole. È una stella doppia, ma difficilmente separabile perché la compagna è molto debole: si tratta infatti di una nana rossa di magnitudine 13,4, separata di circa 122 secondi d'arco, con angolo di posizione di 34°.

Rigel	β Orionis	05h 14,5m	−08° 12'	Nov-**Dic**-Gen
−0,18$_v$ m	−6,69 M		773 a.l.	**Orion**

Rigel è la settima stella più brillante del cielo ed è addirittura più brillante della β Orionis. Questa supergigante è una tra le stelle intrinsecamente più luminose nella nostra parte di Galassia: lontanissima da noi, molto più delle altre stelle brillanti, è quasi 560 mila volte più luminosa del Sole. Viene descritta come una stella di colore azzurro, ha una massa 50 volte quella del Sole ed esibisce anche un diametro 50 volte maggiore. Ha una compagna azzurra di magnitudine 6,8, a una distanza di 9 secondi d'arco e a un angolo di posizione di 202°, che dovrebbe risultare visibile in un telescopio di 15 cm o anche in uno più piccolo, ma in condizioni osservative eccellenti.

Capella	α Aurigae	05h 16,7m	+46° 00'	Nov-**Dic**-Gen
0,08$_v$ m	−0,48 M		42 a.l.	**Auriga**

La sesta stella più brillante è una doppia spettroscopica, impossibile da risolvere al telescopio; ha poi una debole compagna di decima magnitudine a circa 12 secondi d'arco verso sud-est, in angolo di posizione 137°. Questa stellina è una nana rossa che a sua volta è doppia (lo si apprezza solo con un potente telescopio). Dunque, Capella è un sistema stellare quadruplo.

Betelgeuse	α Orionis	05h 55,2m	+07° 24'	Nov-**Dic**-Gen
0,45$_v$ m	−5,14 M		427 a.l.	**Orion**

Betelgeuse è la decima stella in ordine di brillantezza, famosa tra gli astrofili e facilmente riconoscibile per il suo colore rosso-arancione. È una gigante che varia in modo irregolare. Osservazioni recenti con il Telescopio Spaziale "Hubble" hanno messo in evidenza sulla sua superficie certe strutture che sono simili alle macchie solari, ma molto più grandi, capaci di coprire anche un decimo della superficie stellare. Anche Betelgeuse ha una stella compagna che potrebbe essere responsabile della sua forma non sferica. Ha una massa 20 volte quella del Sole, ma è una stella gigantesca, di modo che la sua densità media risulta essere solo 5 miliardesimi di quella del Sole.

1.4 Il colore

Quando guardiamo il cielo notturno, vediamo un'infinità di stelle che per la maggior parte ci appaiono bianche. Ce ne sono alcune che, tuttavia, esibiscono una distinta colorazione: Betelgeuse è rossa, così come Antares; Capella è gialla e Vega è azzurrina. Per la maggioranza delle altre stelle, a prima vista non sembra di cogliere qualche colorazione particolare, ma se guardiamo con un binocolo o con un telescopio, allora la situazione cambia [17]. Ora le variazioni di colore sono persino notevoli [18]!

Il colore di una stella è determinato dalla sua temperatura superficiale. Una stella rossa ha una temperatura più bassa di una stella gialla, che a sua volta è più fredda di una stella blu. Ciò deriva da quella che è nota come *Legge di Wien* (si veda il Box 1.6). Questa legge stabilisce che le stelle di bassa temperatura superficiale emettono la maggior parte della loro energia nella regione rossa e infrarossa dello spettro, mentre le stelle molto più calde la emettono nella regione del blu e dell'ultravioletto. Ci sono astri così caldi da emettere una frazione importante della loro energia nell'ultravioletto, di modo che nel visuale noi cogliamo solo una piccola frazione della loro luce. Inoltre, molte stelle emettono quasi tutta la loro luce nell'infrarosso, di modo che non siamo in grado di osservarle. Sorprendentemente, queste stelle di piccola massa (ne discuteremo in seguito) e di bassa temperatura rappresentano circa il 70% della popolazione stellare della nostra Galassia: eppure non riusciamo a vederle uscendo di notte ad osservare il cielo con i nostri telescopi, tanto sono deboli!

Un punto importante da sottolineare è che gli oggetti più caldi emettono molta più energia complessiva su tutte le lunghezze d'onda, come viene illustrato nella figura 1.2, che mostra come si distribuisce la luce di tre diverse stelle, in ordine alle lunghezze d'onda, in dipendenza della temperatura stellare. In ciascun grafico viene riportata con varie tonalità di grigio la parte visibile dello spettro elettromagnetico. Il primo grafico mostra la luce emessa da una stella alla temperatura di circa 3000 K. Si noti che la linea curva dello spettro ha un picco a circa 1100 nm (nella regione dell'infrarosso), e che per questo la stella apparirà rossa. Il secondo grafico è relativo a una stella di circa 5500 K (quindi simile al Sole, la cui temperatura è di 5800 K): qui il picco cade nel mezzo dello spettro visibile e la stella ci appare giallastra. Il terzo grafico illustra la situazione per una stella calda di 25.000 K: il picco cade a circa 500 nm e la stella ci apparirà blu. Quindi il colore di una stella dipende dalla posizione in cui cade il picco d'emissione del suo spettro; una lunghezza d'onda breve (la parte sinistra del grafico) indica una stella calda di colore bianco-azzurro, mentre una lunghezza d'onda maggiore (la parte destra del grafico) sta a indicare una stella fredda di colore arancione-rosso. Il Sole ha il picco d'emissione nella regione verde dello spettro; poiché nella sua luce c'è una miscela di tutte le altre lunghezze d'onda dello spettro visibile, dal blu al rosso, al giallo, la nostra stella ci appare di una colorazione bianco-giallastra.

Da notare che sono poche le stelle tanto calde, con temperature di milioni di gradi, da emettere energia solo a lunghezze d'onda cortissime, diciamo nel dominio dei raggi X: queste semmai sono le stelle di neutroni.

È infine da sottolineare che quando parliamo della temperatura di una stella noi ci riferiamo alla sua temperatura superficiale. La temperatura interna non può essere misurata per via diretta, e può semmai essere determinata solo dai modelli teorici. Quando leggeremo che una stella ha una temperatura di 25.000 K, dovremo intendere che quella è la sua temperatura superficiale [19].

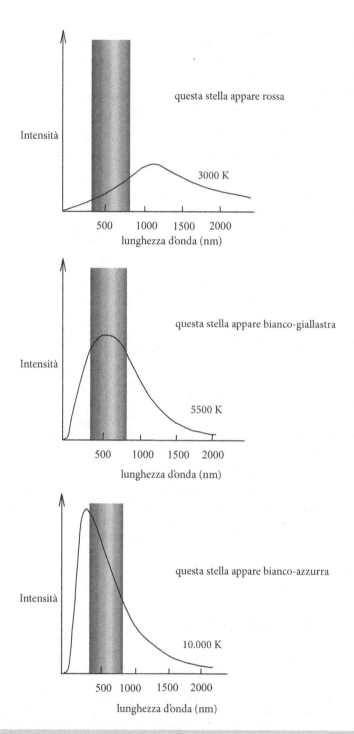

Figura 1.2. La relazione tra il colore e la temperatura.

Box 1.6 La legge di Wien

La *legge di Wien* mette in relazione la lunghezza d'onda a cui si ha il picco d'emissione di una stella e la sua temperatura:

$$\lambda_{max} = 2.898.000 \text{ (nm)} / T \text{ (kelvin)}$$

Esempio
Sirio (α Canis Majoris) e Mira Ceti (o Ceti) hanno rispettivamente una temperatura di 9200 K e di 1900 K. Qual è la loro lunghezza d'onda di picco?

$$\lambda_{max} = 2.898.000 / 9200 = 315 \text{ nm (cade nell'ultravioletto}{}^{[20]})$$

e

$$\lambda_{max} = 2.898.000 / 1900 = 1525 \text{ nm (cade nell'infrarosso}{}^{[21]})$$

Sirio emette una notevole potenza nell'ultravioletto, anche se ci appare bianca.

La conoscenza della temperatura di una stella aiuta a determinare molte altre caratteristiche. Una descrizione scientifica del colore di una stella viene fornita dalla sua *classificazione stellare*, che è legata alla composizione chimica di una stella e alla sua temperatura. Un termine comunemente usato dagli astronomi è l'*indice di colore*. Lo si determina misurando la luminosità di una stella attraverso due filtri, generalmente i filtri B e V, corrispondenti alle lunghezze d'onda di 440 e 550 nm rispettivamente. Sottraendo i due valori ottenuti si ottiene l'indice di colore. Generalmente, una stella blu avrà un indice di colore negativo (per esempio, –0,3); una stella arancione-rossa avrà un indice di colore (B–V) maggiore di 0, fino a circa 3,0 e addirittura maggiore per le stelle molto rosse (di tipo spettrale M6 e superiore) (si veda il paragrafo 1.8).

Dopo aver discusso del colore delle stelle, vediamo ora qualche esempio. Abbiamo scelto una selezione rappresentativa di stelle brillanti. Naturalmente esistono migliaia di altre stelle visibili colorate. Il paragrafo "Le stelle più brillanti" offre diversi esempi di stelle che esibiscono chiaramente una colorazione. In aggiunta, molte stelle doppie (che non vengono qui menzionate) mostrano colori e sfumature abbastanza evidenti. La nomenclatura che usiamo qui è la stessa utilizzata in precedenza: abbiamo aggiunto però la temperatura e il colore [22] delle stelle.

1.4.1 Stelle colorate

Bellatrix	γ Ori	05h 26,2m	+06° 21'	Nov-Dic-Gen
1,64 m	–2,72 M	21.450 K	Blu	Orion

Bellatrix appare di un colore azzurro-metallico. Alcuni osservatori riportano la presenza di una debole nebulosità associata con la stella, ma potrebbe trattarsi solo di una porzione di una nebulosità generale che avvolge gran parte delle stelle della costellazione di Orione.

Merope	23 Tau	03h 46,3m	+23° 57'	Ott-**Nov**-Dic
4,14 m	–1,07 M	10.600 K	**Blu**	**Taurus**

Localizzata dentro l'ammasso stellare delle Pleiadi, offre una visione spettacolare quando la si osserva attraverso un binocolo e quando l'ammasso risalta in un cielo molto buio. Quasi tutte le stelle dell'ammasso meritano di essere osservate per la loro bella colorazione azzurrina.

Regolo	α Leo	08,3m	+11° 58'	Gen-**Feb**-Mar
1,36 m	–0,52 M	12.000 K	**Bianco-azzurro**	**Leo**

Regolo si trova nel manico del falcetto del Leone. È una facile stella doppia, con la compagna di ottava magnitudine di color rosso-arancione separata di circa 3 primi d'arco.

Acrux	α Crucis	12h 26,6m	–63° 06'	Feb-**Mar**-Apr
0,72 m	–4,19 M	28.000/26.000 K	**Bianco**	**Crux**

È una stella doppia con le componenti separate di 4 secondi d'arco. Entrambe le stelle hanno all'incirca la stessa magnitudine: 1,4 per la α-1 e 1,9 per la α-2. I colori sono rispettivamente bianco e bianco-azzurro.

Zubeneschamali	β Lib	15h 17,0m	–09° 23'	Apr-**Mag**-Giu
2,61 m	–0,84 M	11.000 K	**Verde!**	**Libra**

Questa è una stella misteriosa per due ragioni: registrazioni storiche ci dicono che era molto più brillante in passato di quanto non appaia oggi e inoltre osservatori del secolo scorso hanno riportato che ha un colore verdino o smeraldo pallido. Si tratta quindi di una delle rarissime stelle di color verde.

Sole				sempre
–26,78 m	4,82 M	5800 K	**Giallo**	**Zodiaco**

Il Sole è la nostra stella, senza la quale non ci sarebbe vita sulla Terra. Diciamolo una volta per tutte a chi prova ad osservarlo: **non guardate mai il Sole con nessun tipo di strumento ottico se questo non è dotato delle necessarie e particolari protezioni, come sono i filtri dedicati. È rischioso per la vista!**

Stella Granata	μ Cep	21h 43,5m	+58° 47'	Lug-**Ago**-Set
4,08$_v$ m	–7,3 M	3500 K	**Arancione**	**Cepheus**

Posta sul confine nord-orientale della nebulosità IC 1396, la Stella Granata, così battezzata da William Herschel, è una delle stelle più rosse del cielo, colorazione esaltata dal fatto che la si vede proiettata sopra uno sfondo di deboli stelle bianche. È una gigante rossa pulsante, con un periodo di circa 730 giorni e con una magnitudine variabile fra la 3,4 e la 5,1.

Stella Cremisi di Hind	R Leporis	04h 59,6m	–14° 48'	Nov-**Dic**-Gen
7,71$_v$ m	1,08 M	3000 K [23]	**Rosso**	**Lupus**

Questa stella, che è una classica variabile di lungo periodo, varia in circa 432 giorni tra le magnitudini 6,0 e 9,7. Al massimo di luminosità esibisce il famoso colore rosso acceso che le dà il nome. Fu scoperta nel 1845 da J.R. Hind, che la descrisse "di colore come di un fumo intensamente arrossato". Potrebbe essere la stella più rossa del cielo. È anche una stella AGB (si veda il paragrafo 3.15).

1.5 Dimensioni e massa

Le stelle si trovano a distanze immense dalla Terra: fatta eccezione per un numero limitatissimo di casi [24], indipendentemente dall'ingrandimento che possiamo utilizzare, l'immagine di una stella resterà sempre e solo un puntino luminoso. Ma allora come facciamo a determinare le reali dimensioni di una stella? La risposta è piuttosto semplice: misurando sia la sua luminosità (calcolata dalla brillantezza e dalla distanza) sia la temperatura superficiale (ricavabile dal tipo spettrale); si tratta solo di manipolare un po' di numeri all'interno di alcune formule. Usando questa tecnica, gli astronomi hanno scoperto che molte stelle sono assai più piccole del Sole, mentre altre sono anche migliaia di volte più grandi.

Per determinare accuratamente le dimensioni stellari, si utilizza una legge fisica conosciuta come *legge di Stefan-Boltzmann*. Non chiediamoci come sia stato possibile derivare questa legge: limitiamoci a mostrare come la si può sfruttare (si veda il Box 1.7). La legge stabilisce che la quantità di energia irradiata ogni secondo da un metro quadrato di una superficie stellare è proporzionale alla quarta potenza della temperatura (T) della stella [25]. Non facciamoci confondere dall'apparente complessità di questa affermazione, la quale sta a dirci semplicemente che il *flusso d'energia* (F) dipende fortemente dalla temperatura, il che è qualcosa che già potevamo facilmente immaginare: un oggetto freddo ha un'energia termica più bassa di un oggetto caldo.

Adesso ricordiamo quanto abbiamo già discusso in precedenza, ossia che la luminosità di una stella ci dice quant'è l'energia che essa emette ogni secondo dalla sua superficie. Tale luminosità è perciò il flusso (F) moltiplicato per i metri quadrati quanto misura la superficie stellare. Se assumiamo che le stelle siano sfere perfette (il che non è scontato come può sembrare, poiché ci sono stelle che non presentano questa forma!) allora l'estensione della superficie è data da una formula assai semplice, che molti dei lettori già conosceranno: $4\pi R^2$, dove R è il raggio della stella, definito come la distanza dal centro della stella alla sua superficie [26].

Box 1.7 Flusso, luminosità e raggio

L'energia (F) irradiata da una stella per unità di superficie e nell'unità di tempo è data dalla *legge di Stefan-Boltzmann*:

$$F = \sigma T^4$$

La relazione tra la luminosità di una stella, L, il suo raggio, R, e la sua temperatura, T, è perciò la seguente:

$$L = 4\pi R^2 \sigma T^4$$

dove:

L è la luminosità, in watt (W)
R è il raggio della stella, in metri (m)
σ è la costante di Stefan-Boltzmann: $5,6 \times 10^{-8}$ W m^{-2} K^{-4}
T è la temperatura della stella, in kelvin (K)

Le equazioni del Box 1.7 ci dicono che una stella fredda (chiameremo così una stella di bassa temperatura superficiale) sarà caratterizzata da un basso flusso; tuttavia potrebbe essere assai luminosa nel caso in cui avesse un grandissimo raggio, e dunque anche un'immane area emittente. Analogamente, una stella calda (con un'alta temperatura superficiale) potrebbe esibire una bassa luminosità nel caso in cui fosse di piccolo raggio, ossia di ridotta superficie. Ora avremo anche capito che non basta conoscere la temperatura di una stella per sapere quanto questa sarà luminosa: occorre conoscerne anche il raggio.

Anche se ora siamo in grado di determinare i parametri come il raggio, la temperatura, la luminosità e la brillantezza di una stella, spesso risulta utile riferire tali valori a quelli del Sole. Per qualcuno potrebbe essere più intuitivo sentirsi dire che una stella è circa 10 volte più calda del Sole piuttosto che sapere che ha una temperatura di circa 58.000 K. Lo stesso dicasi per la luminosità e il raggio.

Box 1.8 La relazione in unità solari

Scriviamo la formula della luminosità per il Sole:

$$L_\odot = 4\pi R_\odot{}^2 \sigma T_\odot{}^4$$

dove:

$L_\odot$ è la luminosità del Sole
$R_\odot$ è il raggio del Sole
$T_\odot$ è la temperatura del Sole

Dividendo membro a membro la relazione della luminosità di una generica stella per quella del Sole, otteniamo:

$$L/L_\odot = (R/R_\odot)^2 (T/T_\odot)^4$$

Le costanti σ e 4π si elidono; possiamo anche girare la formula così:

$$R/R_\odot = (T_\odot/T)^2 (L/L_\odot)^{1/2}$$

dove l'esponente 1/2 sta a indicare una radice quadrata.
$R/R_\odot$ è il raggio della stella in unità solari
$T_\odot/T$ è il rapporto tra la temperatura del Sole e quella della stella
$L/L_\odot$ è la luminosità della stella in unità solari

Esempio
Sirio ha una temperatura di circa 9200 K e una luminosità circa 22 volte quella del Sole. La temperatura del Sole è di circa 5800 K. Il raggio di Sirio è:

$$R/R_\odot = (5800/9200)^2 \times \sqrt{22} = 1,9$$

Dunque il raggio di Sirio è circa doppio rispetto a quello del Sole.

1.5.1 Le stelle più grandi

Prendiamo ora in considerazione alcuni esempi di stelle giganti, in particolare quelle che possono essere viste a occhio nudo.

α Herculis	ADS 10418	17h 14,6m	+14° 23'	Mag-**Giu**-Lug
3,5$_v$, 5,4$_v$ m	−1,9 M	Raggio: 2,0 UA		Hercules

Sistema doppio con un bel contrasto di colore tra la primaria e la secondaria (l'una arancione e l'altra azzurro-verde), la stella si trova a circa 400 a.l. di distanza ed è una variabile supergigante semi-regolare. La primaria è essa stessa variabile, mentre la secondaria è una doppia non risolta.

ψ^{1}Aurigae	HD 44537	06h 24,9m	+49° 17'	Nov-**Dic**-Gen
4,92$_v$ m	−5,43 M	Raggio: 3,0 (?) UA		Auriga

Questa stella ha una luminosità incredibile, di oltre 11 mila $L_\odot$. È una variabile irregolare, il cui diametro non è noto. Si pensa che sia distante 4300 a.l.

η Persei	ADS 2157	02h 50,7m	+55° 54'	Ott-**Nov**-Dic
3,8, 8,5 m	−4 M	Raggio: 2,0 UA		Perseus

Alla distanza di circa 1300 a.l., si tratta di una bella stella doppia, con la primaria color oro e la secondaria azzurra. La primaria è una supergigante con una luminosità di oltre 4000 $L_\odot$.

VV Cephei	HD 208816	21h 56,6m	+63° 37'	Set-**Ott**-Nov
5,11 m	−6,93 M	Raggio: 8,8 UA		Cepheus

Questa stella ha una luminosità tra 275 e 575 mila $L_\odot$ e si trova a 2000 a.l. di distanza. È una delle più famose *binarie a eclisse*, con un periodo di circa vent'anni. Il sistema consiste di una nana di tipo O e di una supergigante di tipo M; se fosse collocata al centro del Sistema Solare, quest'ultima stella gigantesca si estenderebbe fino all'orbita di Saturno!

KQ Puppis	HD 60414	07h 33,8m	−14° 31'	Set-**Ott**-Nov
4,82 m	−5,25 M	Raggio: 8,8 UA		Puppis

Questa stella ha una luminosità di circa 9870 $L_\odot$ e giace alla distanza di 3360 a.l.[*27]. Si pensa che sia una variabile irregolare.

1.6 Costituenti stellari

Anche se tratteremo più avanti in maggior dettaglio questo argomento, è importante che ora si accenni brevemente a ciò di cui una stella è fatta.

Una stella è una sfera enorme di gas caldi e i processi fisici coinvolti nella costituzione e nell'equilibrio di una stella sono parecchio complessi.

I gas componenti una stella sono principalmente l'idrogeno (H, l'elemento più comune nell'Universo), l'elio (He) e pochi altri elementim [28]. Grosso modo le stelle sono fatte quasi completamente di idrogeno, con un po' meno di elio e una piccolissima quantità di altri elementi. La composizione tipica è generalmente questa: circa il 75% di idrogeno, il 24% di elio, metalli per la parte rimanente. Questi rapporti possono ovviamente cambiare, poiché le stelle molto antiche sono fatte quasi esclusivamente di idrogeno ed elio con solo minime quantità di metalli, mentre le stelle giovani possono contenere fino a circa il 2-3% di elementi pesanti.

L'energia necessaria per creare e mantenere in vita una stella viene prodotta al suo interno dalle reazioni di fusione nucleare. Due forze immense sono al lavoro: l'intensa forza gravitazionale e la pressione che scaturisce dall'altissima temperatura interna. A causa della grande massa e dei conseguenti forti campi gravitazionali, le condizioni al centro della sfera di gas sono tali che la temperatura è dell'ordine di 10 milioni di K. In queste condizioni estreme di pressione e di temperatura possono avvenire le fusioni nucleari, attraverso le quali l'idrogeno viene convertito in elio. Il prodotto di queste reazioni è una piccola quantità di energia sotto forma di raggi gamma. Può sembrare una piccola cosa, ma se si considera che ogni secondo avvengono miliardi e miliardi di queste reazioni, allora si capisce come la quantità di energia liberata possa essere notevolissima... abbastanza per far sì che una stella brilli!

La stella, mentre invecchia, consuma sempre più idrogeno per mantenere attive le reazioni nucleari. Un sottoprodotto di queste reazioni è l'elio. Dopo qualche tempo, la quantità di idrogeno diminuisce mentre aumenta l'elio. Se le condizioni lo consentono (si richiede una maggiore temperatura e una grande massa), allora lo stesso elio inizia ad andare soggetto a fusioni nucleari nel nucleo della stella. Dopo un tempo lunghissimo, l'elio, a sua volta, produrrà il carbonio come sottoprodotto della reazione; in modo analogo, se le condizioni lo consentono, anche il carbonio andrà soggetto a reazioni di fusione nucleare e produrrà ancor più energia. Un punto da rimarcare è che ciascun passaggio richiede una temperatura sempre più elevata affinché si inneschino le reazioni nucleari: se in una stella non si verificano le condizioni necessarie per sviluppare tale temperatura, non si produrranno ulteriori reazioni. Ora possiamo capire che il "bruciamento" dell'idrogeno e dell'elio è la sorgente di potenza praticamente per tutte le stelle che vediamo in cielo, e che la massa di una stella è ciò che determina in che modo procedono le reazioni.

1.7 Spettri e spettroscopia

Consideriamo ora uno strumento e una tecnica che sono centrali nella ricerca astronomica: gli spettri e la spettroscopia. È un argomento, questo, estremamente interessante: semplicemente guardando la luce che proviene da un oggetto noi siamo in grado di dire quanto esso sia caldo, quanto sia lontano, in quale direzione si sta muovendo [29], se sta ruotando e (da tutti questi dati) possiamo ricavare la sua età, la massa, quanto a lungo vivrà e così via. In effetti, la spettroscopia è un tema così importante che d'ora in poi ci riferiremo a una stella indicandone sempre il tipo spettrale. Fissare il tipo spettrale di una stella è abbastanza semplice in linea teorica, benché possa essere un po' più difficile nella pratica. Quel che serve è uno spettroscopio. Si tratta di uno strumento che aiuta ad analizzare la luce di una stella in un modo speciale che fa uso o di un prisma o di un reticolo di diffrazione. Probabilmente il lettore già sa che la luce bianca è in realtà una miscela e una sovrapposizione di molti colori differenti, o, se si vuole, di diverse lunghezze d'onda: anche la luce di una stella è una miscela di colori, ma normalmente con un ulteriore componente. Usando uno spettroscopio montato all'oculare di un telescopio [30] si può raccogliere e fotografare la luce di una stella (ai giorni nostri con una camera CCD). Il risultato è detto *spettro*. Ci sono molti astrofili che sono attualmente in grado di compiere ottime osservazioni di spettri stellari.

In parole semplici, uno spettro è una mappa della luce proveniente da una stella. Esso consiste di tutta la luce emessa, dispersa in funzione della lunghezza d'onda (colore), in modo che è possibile misurare le differenti quantità di luce alle varie lunghezze d'onda. Le stelle rosse hanno una gran quantità di luce che cade nella parte rossa dello spettro e le stelle blu avranno una quantità corrispondentemente maggiore di luce all'estremo blu. È ora importante notare che, oltre alla luce dispersa, sarà presente una fitta serie di righe scure sovrapposta a questo insieme di colori che ricorda un arcobaleno. Queste sono dette *righe d'assorbimento*, e si formano nell'atmosfera della stella. In rari casi, ci sono anche delle righe brillanti, che sono dette *righe d'emissione*. È raro trovarle nelle stelle, mentre sono prominenti nelle nebulose.

Gli elettroni degli atomi che si trovano negli strati superficiali di una stella possono avere soltanto alcune energie molto specifiche, proprio come specifiche, distinte e discontinue sono le altezze dei pioli di una scala. Talvolta, l'elettrone di un atomo (diciamo quello dell'idrogeno) può essere sospinto da un livello energetico più basso a un livello più elevato, per esempio a seguito della collisione con un altro atomo. Dopo poco tempo, esso ricadrà al livello più basso. L'energia che l'atomo emette quando l'elettrone ritorna al suo livello originario se ne va sotto forma di un fotone di luce. Il fotone emesso

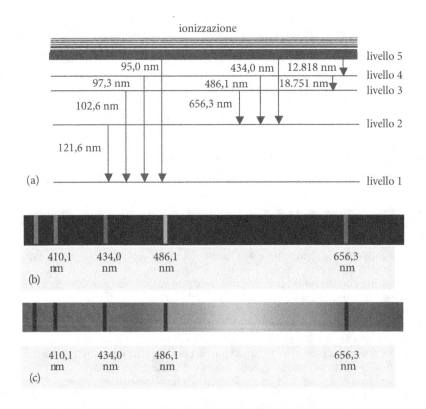

Figura 1.3. Livelli energetici consentiti per l'atomo di idrogeno. (a) Lunghezze d'onda relative alle varie transizioni possibili nell'atomo di idrogeno [31]. (b) Spettro visuale a righe d'emissione che mostra le transizioni che avvengono dai livelli energetici elevati verso quelli più bassi, fino al livello 2 dell'idrogeno. (c) Spettro a righe d'assorbimento che mostra le transizioni a partire dal livello energetico 2 fino a livelli più alti. Queste righe dell'idrogeno in assorbimento e in emissione che partono dal livello 2 sono dette righe della serie di Balmer.

ha una ben precisa proprietà: possiede la quantità esatta di energia che l'elettrone perde nel suo salto di livello e questo significa che il fotone ha una lunghezza d'onda e una frequenza ben specifica e caratteristica dell'elemento.

Quando l'idrogeno gassoso viene riscaldato ad alte temperature, il numero di collisioni tra gli atomi è così elevato che può continuamente "pompare" gli elettroni a livelli energetici più alti e allora quel che ne risulta è uno *spettro a righe d'emissione*. Tale spettro è costituito dai fotoni che vengono emessi quando ciascun elettrone ricade al livello più basso.

L'origine delle righe d'assorbimento è legata alle diverse quantità di elementi che sono presenti nelle atmosfere delle stelle (ricordiamo ancora che oltre all'idrogeno e all'elio ci sono altri elementi, i metalli, che sono presenti, benché in piccole quantità). I fotoni non solo vengono emessi, ma possono anche essere assorbiti. Questo processo fa sì che gli elettroni vengano spinti a un livello energetico più alto. Questo tuttavia può succedere solo se il fotone assorbito ha la precisa quantità di energia richiesta. Se il fotone non ha proprio questa precisa energia (basta che l'energia differisca di un non-nulla dal valore richiesto), allora l'interazione con l'elettrone non potrà aver luogo.

Nel caso dell'idrogeno, un elettrone che si porta dal livello 2 al livello 1 emetterà un fotone che ha una lunghezza d'onda di 121,6 nm; al contrario, un elettrone che assorbe un fotone proprio di questa lunghezza d'onda potrà saltare dal livello 1 al livello 2. Questi salti tra livelli differenti sono detti *transizioni*. Dunque, nell'esempio fatto, un elettrone va soggetto a transizione dal livello 1 al livello 2 assorbendo un fotone di lunghezza d'onda 121,6 nm. La figura 1.3 mostra i livelli energetici consentiti nel caso dell'idrogeno e le lunghezze d'onda dei fotoni emessi nelle transizioni verso il basso, nonché gli spettri di assorbimento e di emissione. Si noti nella parte bassa della figura 1.3 che le righe d'assorbimento scure e le righe d'emissione brillanti occorrono esattamente agli stessi valori di lunghezza d'onda, indipendentemente dal fatto che l'idrogeno stia emettendo o assorbendo la luce. Le righe d'emissione sono semplicemente il risultato di salti di livello verso il basso degli elettroni, mentre le righe d'assorbimento sono il prodotto di transizioni verso l'alto.

I livelli energetici degli elettroni sono unici per ciascun elemento chimico: sono come una "impronta" che fa sì che ciascun elemento abbia le sue proprie righe spettrali distinte e caratteristiche. L'idrogeno è un elemento molto semplice, con solo un elettrone, ma in quegli elementi che possiedono molti elettroni e molti livelli energetici, gli spettri corrispondenti possono essere molto complessi (le righe sono numerosissime).

Il fattore che determina se una riga d'assorbimento si produrrà è la temperatura dell'atmosfera di una stella. Una stella calda avrà righe d'assorbimento diverse da quelle di una stella fredda. La classificazione spettrale di una stella viene determinata esaminando il suo spettro e misurando vari aspetti delle righe d'assorbimento. Un punto molto importante che qui preme sottolineare è che la classificazione osservativa di una stella è determinata primariamente dalla temperatura della sua atmosfera e non dalla temperatura del suo nocciolo. La struttura delle righe d'assorbimento può essere esaminata in gran dettaglio e può fornire ulteriori informazioni sulla pressione, sulla rotazione e anche sulla presenza di una stella compagna.

1.8 Classificazione stellare

Abbiamo visto in precedenza che le stelle si distinguono per i loro spettri (e perciò per le loro temperature). Consideriamo ora il tipo spettrale. Per ragioni storiche, la classificazione spettrale di una stella viene designata con una lettera maiuscola che va in ordine di temperature decrescenti [32]:

O B A F G K M L R N S

La sequenza va dalle stelle blu calde (dal tipo O al tipo A) fino alle fredde stelle rosse (tipi K, M e L). Si devono poi aggiungere le stelle calde rare che sono dette di *Wolf-Rayet* (WC e WN), le stelle esplosive (Q), e le stelle peculiari (p). Le stelle dei tipi R, N e S in realtà si sovrappongono al tipo M, cosicché le R e le N sono state riclassificate come stelle di tipo C, la C significando stelle al carbonio. La classe (L) è stata introdotta [33] solo di recente. I tipi spettrali vengono suddivisi in 10 sottotipi: 0, 1, 2 e così via fino a 9. Una stella del tipo A1 è più calda di una stella A8, che a sua volta è più calda di una F0. Inoltre, prefissi e suffissi possono essere utilizzati per rimarcare altre proprietà:

spettro con righe d'emissione (presenza indicata con f in alcune stelle di tipo O)	e
spettro con righe metalliche	m
spettro peculiare	p
spettro variabile	v
spettro con spostamento delle righe verso il blu o verso il rosso (per esempio, quello delle stelle P Cygni)	q

Per ragioni storiche gli spettri delle stelle più calde dei tipi O, A e B vengono talvolta detti *spettri dei primi tipi*, mentre quelli delle stelle fredde (K, M, L, C e S) sono *tipi tardi*. Le stelle F e G sono designate come *tipi intermedi*.

Poiché il tipo spettrale è così importante, è istruttivo dilungarci un po' a spiegare in che modo uno spettro dipende dalla temperatura superficiale della stella. Considereremo le righe di Balmer dell'idrogeno principalmente perché sono le più facili da capire. L'idrogeno costituisce fino al 75% di una stella e tuttavia le righe di Balmer non sempre appaiono negli spettri. Una riga di Balmer in assorbimento viene prodotta quando un elettrone va soggetto a una transizione dal secondo livello energetico a un livello più elevato per assorbimento di un fotone con la giusta quantità di energia. Se però la stella è più calda 10.000 K, i fotoni che provengono dall'interno stellare sono dotati di un'energia così elevata che facilmente possono strappare gli elettroni dagli atomi di idrogeno presenti nell'atmosfera stellare. Questo processo è detto *ionizzazione*. Se dunque l'atomo d'idrogeno ha perso il suo elettrone, non sarà in grado di produrre righe d'assorbimento e dunque le righe di Balmer saranno relativamente deboli negli spettri delle stelle più calde (le stelle dal tipo O fino al tipo B2).

D'altra parte, se l'atmosfera di una stella è parecchio più fredda di 10.000 K, gli atomi d'idrogeno si troveranno in gran parte nel primo livello energetico. Molti dei fotoni che attraversano l'atmosfera non avranno l'energia sufficiente per portare gli elettroni dal primo al secondo livello energetico, di modo che saranno pochi gli atomi con un elettrone nel secondo livello: si tenga presente che solo questi elettroni possono assorbire i fotoni caratteristici della serie di Balmer. Il risultato è che tali righe saranno assenti negli spettri delle stelle più fredde, come quelle dei tipi M0 e M2.

Affinché le righe di Balmer siano presenti e intense, una stella deve essere abbastanza calda da eccitare gli elettroni al di sopra del livello 1 (anche conosciuto come *livello fondamentale*), ma non così calda da ionizzare gran parte degli atomi d'idrogeno. Se una stella ha una temperatura superficiale di circa 9000 K (come avviene nelle stelle tra il tipo A0 e A5), allora mostrerà le righe dell'idrogeno più intense.

Le righe di Balmer diventano progressivamente più intense quando si va dal tipo B0 al tipo A0. A partire da A0, passando attraverso i tipi spettrali F e G, le righe si indeboliscono via via fin quasi a sparire. Il Sole, che è una stella G2, ha il proprio spettro dominato dalle righe del calcio e del ferro.

Infine, una stella può essere classificata anche per la sua *luminosità*, ossia per la sua brillantezza intrinseca, seguendo questo schema:

supergiganti [34]	I
giganti luminose	II
giganti	III
subgiganti	IV
nane	V
subnane	VI
nane bianche	VII

Gli astronomi usano un sistema che è davvero complesso e che può generare confusione! In effetti, esistono tipi spettrali che sono ormai stati abbandonati e anche la classificazione in ordine alla luminosità si presta a qualche confusione. Il lettore non sarà sorpreso se dico che ci può essere disaccordo tra gli astronomi se classificare, per esempio, una stella come F9 oppure come G0. Nonostante tutto, il sistema viene utilizzato e funziona abbastanza bene, cosicché anche noi vi aderiremo. Ecco qualche esempio di classificazione:

α Boötis (Arturo)	K2IIIp
β Orionis (Rigel)	B8Ia
α Aurigae (Capella)	G8 III
P Cygni	B1Iapeq
Sole	G2V

Concludiamo la nostra discussione sulla classificazione spettrale spiegando a cosa effettivamente si riferisce il tipo spettrale [35]. Ricorderemo che la classificazione spettrale era basata sulla rivelazione delle righe d'assorbimento, che dipendono dalla temperatura dell'atmosfera stellare. Dunque, la classificazione si appoggia sulla rivelazione di taluni particolari elementi in una stella, il che consente di determinare la temperatura di quella stella. La classificazione viene riassunta nella tabella 1.4.

È interessante notare che la distribuzione delle stelle nella Galassia è diversa da quella che appare ai nostri occhi. Se diamo uno sguardo alle stelle presenti sulla volta celeste, troveremo diversi astri di tipo O e B, un po' meno del tipo A, alcuni dei tipi F e G, pochi del tipo K e diversi del tipo M. Se pensiamo che questa distribuzione sia indicativa di quella che si incontra nel resto della Galassia siamo in errore. Come vedremo nei prossimi capitoli, la vasta maggioranza delle stelle nella nostra Galassia – più del 72% – sono stelle deboli, fredde e rosse del tipo M. Le stelle luminose e calde del tipo O sono meno dello 0,005%. Per ogni stella di tipo O ce ne sono circa 1,7 milioni del tipo M!

Guardiamo ora alcuni esempi.

1.8.1 La sequenza spettrale

–	HD 93129 A	10h 43,9m	–59° 33'	Gen-**Feb**-Mar
7,0 m	**–7,0 M**		**O3 If**	**Carina**

Questa è una stella straordinaria: è una supergigante, distante da noi circa 11 mila a.l., circa 50 mila volte più brillante del Sole. Con una massa forse di 120 $M_\odot$, si pensa che sia una delle stelle più luminose dell'intera Galassia.

Tabella 1.4 Classificazione spettrale

tipo spettrale	righe d'assorbimento	temperatura	colore	note	lunghezze d'onda più brillanti (colore)	esempi
O	elio ionizzato (HeII)	35.000 K e più	bianco-azzurro	massicce, di vita breve	< 97 nm (ultravioletto)	stelle della Cintura di Orione
B	elio neutro; prime righe dell'idrogeno	20.000 K	bianco-azzurro	massicce e luminose	97 – 290 nm (ultravioletto)	Rigel
A	idrogeno; metalli ionizzati una volta	10.000 K	bianco	fino a 100 volte più luminose del Sole	290 – 390 nm (violetto)	Sirio
F	calcio ionizzato (CaII); deboli righe all'idrogeno	7000 K	giallo-bianco		390 – 480 nm (blu)	Stella Polare
G	prominenti righe del CaII; deboli righe all'idrogeno	6000 K	giallo	il Sole è di tipo G	480 – 580 nm (giallo)	Alfa Centauri A; Sole
K	metalli neutri; idrogeno debole; bande di idrocarburi	4000 –4700 K	arancio		580 – 830 nm (rosso)	Arturo
M	bande molecolari; ossido di titanio (TiO)	2500 –3000 K	rosso	le stelle più numerose nella Galassia	> 830 nm (infrarosso)	Proxima Centauri; Betelgeuse

Theta Orionis C	θ Ori	05h 35,3m	−05° 23'	Nov-Dic-Gen
4,96 m	−5,04 M	O6		Orion

Si tratta di una stella giovanissima, con un'età forse di sole poche migliaia di anni, che perciò emette soprattutto alle lunghezze d'onda ultraviolette. È un membro del famoso sistema multiplo del Trapezio, nel cuore della Nebulosa di Orione. Ha una temperatura di circa 45.000 K e un diametro 10 volte quello del Sole.

15 Monocerotis	HD47839	06h 40,9m	+09° 54'	Nov-Dic-Gen
4,66$_v$ m	−2,3 M	O7		Monoceros

La 15 Monocerotis, che è una stella variabile e anche una binaria visuale, si trova nell'ammasso NGC 2264, che a sua volta si colloca all'interno di una nebulosa diffusa.

Stella di Plaskett	HD47129	06h 37,4m	+06° 08'	Nov-Dic-Gen
6,05 m	−3,54 M	O8		Monoceros

È composta da due stelle, delle quali una è un sistema binario spettroscopico con una massa stimata pari a circa 110 volte quella del Sole il che la rende uno degli oggetti stellari più massicci che si conoscano.

Gamma Cas	γ Cas	00h 56,7m	+60° 43'	Set-Ott-Nov
2,15$_v$ m	−4,22 M	B0 IV		Cassiopeia

Questa stella peculiare presenta nello spettro brillanti righe d'emissione, il che sta a denunciare che essa emette materiale gassoso nel corso di eruzioni periodiche. È la stella di mezzo della familiare "W" di Cassiopea.

Mirzim	β Cma	06h 22,7m	−17° 57'	Nov-Dic-Gen
1,98$_v$ m	−3,96 M	B1 II		Canis Major

Mirzim è il prototipo di una classe di stelle variabili ora classificate come stelle tipo β Cefei, che sono stelle pulsanti (da non confondere con le Cefeidi). La variazione di luce è comunque troppo piccola per essere apprezzata visualmente.

Algenib	γ Peg	00h 13,2m	+15° 11'	Ago-Set-Ott
2,83$_v$ m	−2,22 M	B2 V		Pegasus

Algenib è una variabile tipo β Canis Majoris e si trova nell'angolo sud-orientale del famoso Quadrato di Pegaso.

Achernar	α Eri	01h 37,7m	−57° 14'	Set-Ott-Nov
0,45$_v$m	−2,77 M	B3 V		Eridanus

Achernar è una stella calda e blu. La sua declinazione negativa la rende invisibile dall'Italia.

Aludra	η Cma	07h 24,1m	−29° 18'	Dic-Gen-Feb
2,45 m	−7,51 M	B5 I		Canis Major

Si tratta di una supergigante con una luminosità stimata in 50 mila volte quella del Sole.

Electra	**17 Tau**	**03h 44,9m**	**+24° 07'**	Ott-**Nov**-Dic
3,72 m	**−1,56 M**	**B6 III**		**Taurus**

Electra è una stella dell'ammasso delle Pleiadi.

Alcyone	**η Tauri**	**03h 47,5m**	**+24° 06'**	Ott-**Nov**-Dic
2,85 m	**−2,41 M**	**B7 III**		**Taurus**

Alcyone è la stella più brillante delle Pleiadi: ha una luminosità pari a circa 350 volte quella del Sole.

Maia	**20 Tauri**	**03h 45,8m**	**+24° 22'**	Ott-**Nov**-Dic
3,87 m	**−1,344 M**	**B8 III**		**Taurus**

Ecco un'altra bella stella azzurra dell'ammasso delle Pleiadi. La luminosità di Maia è circa 280 volte quella del Sole.

Kaus Australis	**ε Sgr**	**18h 24,2m**	**−34° 23'**	Mag-**Giu**-Lug
1,79 m	**−1,44 M**	**B9.5 III**		**Sagittarius**

Questa è una stella bianca brillante distante 125 a.l., con una luminosità 250 volte quella del Sole.

Nu[1] Draconis	**ν[1] Dra**	**17h 32,2m**	**+55° 11'**	Mag-**Giu**-Lug
4,89 m	**2,48 M**	**Am**		**Draco**

È un classico sistema stellare binario visibile attraverso binocoli o piccoli telescopi. Le due componenti, di colore bianco, sono pressoché identiche per magnitudine e tipo spettrale.

Alhena	**γ Gem**	**06h 37,7m**	**+16° 23'**	Nov-**Dic**-Gen
1,93 m	**−0,60 M**	**A0 IV**		**Gemini**

La stella è relativamente vicina a noi (dista 58 a.l.) e la sua luminosità è 160 volte quella del Sole.

Castore	**α Gem**	**07h 34,6m**	**+31° 53'**	Dic-**Gen**-Feb
1,43 m	**0,94 M**			**A1 V Gemini**

Castore fa parte di un sistema stellare multiplo: la magnitudine visuale indicata più sopra è il risultato della combinazione delle magnitudini (rispettivamente 1,9 e 2,9) dei due componenti più brillanti del sistema.

Deneb	**α Cyg**	**20h 41,3m**	**+45° 17'**	Lug-**Ago**-Set
1,25ᵥ m	**−8,73 [36] M**	**A2 I**		**Cygnus**

Deneb è la stella più debole del Triangolo Estivo (le altre sono Altair e Vega). È una supergigante di color azzurro, prototipo di una classe di variabili pulsanti.

Denebola	**β Leo**	**11h 49,1m**	**+14° 34'**	Feb-**Mar**-Apr
2,14ᵥ m	**1,92 M**	**A3 V**		**Leo**

Denebola ha diverse stelle compagne visibili con vari strumenti; è stata recentemente scoperta la sua natura di variabile.

Zozma	δ Leo	11h 14,1m	+20° 31'	Feb-**Mar**-Apr
2,56 m	1,32 M	A4 V		Leo

Distante 80 a.l., Zozma ha una luminosità 50 volte quella del Sole.

Ras Alhague	α Oph	17h 34,9m	+12° 34'	Mag-**Giu**-Lug
2,08 m	1,30 M	A5 III		Ophiuchus

Ras Alhague è una stella interessante per diverse ragioni. Mostra di possedere lo stesso moto spaziale di molte altre stelle del Gruppo dell'Orsa Maggiore. Presenta anche righe d'assorbimento interstellari nel suo spettro. Infine, mostra oscillazioni nel suo spostamento in cielo che potrebbero indicare la presenza di un compagno invisibile.

2 Monocerotis	HD 40536	05h 59,1m	–09° 33'	Nov-**Dic**-Gen
5,01 m	0,02 M	A6		Monoceros

La stella si trova alla distanza di circa 330 a.l. ed è 80 volte più luminosa del Sole.

Alderamin	α Cep	21h 18,6m	+62° 35'	Lug-**Ago**-Set
2,45 m	1,58 M	A7 IV		Cepheus

Si tratta di una stella che ruota molto velocemente su se stessa, il che comporta che le sue righe spettrali sono larghe e anche un po' confuse. Diventerà la stella polare attorno al 7500.

Gamma Herculis	γ Her	16h 21,8m	+19° 09'	Apr-**Mag**-Giu
3,74 m	–0,15 M	A9 III		Hercules

Sistema binario ottico, dista 200 a.l. e ha una luminosità 100 volte quella del Sole.

Canopo	α Car	06h 23,9m	–52° 41'	Nov-**Dic**-Gen
–0,62 m	–5,53 M	F0 I		Carina

Canopo è la seconda stella più brillante del cielo. Gli astrofili spesso riportano il suo colore come arancione o giallo, poiché generalmente viene osservata bassa sull'orizzonte, cosicché la sua luce risente della dispersione atmosferica. Il suo vero colore è il bianco.

b Velorum	HD 74180	08h 40,6m	–46° 39'	Dic-**Gen**-Feb
3,84 m	–6,12 M	F3 I		Vela

È una stella apparentemente poco significativa, senonché la sua luminosità intrinseca viene stimata pari a 23 mila volte quella del Sole.

Zubenelgenubi	α¹ Lib	14h 50,7m	–15° 60'	Apr-**Mag**-Giu
5,15 m	3,28 M	F4 IV		Libra

È una stella doppia facilmente risolvibile e una binaria spettroscopica. I colori delle due componenti sono giallo pallido e azzurro.

Algenib	α Per	03h 24,3m	+49° 52'	Ott-**Nov**-Dic
1,79 m	–4,5 M	F5 I		**Perseus**

La stella fa parte dell'associazione stellare Melotte 20, anche conosciuta come Perseus OB-3, o anche come Associazione di Alfa Persei. Del gruppo fanno parte circa 75 stelle con magnitudine 10 o maggiore. Si tratta di stelle giovani, con un'età di soli 50 milioni di anni, distanti da noi 550 a.l. Le righe metalliche vanno aumentando nei tipi spettrali F, specialmente le righe H e K del calcio ionizzato.

Stella Polare	α Umi	02h 31,8m	+89° 16'	Sempre
1,97$_v$ m	–3,64 M	F7 I		**Ursa Minor**

La Polare, stella famosa e interessante, è solo la quarantanovesima in ordine di brillantezza nel cielo. È una variabile Cefeide di tipo II (della classe delle W Virginis), ed è una stella binaria con il compagno di colore azzurro. La stella sarà nel suo punto di massima vicinanza al polo celeste nel 2102.

Zavijah	β Vir	11h 50,7m	+01° 46'	Feb-**Mar**-Apr
3,59 m	3,40 M	F8 V		**Virgo**

Distante solo 34 a.l., questa stella è tre volte più luminosa del Sole.

Sadal Suud	β Aqr	21h 31,6m	–05° 34'	Lug-**Ago**-Set
2,90 m	–3,47 M	G0 I		**Aquarius**

Distante 990 a.l. e 2000 volte più luminosa del Sole, questa stella gigante è simile alla α Aqr.

Sadal Melik	α Aqr	22h 05,8m	–00° 19'	Lug-**Ago**-Set
2,95 m	–3,88 M	G2 I		**Aquarius**

Benché abbia lo stesso tipo spettrale e la stessa temperatura superficiale del Sole, Sadal Melik è una gigante, mentre il Sole è una stella di Sequenza Principale.

Ras Algethi	α^2 Her	17h 14,7m	+14° 23'	Mag-**Giu**-Lug
5,37 m	0,03 M	G5 III		**Hercules**

Bell'esempio di stella doppia con le componenti di colore arancione e azzurro-verde. Il tipo spettrale si riferisce alla stella primaria della coppia, che è una doppia spettroscopica, impossibile da separare visualmente qualunque telescopio si utilizzi.

Algeiba	γ^2 Leo	10h 19,9m	+19° 50'	Gen-**Feb**-Mar
3,64 m	0,72 M	G7 III		**Leo**

Si tratta di una famosa stella doppia, alla quale gran parte degli osservatori attribuisce una colorazione arancio o gialla; tuttavia, alcuni ne parlano come di una stella verdina.

β Lmi	HD 90537	10h 27,8m	+36° 42'	Gen-**Feb**-Mar
4,20 m	0,9 M	G8 III		**Leo Minor**

In una costellazione nella quale non esiste una stella a cui sia stata data la denominazione α, la β Lmi non è la stella più brillante della costellazione: tale onore va alla 46 Lmi.

β Cet	HD 4128	00h 43,6m	−17° 59'	Set-Ott-Nov
2,04 m	−0,30 M	G9.5 III		Cetus

Questa stella si trova a 96 a.l. di distanza e la sua luminosità è 110 volte quella del Sole.

Gienah	ε Cyg	20h 46,2m	+33° 58'	Lug-Ago-Set
2,48 m	0,76 M	K0 III		Cygnus

Gienah è una binaria spettroscopica che marca il braccio orientale della Croce del Nord. Nelle stelle di tipo K, le righe metalliche diventano progressivamente più prominenti di quelle dell'idrogeno.

ν² CMa	HD 47205	06h 36,7m	−19° 15'	Nov-Dic-Gen
3,95 m	2,46 M	K1 III		Canis Major

Questa stella dista 60 a.l. ed è 7 volte più luminosa del Sole.

Enif	ε Peg	21h 44,2m	+09° 52'	Lug-Ago-Set
2,38ᵥ m	−4,19 M	K2 I		Pegasus

Enif si trova a 740 a.l. e la sua luminosità è 7500 volte quella del Sole. Due deboli stelle visibili nello stesso campo vengono spesso classificate come sue compagne, ma è un errore poiché è stato provato che sono solamente vicine prospettiche.

Almach	γ¹ And	02h 03,9m	+42° 20'	Set-Ott-Nov
2,33 m	−2,86 M	K3 III		Andromeda

Almach è una famosa binaria i cui colori sono oro e blu, benché qualche osservatore li riporti come arancione e verde-azzurro. In ogni caso, la compagna più debole è calda abbastanza per mostrarsi di un bel colore blu. È a sua volta una binaria, ma non risolvibile con strumenti amatoriali.

ζ² Sco	HD 152334	16h 54,6m	−42° 22'	Mag-Giu-Lug
3,62 m	0,3 M	K4 III		Scorpius

La più brillante componente di questo sistema binario ottico, visibile a occhio nudo, è una supergigante arancione il cui colore contrasta con quello della compagna supergigante blu, appena poco più debole.

ν¹ Boö	HD 138481	15h 30,9m	+40° 50'	Apr-Mag-Giu
5,04 m	−2,10 M	K5 III		Boötes

Alla distanza di 870 a.l., la luminosità della stella è 570 volte quella del Sole.

Mirach	β And	01h 09,7m	+35° 37'	Set-Ott-Nov
2,07 m	−1,86 M	M0 III		Andromeda

In questo tipo spettrale le bande dell'ossido di titanio sono prominenti. Questa gigante rossa è sospettata di una leggera variabilità, come molte altre stelle dello stesso tipo. La si ammira nello stesso campo di vista della galassia NGC 404.

Antares	α Sco	16h 29,4m	−26° 26'	Apr-**Mag**-Giu
1,06$_v$ m	−5,28 M	M1 I		**Scorpio**

Antares è una stella gigante con un diametro 600 volte quello del Sole; il suo colore rosso contrasta vivamente con quello verdino della sua debole compagna.

Scheat	β Peg	23h 03,8m	+28° 45'	Ago-**Set**-Ott
2,44$_v$ m	−1,49 M	M2 II		**Pegasus**

Scheat è una variabile irregolare rossa che segna il vertice nord-occidentale del Quadrato di Pegaso. È una delle prime stelle per le quale sia stato possibile misurare il diametro (0",021) con la tecnica interferometrica. Essendo una stella variabile, le sue dimensioni oscillano fino a toccare un diametro massimo 160 volte quello del Sole.

Miram	η Per	02h 50,7m	+55° 54'	Ott-**Nov**-Dic
3,77 m	−4,28 M	M3 I		**Perseus**

Questa stella giallastra è un sistema doppio facilmente risolvibile. Bello il contrasto di colore con la sua compagna azzurra.

Gacrux	γ^A Crucis	12h 31,2m	−57° 07'	Feb-**Mar**-Apr
1,59 m	−0,56 M	M4 III		**Crux**

La stella che marca il punto più alto della Croce del Sud è una gigante. Le due componenti γ^A e γ^B non formano un vero sistema binario, poiché pare che si muovano in direzioni differenti.

Ras Algethi	α^1 Her	17h 14,6m	+14° 23'	Mag-**Giu**-Lug
3,03$_v$ m	−2,32 M	M5 II		**Hercules**

Ras Algethi è un bel sistema doppio. La stella M5 semiregolare è una supergigante arancione, che contrasta con la sua compagna, una gigante blu-verde. Questa stella doppia può essere risolta solo con un telescopio (non basta il binocolo), poiché le due stelle sono separate da meno di 5 secondi d'arco. Le variazioni di luminosità vengono attribuite a effettivi cambiamenti fisici della stella, che ora aumenta, ora diminuisce di diametro.

Mira (al massimo)	o Cet	02h 19,3m	−02° 59'	Set-**Ott**-Nov
2,00$_v$ m	−3,54 M	M5		**Cetus**

Mira (al minimo)	o Cet	02h 19,3m	−02° 59'	Set-**Ott**-Nov
10$_v$ m	−0,5 M	M9		**Cetus**

Per informazioni di dettaglio su Mira si veda il paragrafo 3.13.4 "Le RR Lirae e le variabili di lungo periodo".

θ Apodis	HD 122250	14h 05,3m	−76° 48'	Mar-**Apr**-Mag
5,69$_v$ m	−0,67 M	M6.5 III		**Apus**

È una variabile semiregolare con un periodo di 119 giorni. Le variazioni la portano dalla quinta all'ottava magnitudine. Le bande del titanio ora sono al massimo della loro intensità.

1.9 Il diagramma di Hertzsprung-Russell

Abbiamo già affrontato diversi aspetti nella nostra descrizione delle caratteristiche di base di una stella, come la massa, il raggio, il tipo spettrale e la temperatura. Ora riuniamo insieme tutti questi parametri per avere un quadro di come evolve una stella. Spesso risulta utile rappresentare i dati relativi a un gruppo di oggetti in forma grafica. Molti di noi hanno dimestichezza con i grafici, per esempio sappiamo leggere e interpretare un grafico che mostri l'andamento dell'altezza di una persona in funzione dell'età, oppure della temperatura dell'aria in funzione del tempo. Un simile approccio è stato seguito anche nello studio delle caratteristiche delle stelle. Un grafico universalmente usato è quello noto come *diagramma di Hertzsprung-Russell*, certamente uno degli strumenti più importanti e utili nello studio dell'astronomia.

Nel 1911, l'astronomo danese Ejnar Hertzsprung mise in grafico la magnitudine assoluta delle stelle (la loro luminosità) in funzione dei rispettivi colori (le loro temperature). Più tardi, nel 1913, l'astronomo americano Henry Norris Russell indipendentemente mise in grafico la magnitudine assoluta in funzione del tipo spettrale (un altro modo di misurare la temperatura). Entrambi si accorsero che cominciavano a emergere certe strutture molto evidenti e, in seguito, la comprensione di queste strutture si rivelò cruciale nello studio delle stelle. In riconoscimento del lavoro pionieristico di questi astronomi, il grafico prese il loro nome (abbreviato in diagramma H-R). La figura 1.4 è un tipico diagramma H-R. Ciascun punto sul diagramma rappresenta una stella per la quale sono stati determinati il tipo spettrale e la luminosità. Rimarchiamo alcune delle principali caratteristiche del diagramma.

- L'asse orizzontale rappresenta la temperatura della stella o, equivalentemente, il tipo spettrale.

- La temperatura aumenta andando da destra verso sinistra. Ciò perché Hertzsprung e Russell basarono originariamente il loro diagramma sulla sequenza spettrale OBAFGKM, dove le stelle calde di tipo O erano sulla sinistra e quelle fredde di tipo M sulla destra.

- L'asse verticale rappresenta la luminosità stellare, generalmente misurata in unità solari, $L_\odot$.

- Le luminosità coprono un intervallo molto ampio, cosicché il diagramma deve far uso della scala logaritmica, nella quale ciascuna tacca segnata sull'asse verticale rappresenta una luminosità che è 10 volte maggiore di quella della tacca precedente.

- Ciascun punto sul diagramma H-R rappresenta il tipo spettrale e la luminosità di una stella. Per esempio, il punto che rappresenta il Sole si trova nella posizione corrispondente al suo tipo spettrale G2 e alla luminosità $L_\odot = 1$.

Si noti che, poiché la luminosità aumenta andando verso l'alto nel diagramma, mentre la temperatura superficiale cresce spostandosi verso sinistra, le stelle che si trovano nell'angolo superiore sinistro sono calde e luminose. In modo analogo, le stelle nell'angolo superiore destro sono fredde e luminose; quelle nell'angolo in basso a destra sono fredde e deboli; quelle nell'angolo in basso a sinistra sono calde e deboli.

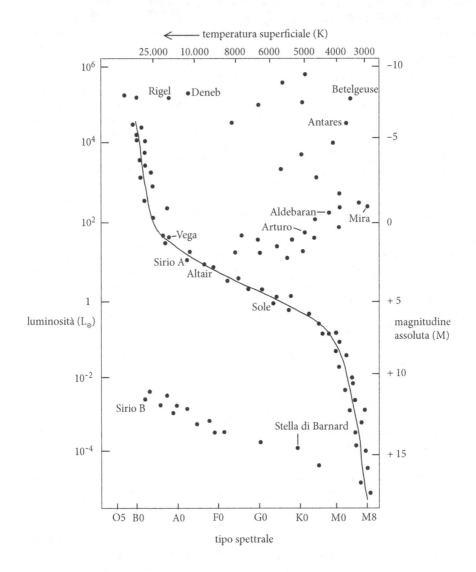

Figura 1.4. Il diagramma di Hertzsprung-Russell. La luminosità è messa in grafico in funzione del tipo spettrale per un certo numero di stelle. Viene mostrata la posizione di alcune stelle brillanti. Ciascun punto rappresenta una stella di tipo spettrale e luminosità noti. I punti rappresentativi sono raggruppati in poche regioni, indicando che deve esserci una correlazione fisica tra le due grandezze. La Sequenza Principale è la linea continua. Vengono indicate anche la temperatura superficiale (in alto) e la magnitudine assoluta (a destra).

1.10 Il diagramma H-R e il raggio stellare

Il diagramma H-R può fornire un'importante informazione diretta riguardo al raggio delle stelle, poiché la luminosità di una stella dipende dalla sua temperatura superficiale e dalla superficie emittente, ossia dal raggio. Ricordiamo che la temperatura superficiale fissa la potenza emessa dalla stella per unità di area. Così, una temperatura più elevata equivale a una maggiore potenza emessa per unità di area. Se due stelle hanno la stessa temperatura, la stella di maggiori dimensioni sarà più luminosa dell'altra. Il raggio stellare deve perciò necessariamente crescere man mano che ci spostiamo dall'angolo in basso a sinistra del diagramma H-R, relativo alle stelle di alta temperatura e di bassa luminosità, verso l'angolo in alto a destra, delle basse temperature e delle alte luminosità. Questo fatto è mostrato nella figura 1.5.

La prima cosa da notare nel diagramma H-R è che i punti rappresentativi delle stelle non si distribuiscono a caso, ma cadono in alcune precise e distinte regioni. Ciò significa che la temperatura superficiale (o il tipo spettrale) in qualche modo si lega alla luminosità. I vari raggruppamenti dei punti possono essere descritti nel modo che segue.

- La banda che attraversa in diagonale il diagramma H-R è detta *Sequenza Principale* ed è rappresentativa di almeno il 90% delle stelle che si vedono in una notte serena. Essa si estende dall'angolo in alto a sinistra (stelle blu, calde e luminose) fino all'angolo in basso a destra (stelle rosse, fredde e deboli). Ciascuna stella che cade in questa parte del diagramma H-R è detta *stella di Sequenza Principale*. Il nostro Sole è una stella di Sequenza Principale (tipo spettrale G2, magnitudine assoluta +4,8, luminosità 1 $L_\odot$). Vedremo più avanti nel corso del libro che le stelle che stanno in Sequenza Principale vanno soggette al bruciamento dell'idrogeno nei loro noccioli, ossia alla fusione termonucleare che converte l'idrogeno in elio.

- Le stelle nella parte in alto a destra sono dette *giganti*. Queste stelle sono fredde, ma luminose. Ricordiamo che abbiamo già discusso la legge di Stefan-Boltzmann, la quale stabilisce che una stella fredda irraggia molto meno energia per unità superficiale di una stella calda. Quindi, se queste stelle ci appaiono così luminose, deve essere perché sono immense, ed ecco il motivo per cui sono dette giganti. Per esempio, possono essere tra 10 e 100 volte più grandi del Sole. La figura 1.5 ci mostra questo fatto: al diagramma H-R abbiamo sovrapposto l'informazione relativa al raggio stellare. La gran parte delle stelle giganti sono tra 100 e 1000 volte più luminose del Sole e hanno temperature comprese tra 3000 e 6000 K. I membri più freddi di questa classe sono rossicci e hanno temperature comprese tra 3000 e 4000 K: si definiscono queste stelle come *giganti rosse*. Alcuni esempi di giganti rosse sono Arturo, nella costellazione del Bovaro, e Aldebaran, in quella del Toro.

- Nell'angolo estremo in alto a destra si trovano poche stelle che sono persino più grosse delle giganti. Si tratta delle *supergiganti*, che hanno raggi dell'ordine di 1000 $R_\odot$. Giganti e supergiganti costituiscono circa l'1% delle stelle visibili sulla volta celeste. Due esempi di supergiganti sono Antares, nello Scorpione, e Betelgeuse, in Orione. Le fusioni nucleari che hanno luogo nelle stelle supergiganti sono significativamente diverse, sia per natura, sia per gli strati in cui si producono, dalle reazioni che hanno luogo nelle stelle di Sequenza Principale.

- Le stelle nella parte in basso a sinistra del diagramma H-R sono molto più piccole e appaiono generalmente bianche. Si tratta delle *nane bianche*. Come vediamo dal diagramma H-R, sono stelle calde di bassa luminosità; di conseguenza, devono essere minuscole, da cui il nome di stelle nane. Si tratta di astri deboli, cosicché li possiamo semmai ammirare solo al telescopio. Hanno approssimativamente le stesse dimensioni della Terra. Al loro interno non si sviluppano più le reazioni nucleari: esse emettono energia mentre si raffreddano, essendo i resti del nucleo di stelle giganti. Le nane bianche rappresentano circa il 9% delle stelle sulla volta celeste.

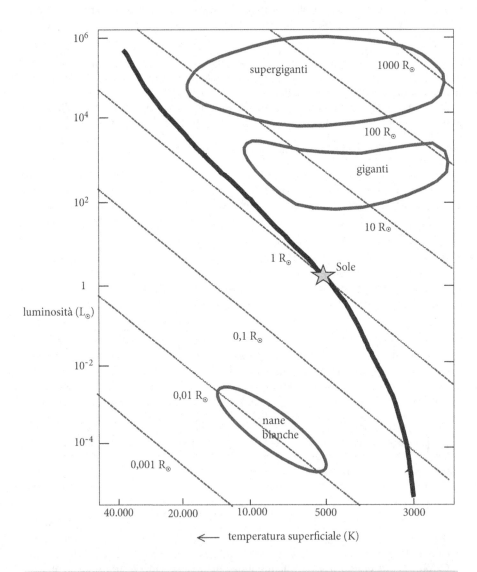

Figura 1.5. Le dimensioni delle stelle sul diagramma H-R. Nel grafico, la luminosità è riportata in funzione della temperatura superficiale. Le linee tratteggiate diagonali indicano stelle di raggi differenti. Fissato il raggio, muovendosi da destra a sinistra, la temperatura superficiale aumenta e così la luminosità. Si noti la posizione del Sole sulla linea rappresentativa della Sequenza Principale. Il Sole è decisamente una stella media.

1.11 Il diagramma H-R e la luminosità stellare

La temperatura di una stella determina quali sono le righe spettrali più evidenti nel suo spettro. Perciò, classificare una stella in base al tipo spettrale equivale essenzialmente a classificarla in funzione della sua temperatura. Uno sguardo veloce al diagramma H-R ci rivela che le stelle possono avere temperature simili, ma luminosità molto differenti.

Consideriamo questo esempio: una nana bianca può avere una temperatura di 7000 K; così può essere per una stella di Sequenza Principale, per una gigante e per una supergigante. Ciò che varia sarà la luminosità di queste stelle. Esaminando le righe presenti nello spettro di una stella, si può determinare a quale categoria appartiene. Una regola pratica generale (per stelle con tipi spettrali compresi tra B ed F) è la seguente: quanto più una stella è luminosa, tanto più sottili sono le righe dell'idrogeno. La teoria che sta dietro questo fenomeno è piuttosto complessa, ma qui basterà dire che le differenze che si misurano negli spettri riflettono le differenze presenti nelle atmosfere stellari, dove si producono le righe d'assorbimento. La densità e la pressione dei gas caldi nelle atmosfere stellari determinano le caratteristiche delle righe d'assorbimento, in particolare quelle dell'idrogeno. Se la pressione e la densità sono elevate, gli atomi d'idrogeno collidono con maggiore frequenza e interagiscono con gli altri atomi del gas. Le collisioni causano piccoli spostamenti nei livelli energetici degli atomi d'idrogeno, col risultato che le righe spettrali si allargano.

In una stella gigante luminosa, l'atmosfera avrà una pressione e una densità relativamente basse, visto che la massa della stella si distribuisce in un enorme volume. Perciò gli atomi (e gli ioni) sono relativamente separati tra loro. Ciò significa che le collisioni tra gli atomi sono molto meno frequenti e ciò produrrà righe dell'idrogeno più sottili. In una stella di Sequenza Principale, l'atmosfera è più densa che in una gigante o in una supergigante: le collisioni occorreranno più frequentemente e le righe dell'idrogeno saranno più larghe.

In un paragrafo precedente, parlando delle classificazioni stellari, abbiamo visto che possiamo attribuire a una stella una data classe di luminosità. Utilizzeremo qui questa classificazione per descrivere in quale regione del diagramma H-R cade una stella di una particolare luminosità. Tutto ciò è mostrato nella figura 1.6.

La conoscenza del tipo spettrale e della luminosità di una stella aiuta l'astronomo a capire subito dove la stella si colloca sulla fascia della Sequenza Principale. Per esempio, una stella G2 V è una stella di Sequenza Principale che ha una luminosità di 1 $L_\odot$ e una temperatura superficiale di 5700 K. Analogamente, Aldebaran è una stella K5 III, che significa che è una gigante rossa con una luminosità di 375 $L_\odot$ e una temperatura superficiale di circa 4000 K.

1.12 Il diagramma H-R e la massa stellare

La caratteristica centrale delle stelle di Sequenza Principale è che, come il Sole, esse vanno soggette a fusione nucleare nel loro nocciolo per convertire idrogeno in elio. Poiché molte stelle spendono gran parte della loro vita brillando proprio in questo modo, è naturale che la maggioranza delle stelle passi il proprio tempo in qualche punto

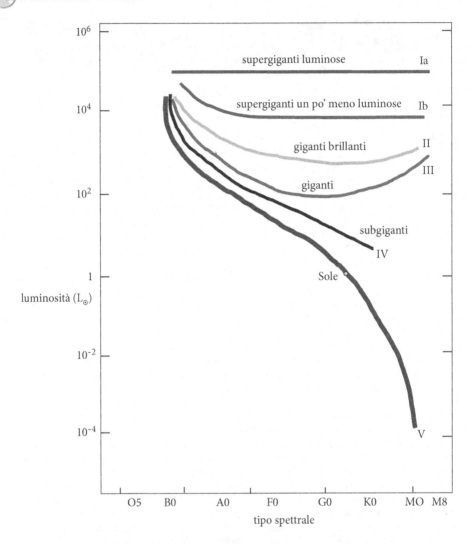

Figura 1.6. Classi di luminosità. Dividendo il diagramma H-R in funzione delle classi di luminosità è possibile distinguere tra stelle giganti e supergiganti.

sulla Sequenza Principale.

Si vede bene che il diagramma H-R copre un intervallo molto ampio di luminosità e di temperature, la domanda che ci si pone è: perché questi valori tanto diversi?

Gli astronomi stimano le masse delle stelle sfruttando il fatto che esistono i sistemi binari: in questo modo è stato scoperto che la massa di una stella aumenta man mano che ci si sposta verso l'alto della Sequenza Principale (figura 1.7). Le stelle di tipo O, che sono calde e luminose, si trovano nella parte alta del diagramma e possono avere masse fino a 100 volte maggiori di quella del Sole. All'altro estremo della Sequenza Principale, le stelle fredde e deboli hanno masse fino a un decimo di quella del Sole[37]. Questa distribuzione ordinata delle masse stellari lungo la Sequenza Principale ci dice che la massa

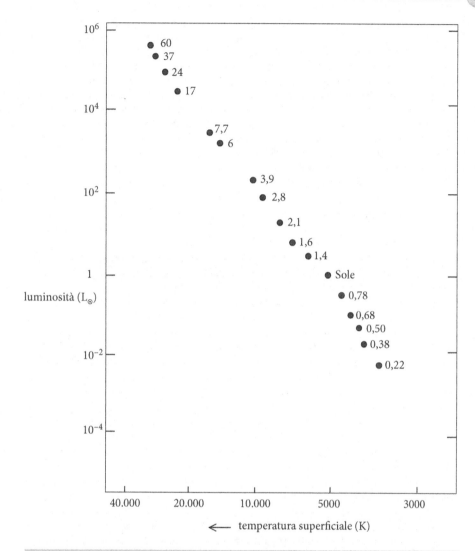

Figura 1.7. La Sequenza Principale e le masse delle stelle. Ciascun pallino è una stella di Sequenza Principale e il numero rappresenta la sua massa in unità solari. Se ci si muove verso l'alto lungo la Sequenza Principale, crescono contemporaneamente la massa, la luminosità e la temperatura.

è l'attributo più importante delle stelle che vanno soggette al bruciamento dell'idrogeno. La massa ha un effetto diretto sulla luminosità di una stella perché il peso degli strati esterni determinerà quanto velocemente procedono nel nocciolo le reazioni nucleari che portano dall'idrogeno all'elio. Una stella di 10 $M_\odot$ sulla Sequenza Principale sarà oltre 1000 volte più luminosa del Sole (1000 $L_\odot$).

Tuttavia, la relazione tra la massa e la temperatura superficiale è un poco più complessa di quanto abbiamo detto nel paragrafo precedente. Generalmente, le stelle molto luminose devono essere molto grandi, o devono avere temperature elevate, o devono mostrare una combinazione di entrambi questi parametri. Le stelle nell'angolo in alto a sinistra della Sequenza Principale sono migliaia di volte più luminose del Sole, ma sono soltanto una decina di volte più grandi. Perciò, le loro temperature superficiali devono essere significativamente più elevate di quella del Sole, per rendere conto di una luminosità così estrema. Tenendo a mente questa relazione, possiamo ora dire che le stelle di Sequenza Principale che sono più massicce del Sole devono anche avere temperature più elevate, mentre quelle di minore massa devono avere temperature superficiali più basse. In tal modo, si può ora capire perché le stelle di Sequenza Principale si dispongono in diagonale nel diagramma H-R dall'angolo in alto a sinistra a quello in basso a destra.

Il diagramma H-R è uno degli strumenti più fondamentali di cui l'astronomo può disporre. Lo utilizzeremo nei prossimi capitoli del libro, poiché esso ci offre un mezzo per determinare la storia evolutiva delle stelle, dalla loro nascita alla loro fine.

Note

1. Un parsec equivale a 3,26 anni luce, ossia a $3,09 \times 10^{13}$ km, o anche 206.265 UA. 1 UA = 149.597.870 km.

2. Il satellite Hipparcos scoprì anche 200 nuove stelle, la più vicina delle quali a circa 18 a.l. In aggiunta, diverse centinaia di stelle che si pensava fossero più vicine di 75 a.l. si scoprì che erano assai più distanti.

3. La più famosa variabile Cefeide è la Stella Polare. Essa varia la sua luminosità visuale di circa il 10% in poco meno di 4 giorni. Dati recenti indicano che la variabilità sta decrescendo, e che la stella tra qualche tempo potrebbe cessare di pulsare. Discuteremo della Stella Polare e di altri tipi importanti di stelle variabili in dettaglio in un prossimo paragrafo.

4. Discuteremo più avanti il significato del termine luminosità. Per il momento si pensi alla loro brillantezza.

5. La relazione periodo-luminosità fu scoperta da Henrietta Leavitt nel 1908, quando era all'Harvard College Observatory. Essa analizzò fotografie delle Nubi di Magellano scoprendo più di 1700 stelle variabili.

6. La relazione tra la brillantezza apparente di una stella e la sua brillantezza intrinseca verrà discussa nei prossimi paragrafi.

7. Questo significa che la stella è parte di un sistema binario, essendo B la compagna.

8. Molte delle stelle vicine sono assai deboli: qui menzioneremo solo le più brillanti, facendo qualche eccezione sole se l'oggetto ha un ruolo importante in astronomia.

9. La stella, e quindi la sua magnitudine, è variabile.

10. La sigla identifica l'oggetto n. 21185 nell'Henry Draper Catalogue.

11. Il moto proprio di una stella è il suo spostamento apparente sulla volta celeste.

12. 1 W equivale a 1 joule/secondo. La luminosità del Sole è di $3{,}86 \times 10^{26}$ W e spesso viene indicata con il simbolo $L_\odot$.

13. Il termine scientifico per la luminosità apparente, o la brillantezza di una stella, è *flusso*.

14. Sotto eccellenti condizioni del cielo, taluni osservatori riportano di essere in grado di osservare a occhio nudo stelle fino alla magnitudine 7 o addirittura 8.

15. Ci sono diverse differenti definizioni di magnitudini, relative alla brillantezza che una stella ha quando questa viene osservata a lunghezze d'onda differenti: generalmente, si considerano i cosiddetti sistemi U, B e V. Esiste anche una scala che fa riferimento alle lastre fotografiche e che perciò definisce la *magnitudine fotografica*, m_{pg}, o anche la *magnitudine fotovisuale*, m_{pv}. Per finire, esiste anche la *magnitudine bolometrica*, m_{bol}, che misura la totalità delle radiazioni emesse da un oggetto su tutte le lunghezze d'onda.

16. Molte stelle sono variabili, di modo che il valore della loro magnitudine apparente cambierà nel tempo. Il suffisso v sta a indicare una stella variabile, e il valore dato per la magnitudine è quello medio.

17. Quando la luce è scarsa, gli occhi non riconoscono il colore. Questo è il motivo per cui di notte, ad occhio nudo, noi vediamo solo delle ombre grigie, un po' di bianco e il nero.

18. Il fattore più importante che determina il colore di una stella siamo noi stessi! È una pura faccenda di influenze fisiologiche e psicologiche. Capita che un osservatore descriva una stella come blu, mentre un altro la vede bianca; uno vede una stella arancione, un altro attribuisce alla stessa stella il colore giallo. Addirittura capita che si percepisca una stella con un colore differente quando si usano telescopi o ingrandimenti diversi. Anche le condizioni atmosferiche giocano un certo ruolo.

19. Da qui in avanti, quando parleremo di temperatura, ci riferiremo sempre alla temperatura superficiale.

20. Sirio è la stella più brillante del cielo.

21. Mira Ceti è la più famosa stella variabile.

22. Si ricordi che il colore dipende anche dall'osservatore! Ciò che una persona vede come giallo un'altra lo vede bianco. Non si meravigli perciò il lettore se percepirà un colore differente da quello da noi riportato.

23. La sua vera temperatura resta indeterminata.

24. Per poche stelle, come Betelgeuse, si è potuto misurare il raggio per mezzo di una tecnica conosciuta come *interferometria*. Per la stragrande maggioranza delle stelle, tale tecnica non è applicabile, perché sono troppo distanti o troppo deboli.

25. Ad essere precisi, la legge si riferisce a un *corpo nero*, un corpo fisico particolare che emette radiazione termica. La radiazione termica è radiazione di corpo nero. La superficie di una stella si comporta a tutti gli effetti come un corpo nero.

26. Senza dubbio qualche lettore si sarà già chiesto: "Dov'è la superficie di una stella? Una stella non è fatta di gas?" Daremo risposta a queste domande nei capitoli successivi.

27. C'è qualche incertezza su questo valore.

28. Gli astronomi sono soliti chiamare "metalli" tutti gli elementi diversi dall'idrogeno e dall'elio. Non è corretto, in senso stretto: accettiamo tuttavia questa espressione gergale.

29. È relativamente facile misurare se un oggetto si sta muovendo in allontanamento o in avvicinamento a noi. Per misurare se si muove anche lateralmente si devono compiere misure più complicate.

30. Alcuni spettroscopi pongono il prisma o il reticolo davanti al telescopio, in modo tale che si possa analizzare simultaneamente la luce di tutte le stelle presenti nel campo inquadrato. Si parla allora di un *spettroscopio obiettivo*. Si perde in tal modo un po' di dettaglio (cioè informazioni sulla stella), ma tanto basta per compiere le prime misure.

31. Le transizioni qui mostrate sono solo alcune delle molte che possono avvenire.

32. La ragione per cui le stelle seguono l'ordine OBAFGKM fu scoperta da una brillante astronoma, Cecilia Payne-Gaposchkin, la quale trovò che tutte le stelle sono costituite essenzialmente di idrogeno ed elio e che la temperatura superficiale di una stella determina l'intensità delle sue righe spettrali. Per esempio, le stelle di tipo O presentano righe dell'idrogeno deboli perché, a causa della loro elevata temperatura, quasi tutto l'idrogeno è ionizzato. Quindi, senza un elettrone in grado di "saltare" tra i livelli energetici, l'idrogeno ionizzato non può né emettere né assorbire la luce. All'altro estremo, le stelle di tipo M sono così fredde da consentire la formazione di molecole: per questo, i loro spettri contengono intense righe d'assorbimento molecolari.

33. Come vedremo più avanti, si tratta di stelle con temperatura molto bassa, da 1900 a 1500 K. Molti astronomi ora sospettano che si tratti di nane brune.

34. Queste possono essere ulteriormente suddivise nelle classi IA e IB, con la IA come la più brillante.

35. Normalmente vengono considerati soli i tipi O, A, B, F, G, K e M. Gli altri tipi vengono usati e definiti solo quando sono proprio necessari.

36. Questo valore è discutibile. I dati attendono verifiche.

37. Negli ultimi anni gli astronomi hanno scoperto che le stelle nane, deboli, di piccola massa del tipo M sono di gran lunga più numerose di tutti gli altri tipi stellari. Semplicemente non eravamo stati in grado finora di rivelarle.

CAPITOLO DUE

Il mezzo interstellare

2.1 Introduzione

Quando guardiamo il cielo notturno vediamo una miriade di stelle e poco altro, cosicché abbiamo l'impressione che tra le stelle ci sia solo spazio vuoto. Non c'è nulla che ci faccia sospettare la presenza di materia tra una stella e l'altra. Allo stesso tempo, possiamo intuitivamente capire che non può essere così, perché se lo spazio fosse del tutto vuoto, allora le stelle da cosa si formerebbero? Questo ci porta alla conclusione che forse lo spazio non è per niente vuoto, ma è riempito di qualche tipo di materia che, pur risultando invisibile ai nostri occhi, costituisce la materia prima da cui nascono le stelle.

Effettivamente, lo spazio è tutt'altro che vuoto: esso è pieno di gas e di polveri. Questa materia è conosciuta come *mezzo interstellare* (ISM, acronimo di *Interstellar Medium*). L'ISM è costituito da gas (principalmente idrogeno) e da polvere (presente in proporzione di circa l'1% della massa del gas). La polvere, che è ben diversa da quella che conosciamo qui sulla Terra, è costituita da elementi e composti diversi dall'idrogeno, come il carbonio, il silicio e così via, oltre che da molecole come CO, HCN e molte altre ancora.

La materia che costituisce l'ISM non si distribuisce in modo uniforme nello spazio: ci sono regioni in cui la densità è maggiore, accanto ad altre di minore densità. In modo simile, ci sono regioni dell'ISM che sono calde, mentre altre sono fredde. Dunque, i parametri più importanti che riguardano l'ISM sono la temperatura e una quantità che chiameremo *densità in numero* (*n*). Quest'ultima è il numero di particelle presenti nell'unità di volume (per ogni metro cubo): le particelle possono essere atomi singoli, neutri o ionizzati, combinati in molecole o una miscela di tutto questo. Poiché nell'ISM c'è di gran lunga molto più idrogeno che ogni altro materiale, potremmo dire, con buona approssimazione, che la densità di particelle è il numero degli atomi di idrogeno per metro cubo, e allora potremmo indicarla come n_H [1].

È da sottolineare che nell'ISM si incontra un intervallo incredibilmente esteso di temperature e di densità in numero. Si va da solo 100 particelle per metro cubo ($n = 100$ m^{-3}) fino a circa 10^{17} particelle per metro cubo ($n = 10^{17}$ m^{-3}). Similmente, la temperatura varia da 10 K fino ad alcuni milioni di gradi. Per avere un'idea di questi intervalli, si guardi la figura 2.1 che mostra come possono variare le temperature e le densità in numero: sono anche indicati i nomi che generalmente si danno alle differenti regioni dell'ISM caratterizzate da questi parametri.

Consideriamo questo diagramma in dettaglio; quello che chiamiamo mezzo inter-nubi, caldo o tiepido che sia, in realtà è ciò che rappresenta la gran parte dell'ISM. Il *mezzo inter-nubi caldo* è generalmente parecchio esteso: oltre che caldo, è di densità estremamente bassa e consiste principalmente di idrogeno ionizzato. Per fortuna degli astrofili, esso non oscura la nostra visione del cielo: infatti, la luce ci passa attraverso senza esserne assorbita. Anche il *mezzo inter-nubi tiepido* è trasparente.

Tutte le altre regioni indicate nel diagramma si presentano ai nostri occhi in forma ben distinta e perciò sono oggetti riconoscibili e importanti per noi osservatori. Possiamo dividerle in due gruppi: le regioni dell'ISM che sono interessate dalla formazione stellare, precisamente le *nubi diffuse*, le *nubi dense* e le *regioni HII* [2], e quelle che hanno a che fare con la morte delle stelle: le *nebulose planetarie*, i *resti di supernova* e i *gusci circumstellari*.

Discuteremo in notevole dettaglio queste regioni nel presente e nei successivi capitoli, anche perché questi oggetti sono interessanti per l'astrofilo: tutti, con la sola eccezione delle nubi diffuse, che sono trasparenti alla luce visibile; esistono tuttavia metodi che consentono di osservare anche queste nubi: la radioastronomia misura la riga dell'idrogeno a 21 cm, i telescopi nelle microonde misurano le righe della molecola CO e i telescopi infrarossi misurano l'emissione nel lontano infrarosso ad opera delle polveri.

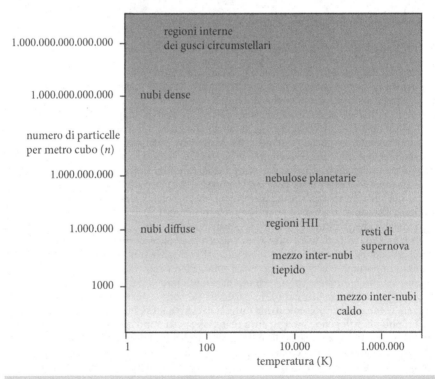

Figura 2.1. Regioni nel mezzo interstellare.

Ve lo dico da astronomo: probabilmente voi avrete già osservato il mezzo interstellare, forse senza nemmeno accorgervene. Come si è detto, l'ISM è composto di gas (soprattutto idrogeno [3]) e polveri e perciò è sostanzialmente invisibile; però ci sono luoghi nella Galassia in cui si verificano le condizioni che tendono ad aggregare il materiale e allora queste regioni più dense della media si rendono ben visibili anche agli astrofili. Le chiamiamo *nebulose*.

2.2 Nebulose

Le nebulose sono di natura abbastanza disparata anche se si presentano d'aspetto simile. Sono associate con le regioni di formazione stellare [4], e accompagnano la vita di una stella nei suoi vari stadi, fino all'atto conclusivo della loro evoluzione. I prossimi paragrafi considereranno tre tipi principali di nebulose: a emissione, a riflessione e le nebulose oscure, che sono associate con la nascita di una stella. C'è da dire che, sotto il profilo delle osservazioni, siamo fortunati, poiché questi oggetti sono assai numerosi in cielo e alcuni di essi sono anche decisamente spettacolari.

2.3 Le nebulose a emissione

Queste nubi di gas sono associate con le stelle caldissime dei tipi O e B, che rilasciano una quantità immensa di radiazione ultravioletta. Tali nubi hanno tipicamente masse che vanno da 100 a 10 mila masse solari, generalmente disperse su aree vastissime (dell'ordine di alcuni anni luce), di modo che la densità del gas è estremamente bassa: valori tipici sono di poche migliaia di atomi d'idrogeno per centimetro cubo. Di norma, le stelle luminosissime dei tipi O e B nascono all'interno di queste nubi e prendono corpo dalla materia nebulare: le nebulose a emissione sono dunque le culle dove nascono queste stelle. La radiazione emanata dalle stelle calde fa sì che il gas (usualmente idrogeno) vada soggetto a un processo che è detto di *fluorescenza*: è questo il processo responsabile della luminosità osservata.

L'energia fornita dalla radiazione ultravioletta delle stelle giovani e calde ionizza l'idrogeno. In altre parole, l'energia – che in questo caso assume la forma della radiazione ultravioletta – viene assorbita dall'atomo e trasferita all'elettrone che originariamente si trova collocato su un determinato livello energetico, o, se si vuole, su una certa orbita [5]. Avendo assorbito un extra di energia, l'elettrone può abbandonare il livello energetico su cui si trova e rompere il legame con l'atomo, liberandosi nello spazio. Il processo in cui un atomo perde un elettrone è detto *ionizzazione*.

Se gli elettroni vengono liberati dal loro atomo originario, la nube d'idrogeno ora conterrà alcuni atomi privati all'elettrone – idrogeno ionizzato, vale a dire un protone – e un numero corrispondente di elettroni liberi. In seguito [6], gli elettroni si ricombinano con gli atomi, ma l'elettrone non può ritornare semplicemente allo stato in cui si trovava originariamente prima di assorbire l'energia extra: deve invece perdere l'energia che aveva assorbito dal raggio ultravioletto e, affinché questo avvenga, l'elettrone deve scendere giù nei livelli energetici atomici fintanto che raggiungerà il livello di partenza. Ad ogni transizione verso il basso, l'elettrone perde energia. Nell'idrogeno, il gas più comune nella nebulosa, l'elettrone che scende dal terzo livello energetico al secondo emette un fotone alla lunghezza d'onda di 656,3 nm (si veda il paragrafo 1.7).

Questa è l'origine della famosa "riga alfa dell'idrogeno", che usualmente viene indicata come *H-alfa*. È una riga di colore rosso, tendente al rosa, ed è responsabile della colorazione rosata di tutti i gas che si vedono nelle fotografie delle nebulose a emissione [7].

Quando gli elettroni compiono una transizione verso il basso non dal terzo al secondo, ma fra altri livelli energetici, la luce viene emessa ad altre lunghezze d'onda specifiche. Per esempio, quando l'elettrone scende dal secondo al primo livello, viene emesso un fotone ultravioletto a una lunghezza d'onda particolare che è nota come *riga Lyman-alfa* dell'idrogeno e che appunto cade nella regione ultravioletta dello spettro. È proprio questo processo di assorbimento di radiazione da parte di un atomo che si ionizza, con gli elettroni che successivamente ridiscendono a cascata verso i livelli energetici più bassi di un atomo, che si rende responsabile di quasi tutta la luce che vediamo provenire dalle nebulose a emissione. Se una nube è particolarmente densa, anche l'ossigeno presente in essa può essere ionizzato e allora la ricombinazione dell'elettrone con l'atomo produce la coppia di righe dell'ossigeno doppiamente ionizzato alle lunghezze d'onda di 495,9 e 500,7 nm [8].

Le nebulose a emissione sono talvolta chiamate *regioni HII*. Questo termine astrofisico si riferisce all'idrogeno che, per ionizzazione, ha perduto il suo elettrone. Il termine HI si riferisce all'idrogeno neutro. L'ossigeno doppiamente ionizzato di cui abbiamo parlato più sopra viene indicato con OIII; il "doppiamente ionizzato" sta a significare che l'atomo d'ossigeno ha perso due dei suoi elettroni più esterni [9].

La forma di una nebulosa a emissione dipende da vari fattori: la quantità della radiazione disponibile, la densità della nube e la quantità di gas che può essere ionizzato. Quando c'è una significativa abbondanza di radiazione, e se la nube è piccola e di bassa densità, allora è probabile che la totalità della nube venga ionizzata; in tal caso, la risultante regione HII avrà forma irregolare: prenderà proprio la forma stessa della nube. Se però la nube gassosa è estesa e densa, allora la radiazione riuscirà a penetrare in essa solo fino a una certa distanza prima di essere completamente assorbita: ciò significa che c'è solo una certa quantità di radiazione in grado di ionizzare la nube. In questo caso, la regione HII assumerà la forma di una sfera [10] rosata, circondata dal resto della nube gassosa che non emette radiazione di fluorescenza. Tra le regioni di emissione che hanno forma irregolare possiamo citare M42 (la Grande Nebulosa d'Orione), M8 (la Nebulosa Laguna) e M17 nel Sagittario. Tra quelle che si presentano con una forma circolare, e che perciò sono presumibilmente sferiche, citiamo M20 (la Nebulosa Trifida) e NGC 2237 (la Nebulosa Rosetta).

Dopo un certo periodo di tempo, di norma diversi milioni di anni, il gruppo di stelle di tipo O e B posto al centro della nebulosa avrà rilasciato così tanta radiazione da aver soffiato via il gas residuo e le nubi polverose che lo circondano. Il risultato è una sorta di "bolla" vuota che avvolge l'ammasso stellare, una struttura che si riscontra in diverse regioni d'emissione. Per esempio, NGC 6276 e M68 mostrano proprio un ammasso stellare collocato dentro un'area circolare e sostanzialmente vuota posta all'interno di una più estesa nebulosa a emissione.

Ed ora andiamo a considerare alcuni esempi delle più brillanti nebulose a emissione. Si tenga conto che molti di questi oggetti sono relativamente deboli e hanno una bassa brillanza superficiale, ciò che li rende, se non difficili da osservare in assoluto, semmai indistinti e senza strutture (in qualche caso, tuttavia, le nebulose più brillanti mostrano diverse strutture facilmente percepibili). Tutto ciò per dire che notti scure e ottiche d'avanguardia sono priorità assolute.

Alla brillantezza fotografica (giudicata a partire dalle lastre fotografiche della Palomar Observatory Sky Survey – POSS), viene assegnato un valore da 1 a 6; avranno valore 1 quelle nebulose difficilmente rilevabili sulla lastra, mentre verrà assegnato il valore 6 agli oggetti più cospicui: questo numero dà una misura della difficoltà delle osservazioni e ad esso verrà assegnato il simbolo ✴. Daremo anche le dimensioni di un oggetto in secondi d'arco, indicate dal simbolo ⊕. Quando un valore di ⊕ è dato come x⇆y, allora vuol dire che l'oggetto è approssimativamente lungo x secondi d'arco e ampio y secondi d'arco.

2.3.1 Le nebulose a emissione più brillanti

Gum 4	NGC 2359	07h 18,6m	–13° 12'	Dic-**Gen**-Feb
✳ 2–5	⊕ 9⇆6'			Canis Major

Anche conosciuta con il nome di "Elmetto di Thor", la nebulosa consiste di due parti, con quella settentrionale più grande e meno densa. Si provi ad usare un filtro OIII per migliorare la visibilità della nebulosa e della sua delicata struttura filamentosa.

Messier 20	NGC 6514	18h 02,3m	–23° 02'	Mag-**Giu**-Lug
✳ 1–5	⊕ 20⇆20'			Sagittarius

M20, nota come Nebulosa Trifida, è un oggetto piccolo, facile da osservare, riconoscibile per i tre famosi filamenti che fuoriescono dal centro e che le hanno guadagnato quel nome. Nel mezzo sta una stella del tipo O8 che è la sorgente che illumina l'intera nebulosità. La parte nord è in effetti una nebulosa a riflessione e perciò è un po' più difficile da osservare.

Messier 8	NGC 6523	18h 03,8m	–24° 23'	Mag-**Giu**-Lug
✳ 1–5	⊕ 45⇆30'			Sagittarius

L'altro nome di M8 è Nebulosa Laguna: si tratta forse della più bella nebulosa a emissione del cielo estivo. I binocoli mostreranno una vasta distesa di gas di colore verde-azzurro tagliati da una striscia scura, dentro la quale i telescopi del diametro di almeno 30 cm mostreranno dettagli intricati e delicatissimi, comprese molte bande oscure. La Nebulosa Laguna si trova nel braccio di spirale Sagittarius-Carina della nostra Galassia, a una distanza di 5400 a.l. da noi.

Messier 17	NGC 6618	18h 20,8m	–16° 11'	Mag-**Giu**-Lug
✳ 1–5	⊕ 20⇆16'			Sagittarius

Oggetto magnifico da osservare già in un binocolo, rivale della Grande Nebulosa d'Orione, ma osservabile nel cielo estivo, M17 è conosciuta anche come Nebulosa Omega. Al telescopio si rendono ben evidenti i dettagli di questa nebulosa, soprattutto se si utilizza un buon filtro. M17 è costellata di regioni chiare e scure ancor più abbondantemente della sua controparte invernale, ma si richiede un filtro OIII perché le si possa apprezzare appieno.

Messier 16	IC 4703	18h 18,6m	–13° 58'	Mag-**Giu**-Lug
✳ 1–5	⊕ 35⇆30'			Serpens Cauda

Anche nota come Nebulosa Aquila, M16 richiede osservazioni filtrate per migliorarne la visibilità. Il suo "pilastro nero", con la nebulosità ad esso associata, è abbastanza difficile da osservare visualmente benché sia spettacolare in molte fotografie (è il più chiaro esempio di un oggetto che inganna l'astrofilo offrendosi molto più povero di dettagli all'osservazione visuale che in fotografia). L'astrofilo navigato potrà comunque osservarlo con soddisfazione sotto un cielo che sia in condizioni praticamente perfette.

Crescent Nebula	NGC 6888	20h 12,0m	+38° 21'	Giu-**Lug**-Ago
✳ 1–5	⊕ 20⇆10'			Cygnus

Questa nebulosa difficile da osservare racchiude in sé diversi importanti fenomeni associati con la formazione stellare. Sotto buone condizioni osservative la nebulosa si presenta di forma ovale con una lacuna nello sviluppo perimetrale nel suo lato sud-orientale. La nebulosa è conosciuta come una "bolla scavata dal vento stellare", creata da un vento di alta velocità emanante da una stella Wolf-Rayet che sta spazzando via tutto il materiale emesso in precedenza durante il suo stadio di gigante rossa.

Neb. Pellicano	IC 5067–70	20h 50,8m	+44° 21'	Lug-**Ago**-Set
✳ 1–5	⊕ 60⇆50'			Cygnus

La Nebulosa Pellicano è prossima alla Nebulosa Nord America (vedi sotto): si dice che possa essere vista anche a occhio nudo; in ogni caso, può essere facilmente colta in un binocolo come una regione luminosa, di forma grosso modo triangolare. Può essere meglio apprezzata con l'uso di un filtro e con la visione distolta.

Neb. Nord America	NGC 7000	20h 58,8m	+44° 12'	Lug-**Ago**-Set
✳1–5	⊕ 120⇆100'			Cygnus

Si trova a ovest di Deneb ed è una regione fantastica da osservare al binocolo, immersa com'è nei fitti campi stellari del Cigno. Se si sa esattamente dove guardare e cosa cercare, la nebulosa è anche visibile a occhio nudo. La nebulosa oscura che è posta tra di essa e la Pellicano si rende responsabile delle forme caratteristiche delle due nebulose luminose. Fino a poco tempo fa, si pensava che fosse Deneb la stella responsabile della ionizzazione della nebulosa, ma ricerche più recenti fanno sospettare la presenza di un gruppo di stelle calde che non si rendono ancora visibili al telescopio.

–	IC 1396	21h 39,1m	+57° 30'	Lug-**Ago**-Set
✳3–5	⊕ 170⇆40'			Cepheus/Cygnus

Questa è una delle poche nebulose a emissione che, sotto condizioni di cielo perfetto, si rende visibile a occhio nudo; al binocolo è uno spettacolo e si presenta come un'enorme distesa di nebulosità, che copre oltre 3° di cielo, a sud della stella arancione μ Cephei. Come al solito, l'osservazione al telescopio riduce l'impatto che dà la visione della nebulosa nel suo complesso, ma l'uso di filtri aiuta a individuare noduli, regioni ove la nebulosità è più brillante, filamenti di polveri oscure. Si consiglia un adeguato adattamento dell'occhio all'oscurità e la tecnica della visione distolta.

Cocoon Nebula	IC 5146	21h 53,4m	+47° 16'	Lug-**Ago**-Set
✳3–5	⊕ 12⇆12'			Cygnus

Questa nebulosa è di bassa luminosità superficiale e si presenta come un chiarore amorfo e diffuso che circonda due stelle di magnitudine 9. È sorprendentemente facile da individuare la nebulosa oscura Barnard 168, al termine della quale si trova la Cocoon Nebula: useremo perciò la nebulosa oscura per rintracciare l'elusiva nebulosa a emissione. L'intera area è una vasta culla stellare e recenti ricerche infrarosse indicano la presenza di numerose protostelle.

Bubble Nebula	NGC 7635	23h 20,7m	+61° 12'	Ago-**Set**-Ott
✳1–5	⊕ 16⇆9'			Cassiopeia

Questa nebulosa è molto debole, anche in telescopi del diametro di 20 cm. Intralciano la sua rivelazione una stella di magnitudine 8 posta dentro la nebulosa e una stella vicina di magnitudine 7. Le ricerche suggeriscono che il forte vento stellare di una stella stia sospingendo via la materia tutt'attorno, creando perciò la "bolla", e riscaldando una vicina nube molecolare.

–	NGC 604	01h 33,9m	+30° 39'	Set-**Ott**-Nov
✳3–5	⊕ 60⇆35'			**Triangulum**

Nebulosa a emissione davvero speciale: si trova infatti in un'altra galassia, in M33, nel Triangolo. Appare come un chiarore debolmente diffuso circa 10' a nord-est del nucleo di M33. Curiosamente, a causa della bassa luminosità superficiale di M33, che la rende un oggetto assai difficile, la nebulosa può rendersi visibile anche se non ci appare la galassia! È di straordinaria estensione: si pensa che sia mille volte più grande della Nebulosa d'Orione.

Neb. Rosetta	NGC 2237–39	06h 32,3m	+05° 03'	Nov-**Dic**-Gen
✳1–5	⊕ 80⇆60'			**Monoceros**

È una nebulosa gigantesca con la dubbia reputazione di essere difficile da osservare. In realtà non è così: sotto un cielo scuro può essere vista anche al binocolo. Con un diametro di 1°, copre un'area di cielo quattro volte più grande della Luna Piena. Se il telescopio è di buon diametro e se si usano filtri opportuni, risulta la bella complessità della nebulosa, solcata da filamenti di polveri oscure. Le parti più brillanti della Rosetta hanno un loro proprio numero nel catalogo NGC: 2237, 2238, 2239 e 2246. È una nebulosa giovane, forse con solo mezzo milione di anni, e probabilmente la formazione stellare è ancora attiva in essa. Le fotografie mostrano che nell'area centrale è presente l'ammasso stellare NGC 2244, insieme alla cavità vuota scavata dalle giovani stelle calde che soffiano via le polveri e i gas. La regione è conosciuta anche come Complesso Molecolare della Rosetta.

–	NGC 2024	05h 40,7m	02° 27'	Nov-**Dic**-Gen
✳2–5	⊕ 30⇆30			**Orion**

Questa nebulosa si trova nei pressi della stella ζ Orionis, la cui luce ne disturba l'osservazione. Può comunque essere vista in un binocolo come una macchia debolmente luminosa di forma irregolare a est della stella, a patto che la stella non entri nel campo di vista dello strumento. Dentro un grosso telescopio, usando filtri, la nebulosa si rende evidente e ha una forma che ricorda quella di una foglia d'acero.

Caldwell 46	NGC 2261	06h 39,2m	+08° 44'	Nov-**Dic**-Gen
✳1–5	⊕ 3,5⇆1,5'			**Monoceros**

Conosciuta anche come Nebulosa Variabile di Hubble, si rende facilmente visibile in un telescopio anche solo di 10 cm; ha l'aspetto di una cometa e può essere scorta anche sotto cieli poco bui. Ciò che vediamo è provocato da una stella molto giovane e calda che sta allontanando da sé i resti della nebulosa dalla quale si è formata. La stella R Monocerotis (affogata all'interno della nebulosa e perciò invisibile) emette materiale dalle sue regioni polari e ciò che noi vediamo è l'emissione del polo nord, mentre l'emissione dell'altro polo viene nascosta da un disco d'accrescimento. La variabilità della nebulosa, notata nel 1916 da Edwin Hubble, è dovuta all'effetto oscurante di nubi di polveri che si muovono nei dintorni della stella. È stato il primo oggetto a essere ufficialmente fotografato dal Telescopio Hale di 5 m.

–	NGC 1554–55	04h 21,8m	+19° 32'	Ott-**Nov**-Dic
✳2–5	⊕ 1⇆7' variable			**Taurus**

Ho deciso di includere questo oggetto perché interessante e nonostante il fatto che sia difficile da localizzare e osservare. Questa famosa, ma incredibilmente debole nebulosa a emissione, conosciuta come Nebulosa Variabile di Hind, è posta a ovest della famosa stella T Tauri, che è il prototipo di una classe di variabili. La nebulosa era molto più brillante nel passato, mentre oggi è un oggetto estremamente difficile che appare come una piccola e debole macchia luminescente solo in un telescopio di grande apertura. Quando la si riesce a localizzare, sopporta anche alti ingrandimenti. Potrebbe diventare più brillante in futuro, cosicché vale la pena di tenerla sotto controllo.

2.4 Nebulose oscure

Le *nebulose oscure* (conosciute anche come *nubi dense*, di cui abbiamo parlato nei precedenti paragrafi) differiscono dalle altre nebulose per un aspetto principale: non brillano per niente. In effetti, quando le osserviamo, non le vediamo in quanto sorgenti che emettono luce di qualche tipo, ma piuttosto per il fatto che sono opache, ossia che bloccano la luce diretta verso di noi emanata da sorgenti retrostanti. Si tratta di vaste nubi di molecole gassose, come H_2, HCN, OH, CO e CS, mischiate a *grani di polvere*. Tali grani non assomigliano per nulla alle polveri che incontriamo qui sulla Terra. Sono infatti di dimensioni microscopiche, si pensa comprese tra 20 e 30 nm. Il ghiaccio (sia ghiaccio d'acqua, H_2O, che di ammoniaca, NH_3) può condensare su di essi, formando un mantello che può incrementare le loro dimensioni fino a 300 nm. I grani di polvere hanno la forma di fusi e in qualche caso ruotano. L'effettiva composizione è oggetto di dibattiti accesi fra gli astronomi: si pensa che siano costituiti, con proporzioni varie e sconosciute, di carbonio sotto forma di grafite, con carburi di silicio e silicati di magnesio e alluminio.

La formazione dei grani di polvere è spettacolare. Si ritiene che si formino nelle regioni più esterne delle stelle, in particolare delle supergiganti fredde e delle variabili tipo R Corona Borealis. Anche le nubi molecolari dense sono regioni di possibile formazione. La temperatura dei grani si pensa che vari da 10 a 100 K, sufficientemente bassa da consentire la formazione di molecole. In una nebulosa oscura tipica, ci possono essere da 10^4 a 10^9 particelle per ogni metro cubo, sotto forma di atomi, molecole varie e grani di polvere.

A causa del loro notevole spessore, le nebulose sono molto efficaci nel diffondere tutta la luce e perciò ci appaiono scure: difficilmente può raggiungerci la luce delle stelle retrostanti. Il processo di diffusione della luce è tanto efficace che, per esempio, la luce emessa dal centro della nostra Galassia viene estinta praticamente al 100% ad opera delle nubi polverose interposte. Questo è il motivo per cui è ancora un mistero l'aspetto della regione centrale della Via Lattea nel visuale. L'insieme della diffusione e dell'assorbimento della luce è detto *estinzione*. Non si pensi che queste nubi di polveri siano oggetti particolarmente densi. Gran parte del materiale che le costituisce è idrogeno molecolare, insieme con il monossido di carbonio, che si rende responsabile della loro emissione radio. Ci sono anche prove che i grani di polveri presenti nelle nubi hanno proprietà differenti da quelle dei grani diffusi nel mezzo interstellare.

Molte nebulose oscure interagiscono con l'ambiente nei loro dintorni, come è stato rivelato dalle immagini spettacolari di M16 nel Serpente, prese dal Telescopio Spaziale "Hubble". Le immagini mostrano nubi di polveri contenenti regioni dense, o *globuli*, sferzate dalla radiazione emessa dalle stelle giovani e calde vicine, con il risultato che molti di tali globuli sono accompagnati da lunghe code di materia. Anche l'area nei dintorni della nebulosa Testa di Cavallo in Orione è famosa per gli effetti creati dalla radiazione delle stelle supergiganti della Cintura di Orione che impatta sulle nubi oscure su entrambi i lati della nebulosa, con il risultato che la materia viene ionizzata e soffiata via dalla superficie della nube.

Le nubi oscure hanno le più varie forme, e questo per diverse ragioni. Può essere che la nube fosse originariamente di forma sferica, ma che le stelle calde dei dintorni abbiano intaccato questa morfologia regolare con la pressione della loro radiazione e con i loro venti stellari. Qualche effetto ce l'hanno anche i fronti d'urto creati da vicine supernovae, così come gli effetti gravitazionali di altre nubi, di stelle e persino della Via Lattea nel suo complesso: tutto ciò può avere un ruolo nel determinare la forma di una nube. Né sono da trascurare gli effetti dei campi magnetici, benché siano limitati. Poiché molte di queste nubi oscure sono parti di regioni più vaste di formazione stellare, anche le stelle neonate possono avere un'influenza nell'alterare le loro forme.

Diamo ora uno sguardo ad alcuni esempi di nebulose oscure. L'opacità di una nebulosa oscura è una misura di quanto la nube può estinguere la luce, e quindi di quanto scura può apparire. C'è un sistema di classificazione che può essere usato: il valore 1 per una nebulosa oscura indica che essa attenua solo leggermente la luce stellare di fondo della Via Lattea, mentre il valore 6 sta a indicare che la nube è praticamente nera; all'opacità attribuiremo il simbolo ◆. L'osservazione delle nebulose oscure può rivelarsi una perdita di tempo frustrante. Il consiglio che mi sento di dare è di iniziare sempre con l'ingrandimento minore possibile, che esalterà il contrasto tra la nebulosa oscura e il campo stellare di fondo. Se si usano ingrandimenti elevati, il contrasto sarà minore e l'osservatore vedrà soltanto l'area che circonda la nebulosa oscura, ma non la nebulosa stessa. Si richiedono cieli molto scuri per osservare questi oggetti, perché il chiarore diffuso di un cielo inquinato dalla luce renderà praticamente impossibile la loro osservazione.

2.4.1 Nebulose oscure famose

| Barnard 228 | – | 15h 45,5m | –34° 24' | Apr-**Mag**-Giu |
| ◆6 | ⊕ 240⇆20' | | | **Lupus** |

È una nebulosa oscura che si presenta come una lunga banda ed è facilmente visibile nei binocoli, collocata com'è a metà strada tra le stelle *psi* (ψ) e *chi* (χ) Lupi. La si vede bene a bassi ingrandimenti, con binocoli di grossa apertura: emerge chiaramente contro il ricco campo stellare di fondo.

| Barnard 59, 65–67 | LDN 1773 | 17h 21,0m | –27° 23' | Mag-**Giu**-Lug |
| ◆6 | ⊕ 300⇆60' | | | **Ophiuchus** |

Conosciuta anche come Pipe Nebula, questa vasta nube è visibile anche a occhio nudo perché si proietta in un campo stellare molto fitto; splendida è la visione in un binocolo con pochi ingrandimenti. A occhio nudo ha l'aspetto di una fascia rettilinea; con strumenti e pochi ingrandimenti si possono apprezzare i suoi contorni irregolari.

| Barnard 78 | LDN 42 | 17h 33,0m | –26° 30' | Mag-**Giu**-Lug |
| ◆5 | ⊕ 200⇆150' | | | **Ophiuchus** |

Anche questa è nota come Pipe Nebula essendo parte della medesima nebulosa, questa rappresentando il "fornello" della pipa e l'altra il "cannello". Il "fornello" ha i contorni frastagliati e si estende per circa 9°. L'intera regione è ricca di nebulose oscure che si pensa siano parti del medesimo complesso nebulare che avvolge anche la stella *rho* (ρ) Ophiuchi e Antares, che pure distano 700 a.l.

| Barnard 86 | LDN 93 | 18h 03,0m | –27° 53' | Mag-**Giu**-Lug |
| ◆5 | ⊕ 6' | | | **Sagittarius** |

Conosciuta anche come Macchia d'Inchiostro, la Barnard 86 è posta all'interno della Grande Nube Stellare del Sagittario. È un esempio quasi perfetto di nebulosa oscura: una macchia completamente opaca disegnata sul fondo stellare.

Barnard 87	**LDN 1771**	**18h 04,3m**	**−32° 30'**	**Mag-Giu-Lug**
◆4	⊕ 12'			**Sagittarius/Ophiuchus**

Nota anche come Nebulosa Pappagallo, questa nebulosa risalta con qualche difficoltà contro un fondo stellare estremamente ricco. In un binocolo appare come una piccola macchia scura circolare, mentre rivela qualche dettaglio in più in un piccolo telescopio di 10 o 15 cm d'apertura.

Lynds 906	**20h 40,0m**	**+42° 00'**	**Lug-Ago-Set**
◆5	⊕ − −		**Cygnus**

Si tratta probabilmente della nebulosa oscura più vasta della volta celeste sopra l'equatore: viene chiamata anche Sacco di Carbone Settentrionale. È una regione immensa, facilmente visibile nelle notti serene senza Luna, poco a sud di Deneb: si trova al confine settentrionale del Great Rift, un insieme di nebulose oscure che tagliano a metà la Via Lattea. Il Rift è parte di un braccio spirale della nostra Galassia.

Barnard 352	**20h 57,1m**	**+45° 54'**	**Lug-Ago-Set**
◆5	⊕ 20⇆10'		**Cygnus**

Riconoscibile in un binocolo per la forma triangolare ben definita, questa nebulosa è parte della più famosa Nord America; questa porzione oscura della nebulosa si trova sul confine settentrionale.

Barnard 33	**05h 40,9m**	**−02° 28'**	**Nov-Dic-Gen**
◆4	⊕ 6⇆4'		**Orion**

Questa è la famosa Testa di Cavallo. Spesso fotografata, ma difficilmente osservabile visualmente, la nebulosa è un soggetto davvero difficile. Si tratta di una struttura scura e piccola che risalta in negativo contro il chiarore diffuso della nebulosa a emissione IC 434. Sia l'una che l'altra sono molto deboli e richiedono condizioni di cielo pressoché perfette. Questo oggetto è così elusivo che neppure un telescopio di 40 cm ne può garantire la visione. Possono essere d'ausilio per osservarlo l'adattamento degli occhi al buio, la visione distolta e l'uso di filtri opportuni.

2.5 Nebulose a riflessione

Restano ancora da trattare le *nebulose a riflessione*. Come dice il nome, queste nebulose brillano per effetto della luce riflessa emessa dalle stelle che stanno al loro interno, oppure che sono nei pressi. Come le nebulose a emissione, queste vaste nubi consistono di gas e polveri, ma in questo caso la concentrazione delle polveri è molto più bassa di quella che si trova nelle nebulose a emissione. Una delle caratteristiche delle particelle, o dei grani, che sono piccolissimi (a confronto con la lunghezza d'onda della luce), è la loro proprietà di diffondere la luce di una particolare lunghezza d'onda in modo selettivo. Se un fascio di luce bianca investe una nube contenente i grani, la luce blu viene diffusa in tutte le direzioni: il fenomeno è simile a quello a cui possiamo assistere nel cielo [11] del nostro pianeta, che infatti è azzurro. Questo è uno dei motivi per cui le nebulose a riflessione ci appaiono blu in fotografia: si tratta delle lunghezze d'onda blu della luce emessa da stelle vicine molto calde e azzurre. Per essere più precisi, bisognerebbe chiamare questi oggetti nubi a diffusione invece che nubi a riflessione, ma ormai è invalso l'uso di quest'ultimo termine. Proprietà interessante della luce diffusa è che il processo di diffusione polarizza la radiazione, e ciò si rivela quanto mai utile negli studi sulla composizione e sulla struttura dei grani.

Ma non è tutto. Se una stella è posta dietro la nube di polveri, parte della luce blu da essa emessa viene rimossa dal processo della diffusione e ha dunque luogo un effetto conosciuto come *arrossamento interstellare,* che fa sì che la luce della stella ci appare più rossa di quanto non sia in realtà. Ciò conduce a un ulteriore fenomeno associato con i grani di polvere che è detto *estinzione interstellare,* fenomeno che bisogna certamente menzionare poiché ha effetti su tutte le osservazioni astronomiche. Nei secoli scorsi si notò che la luce proveniente da ammassi stellari lontani era più debole di quanto ci si aspettasse e si capì che ciò era dovuto alle polveri che si trovano nei vasti spazi tra noi e gli ammassi. Ciò di fatto rende tutti gli oggetti celesti più deboli di quanto non siano in realtà e ci induce a sottostimare la loro luminosità o a sovrastimare la loro distanza. Quando si vogliono compiere misure precise bisogna prendere seriamente in considerazione il fenomeno dell'estinzione interstellare.

Molte nebulose a riflessione si trovano all'interno delle stesse nubi gassose che ospitano nebulose a emissione. Un classico esempio è la Nebulosa Trifida. La parte più interna della nebulosa rifulge di un colore rosa, indicativo del processo di ionizzazione che vi ha luogo, mentre all'esterno il materiale ha una colorazione decisamente blu, a segnalare la natura a diffusione della nebulosa. Visualmente le nebulose a riflessione sono oggetti deboli, con una luminosità superficiale bassa, di modo che non sono soggetti facilmente osservabili. La gran parte richiede telescopi di grande apertura con ingrandimenti moderati, ma ce ne sono alcune che si rendono visibili anche in binocoli o in piccoli telescopi. Naturalmente, si richiedono condizioni eccellenti del *seeing* atmosferico e cieli molto bui.

2.5.1 Le più brillanti nebulose a riflessione

| – | NGC 1435 | 03h 46,1m | +23° 47' | Ott-**Nov**-Dic |
| ✳2–5 | ⊕ 30⇆30' | | | **Taurus** |

Si trova all'interno del più famoso ammasso stellare del cielo, quello delle Pleiadi: questa nebulosa a riflessione è conosciuta anche come Nebulosa di Tempel e circonda Merope, una delle stelle più brillanti dell'ammasso. In condizioni di cielo perfette può essere vista con un binocolo. La nebulosità avvolge anche diverse altre stelle delle Pleiadi, ma la sua osservazione richiede notti eccezionalmente buie e ottiche di buona qualità.

| Caldwell 31 | IC 405 | 05h 16,2m | +34° 16' | Nov-**Dic**-Gen |
| ✳2–5 | ⊕ 30⇆19' | | | **Auriga** |

Conosciuta anche come Nebulosa Stella Ardente, questa nebulosa a riflessione rappresenta una vera sfida osservativa. In realtà, comprende al suo interno diverse nebulose, come la IC 405, la 410 e la 417, più la stella variabile AE Aurigae. È consigliabile l'uso di un filtro a banda stretta, perché ciò esalterà la visione delle varie componenti.

2.6 Nubi molecolari

Abbiamo visto che lo spazio interstellare è permeato di gas e di polveri e che in certe regioni la concentrazione di questo materiale dà origine a nebulose. Ebbene, i luoghi in cui si formano queste nubi non sono distribuiti a caso, come ci si potrebbe aspettare. Le aree in cui ha luogo la formazione stellare sono sedi di *nubi molecolari*. Tali nubi sono fredde, a una temperatura di pochi gradi sopra lo zero assoluto, e occupano vaste regioni spaziali. Le condizioni fisiche al loro interno consentono la formazione di diverse molecole (per esempio, il monossido di carbonio, CO, l'acqua, H_2O, e l'idrogeno molecolare, H_2 [12]). La molecola più abbondante presente in queste nubi, l'idrogeno molecolare, è assai difficile da osservare per via della bassa temperatura; al contrario, il CO può essere rilevato quando certe parti della nube si trovano già a temperature di poco superiori ai 10-30 K. Sono queste le molecole che hanno consentito la scoperta delle nubi molecolari da parte di due radioastronomi, Philip Solomons e Nicholas Scoville, che, nel 1974, trovarono le prime tracce del monossido di carbonio nella Galassia.

Le nubi molecolari sono davvero gigantesche e contengono grandi quantità d'idrogeno. La loro massa va da 10^5 a 2×10^6 masse solari, con diametri tra 12 e 120 pc, ossia tra circa 40 e 350 a.l. La massa totale di tutte le nubi molecolari nella nostra Galassia si pensa che sia dell'ordine di 5 miliardi di masse solari [13]. Non si pensi comunque che stiamo parlando di qualcosa che richiama nella struttura condizioni simili a quelle che abbiamo in una giornata nebbiosa, con l'idrogeno e la polvere così densi da aver difficoltà nel vedere qualcosa che sta di fronte a noi. Se potessimo trovarci all'interno di una di queste nubi, conteremmo fra 200 e 300 molecole d'idrogeno per centimetro cubo. Non sono tante, anche se tale densità è migliaia di volte maggiore della densità media della materia nella nostra Galassia. Una nube molecolare è 10^{17} volte meno densa dell'aria che respiriamo.

Gli astronomi hanno dedotto che le nubi molecolari e le emissioni del CO sono intimamente legate tra loro. Quando guardiamo le regioni galattiche nelle quali si origina l'emissione del CO, di fatto stiamo osservando le aree dove ha luogo la formazione stellare. Poiché le nubi molecolari sono massicce e dense, in confronto con il resto del mezzo interstellare, esse tendono ad adagiarsi nelle parti centrali della Via Lattea. Ciò produce un fenomeno che tutti noi possiamo osservare in un cielo buio: le bande oscure che corrono attraverso la Via Lattea. Sorprendentemente, si è trovato che le nubi molecolari nelle quali nascono nuove stelle tratteggiano lo sviluppo dei bracci di spirale della Galassia, separati di circa 1000 pc, inanellate lungo i bracci come le perle in una collana [14]. Tuttavia, i bracci di spirale delle galassie non sono gli unici luoghi nei quali può aver luogo la formazione stellare. Ci sono diversi altri meccanismi che possono dare origine alle stelle, come vedremo nel prossimo capitolo.

2.7 Protostelle

Abbiamo voluto includere l'argomento delle protostelle in questo capitolo e non nel prossimo poiché qui stiamo discutendo delle vaste nubi diffuse di gas e polveri prima che queste si trasformino in stelle vere e proprie. Cominciamo allora a gettare uno sguardo sui meccanismi attraverso i quali si pensa che le stelle si formino.

Abbiamo discusso il fatto che lo spazio è pieno di gas e polveri, e che la concentrazione locale di questa materia dà origine alle nebulose. Ma come si formano le stelle in queste regioni? Sembra abbastanza ovvio a prima vista che una stella si generi in quelle nubi ove il gas e le polveri sono particolarmente densi così da permettere alla gravità di attrarre le particelle. Un altro fattore che facilita la formazione stellare è la temperatura molto bassa della nube. Una nube fredda significa che la pressione termica del mezzo interstellare è bassa. Che la nube sia fredda è di fatto un prerequisito della formazione stellare, perché se la nube fosse sede di un'elevata pressione termica ciò tenderebbe a impedire il collasso gravitazionale. C'è un delicato equilibrio fra la gravità e la pressione: solo se la gravità è dominante allora si possono formare le stelle.

Da ciò che abbiamo detto in precedenza, il lettore avrà capito che c'è un solo posto in cui le condizioni sono simili a quelle che abbiamo appena ricordato, ossia le nebulose oscure. Mentre la nube si contrae, se la pressione e la gravità lo permettono, il gas e le polveri diventano sempre più opache e si trasformano in una regione sede di futura formazione stellare. Questi luoghi vengono chiamati *oggetti di Barnard*, dal nome di Edward Barnard, l'astronomo che per primo ne compilò un catalogo [15]. Esistono poi oggetti ancora più piccoli, spesso collocati all'interno di un oggetto di Barnard: assomigliano a bolle piccole e oscure di materia e sono detti *globuli di Bok*, dal nome dell'astronomo americano Bart Bok. Può essere utile pensare a un globulo di Bok come a un oggetto di Barnard nel quale sono andati persi gli strati più esterni, che sono le regioni meno dense.

Misure radio fatte sui globuli di Bok ci dicono che la temperatura interna è molto bassa, dell'ordine di 10 K, mentre la loro densità è considerevolmente maggiore di quella che si trova nel mezzo interstellare, benché sia soltanto qualcosa che va da 100 a 20.000 particelle (grani di polveri, atomi gassosi e molecole) per centimetro cubo. Le dimensioni di questi oggetti variano considerevolmente; non ci sono dimensioni standard, ma in media un globulo di Bok ha un diametro di 1 pc, con una massa che può andare da 1 a 1000 $M_\odot$. Il più grande degli oggetti di Barnard può avere una massa di 10.000 $M_\odot$ con un diametro di circa 10 pc. Evidentemente, le dimensioni variabili sono determinate dalle condizioni locali del mezzo interstellare.

Ora, se le condizioni lo permettono, le aree più dense all'interno di questi oggetti e dei globuli si contrarranno ulteriormente sotto l'azione della forza di gravità. Di conseguenza, il materiale della bolla si riscalderà; la nube potrà irraggiare quest'energia termica e, così facendo, impedirà alla pressione di crescere fino al punto di contrastare la contrazione gravitazionale. Nella prima fase del collasso, la temperatura resta al di sotto dei 100 K e l'energia termica viene trasportata dall'interno più caldo verso l'esterno della nube dalla convezione, di modo che la nube risplenderà in infrarosso. Il procedere del collasso ha come effetto l'aumento della densità della nube e questo rende sempre più difficile lo smaltimento della radiazione dall'oggetto. Quindi, le regioni centrali della nube diventano opache, col risultato che resta intrappolata quasi tutta l'energia termica liberata dal collasso gravitazionale. Ne consegue un notevole aumento della pressione e della temperatura; in particolare, la più intensa pressione si opporrà alla soverchiante forza di gravità e il frammento di nube, ora assai più denso, diventa una *protostella*, il seme dal quale nascerà una stella vera e propria. A questo stadio, una protostella assomiglia solo lontanamente a una stella, ma ne differisce per il fatto che nel suo nucleo non avvengono reazioni nucleari.

Il tempo in cui si produce tutto ciò che abbiamo appena descritto può essere brevissimo, nella scala dei tempi astronomici: per esempio, può essere dell'ordine di poche migliaia di anni. La protostella è ancora piuttosto grande. Dopo mille anni, una protostella di 1 $M_\odot$ può avere un raggio 20 volte maggiore di quello del Sole e una luminosità cento volte più elevata.

2.8 Il Criterio di Jeans

Da quanto detto si potrebbe pensare che la formazione stellare sia un processo abbastanza lineare e che se c'è abbastanza materiale (gas e polveri) e un tempo sufficientemente lungo, l'unico esito possibile è la formazione di una stella. Non è tutto così semplice.

Ricordiamo che una nube interstellare, grande o piccola che sia, è soggetta a un delicato equilibrio tra la forza di attrazione gravitazionale di tutte le particelle della nube, che cerca di farla collassare, e l'energia termica, che cerca di resistere al collasso. Se la prima domina sulla seconda si può formare la stella.

La domanda che dobbiamo porci allora è: "Quand'è che vince la gravità?". Qui entra in campo il *Criterio di Jeans* [16]. In una nube caratterizzata da certi valori di densità, temperatura e massa, questo criterio ci dice qual è la minima dimensione della nube e la minima massa per le quali la gravità può imporsi sulla pressione termica e condurre al collasso. Come si può immaginare, qui entrano in campo equazioni abbastanza complesse; noi ci accontentiamo di esprimerle in forma approssimata (si veda il box 2.1).

La massa critica della nube viene detta *Massa di Jeans*, M_j, e la dimensione critica *Lunghezza di Jeans*, L_j. La Massa di Jeans è la massa della nube che ha per raggio la Lunghezza di Jeans.

Da quanto abbiamo già detto, si può capire che ci sono alcune condizioni che rendono più probabile il collasso della nube: la nube deve avere una temperatura molto bassa (più la nube è fredda, più elevate sono le probabilità di collasso), e la nube dev'essere un po' più densa dei dintorni (una nube densa è più portata a collassare che non una nube diffusa). Così, le nubi dense e oscure di cui abbiamo trattato in precedenza dovrebbero essere i luoghi ideali ove può avvenire il collasso. In effetti, nelle nubi dense e oscure bastano poche masse solari di materia affinché abbia luogo il collasso gravitazionale.

Alcune nubi dense e oscure ospitano al loro interno regioni ancora più dense, che in genere chiamiamo "grumi" o "nuclei", con masse che vanno da 0,3 a 1000 masse solari e che perciò soddisfano già per loro conto il Criterio di Jeans. Ora, abbiamo dunque la situazione di una nube grande, densa e oscura che collassa, la quale ha al suo interno uno o più nuclei che stanno a loro volta collassando!

Ma, come si può immaginare, la situazione è di gran lunga più complessa di come l'abbiamo appena descritta, poiché le nubi e i nuclei quando collassano tendono a riscaldarsi, il che va nella direzione di contrastare il collasso gravitazionale. Nonostante tutto, questa difficoltà può essere superata e il collasso prosegue.

Un punto che deve essere ricordato è che la maggioranza delle nubi diffuse presenti nel mezzo interstellare è lontana dalle condizioni richieste dal Criterio di Jeans, di modo che è necessario che intervenga qualche tipo di meccanismo che modifichi tali condizioni; in particolare, deve succedere che la densità della nube aumenti (deve occorrere un evento che comprima il materiale della nube in un volume spaziale più ristretto) [17]. Una volta che il meccanismo spinge la nube sempre più vicina, e forse anche al di là, dei limiti indicati dal Criterio di Jeans, allora può iniziare il collasso (discuteremo questi possibili meccanismi più avanti).

Per finire, immaginiamo una nube massiccia che inizialmente non soddisfa il Criterio di Jeans, ma che per qualche motivo viene indotta a collassare. Ci saranno regioni all'interno della nube che ora soddisfano il criterio, di modo che esse stesse cominceranno a contrarsi. In una nube di diverse centinaia o migliaia di masse solari, i nuclei possono essere parecchio numerosi e questa *frammentazione*, come viene chiamata, alla fine può dar luogo alla nascita di un ammasso stellare. Questo potrebbe essere uno scenario possibile per la formazione degli ammassi aperti.

Il Criterio di Jeans è un buon punto di partenza nella descrizione del collasso della nube anche se, ai nostri giorni, esistono modelli molto più sofisticati che probabilmente descrivono in modo più accurato quello che in realtà succede. Tuttavia, il Criterio di Jeans può essere considerato una descrizione adeguata delle condizioni iniziali che consentono il collasso di una nube e la formazione di una stella.

Nel prossimo capitolo tratteremo di quegli oggetti che possiamo ammirare ogni notte in cielo, le stelle.

Box 2.1 La Lunghezza e la Massa di Jeans

La Lunghezza di Jeans (R_J) è data approssimativamente da:

$$R_J = 0,77 \times (kT / Gm^2n)^{1/2}$$

dove:
k è la costante di Boltzmann = $1,3806 \times 10^{-23}$ J K^{-1}
T è la temperatura in kelvin
G è la costante gravitazionale = $6,67 \times 10^{-11}$ N m^2 kg^{-2}
m è la massa di un atomo di idrogeno = $1,67 \times 10^{-27}$ kg
n è il numero di particelle per metro cubo (densità in numero)

Esempio
Se una nube interstellare ha una temperatura di 30 K, e ci sono 10^{11} atomi di idrogeno per m^3, determinare la Lunghezza di Jeans e la Massa di Jeans.
Usando la formula, otteniamo:

$$R_J = 0,77 \times \{[(1,38 \times 10^{-23}) \times (30)] / [(6,67 \times 10^{-11}) \times (1,67 \times 10^{-27})^2 \times (10^{11})]\}^{1/2} =$$
$$= 3,6 \times 10^{15} \text{ m} = 0,12 \text{ pc}$$

La Massa di Jeans può essere facilmente stimata moltiplicando la densità per il volume (assumendo la Lunghezza di Jeans come il raggio della nube, supposta sferica):

$$M_J = (4\pi/3) (1,67 \times 10^{-27}) (10^{11}) (3,6 \times 10^{15})^3 =$$
$$= 3,3 \times 10^{31} \text{ kg} = 16 \text{ M}_\odot$$

Così, in una nube di circa 0,12 pc, ove la temperatura sia di 30 K, e che abbia 10^{11} atomi per metro cubo, 16 masse solari di materia sono il minimo che occorre affinché la forza di gravità possa prevalere sulla pressione termica e determinare il collasso. Se 16 sembra un numero un po' elevato, si tenga conto che, per semplicità, abbiamo assunto che le particelle fossero atomi d'idrogeno. In realtà, la massa media delle particelle di una nube molecolare è ben maggiore di quella di un atomo di idrogeno. Per esempio, se ipotizziamo che la massa sia quella dell'idrogeno molecolare (doppia della massa atomica), allora, in questo stesso esempio, la Lunghezza di Jeans risulta la metà e la corrispondente Massa di Jeans 4 volte minore.

Note

1. Una osservazione importante da fare è che n non coincide con il numero degli atomi di idrogeno per metro cubo: per esempio, se l'idrogeno è presente in forma molecolare, H_2, allora il numero delle particelle singole è $n_H/2$.

2. HII viene pronunciato come "acca due" o anche "acca secondo".

3. Si ricordi che l'ISM è costituito per circa il 74% (in massa) di idrogeno e per il 25% di elio; il resto sono elementi pesanti.

4. Il caso dei resti di supernovae, che segnano la fine di una stella, verrà considerato in seguito.

5. Un semplice modello di atomo prevede un nucleo centrale con gli elettroni che gli orbitano attorno, a somiglianza dei pianeti che ruotano intorno al Sole. Gli elettroni ai livelli energetici più elevati si trovano nelle orbite più esterne, mentre quelli ai livelli bassi sono più vicini al nucleo. Non tutte le orbite sono consentite dalla meccanica quantistica: per sollevarsi ai livelli energetici più alti, gli elettroni devono assorbire quantità specifiche di energia; se è un po' di più o un po' di meno, la transizione non ha luogo.

6. Il tempo che passa prima della ricombinazione è brevissimo – milionesimi di secondo – ma dipende anche dal flusso della radiazione presente e dalla densità della nube gassosa.

7. Sfortunatamente, il chiarore rosato delle nebulose è normalmente troppo debole perché possa essere apprezzato all'oculare.

8. Queste righe hanno una vivida colorazione azzurro-verde e, sotto ottime condizioni atmosferiche e con buone ottiche, possono essere apprezzate visualmente nella Grande Nebulosa d'Orione, M42.

9. In alcuni contesti astrofisici, come al centro dei quasar, esistono le condizioni che possono produrre persino il FeXXIII: la quantità di radiazione è tale che l'atomo di ferro (Fe) è stato ionizzato fino a perdere 22 dei suoi elettroni!

10. Questa viene spesso chiamata la *sfera di Stromgren*, dal nome dell'astronomo Bengt Stromgren che compì studi pionieristici sulle regioni HII.

11. Responsabile per il colore azzurro del cielo terrestre sono però le molecole d'acqua e non i grani di polvere.

12. Sono state rivelate anche altre molecole, come l'ammoniaca, NH_3, e gli alcoli.

13. In aree di densità particolarmente elevata, quando la massa complessiva supera il milione di masse solari, possono formarsi quelle che sono dette *nubi molecolari giganti*.

14. Le nubi molecolari possono essere trovate anche al di fuori dei bracci di spirale, ma attualmente pensiamo che i bracci della Galassia siano regioni in cui la materia è più concentrata. Le nubi molecolari quando passano attraverso i bracci vengono in qualche modo compresse: in seguito, in queste regioni dense ha luogo la formazione stellare.

15. Si veda la sezione sulle nebulose oscure per trovare esempi osservabili di oggetti di Barnard.

16. L'astronomo inglese James Jeans (1877-1946) fu il primo che descrisse matematicamente le condizioni necessarie per il collasso stellare.

17. In questa fase, l'aumento della densità si pensa che sia molto più importante del conseguente aumento della temperatura.

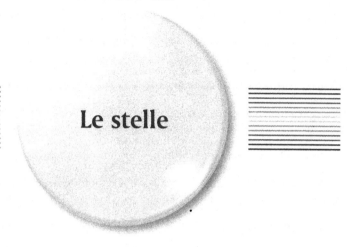

CAPITOLO TRE

Le stelle

3.1 La nascita di una stella

Si può pensare che una stella nasca nel momento in cui il nucleo della protostella raggiunge la temperatura di circa 10 milioni di gradi. È questa la temperatura alla quale possono prodursi efficientemente le reazioni di fusione dell'idrogeno attraverso la *catena protone-protone*[1]. Quando si innescano le reazioni di fusione, si interrompe il collasso gravitazionale della protostella e l'interno stellare raggiunge una sua stabilità, con l'energia termica liberata dalle reazioni di fusione che mantiene un equilibrio tra la gravità e la pressione. Questa situazione viene detta di *equilibrio gravitazionale*[2], o anche di *equilibrio idrostatico*: ora la stella ha fatto il suo ingresso sulla Sequenza Principale e sta bruciando l'idrogeno.

Il tempo che passa dalla formazione di una protostella fino alla nascita di una stella di Sequenza Principale dipende dalla massa dell'astro che si sta formando. Questo è un aspetto importante da rimarcare. La massa di una stella è sempre il parametro determinante! In linea generale, si può dire che le varie fasi evolutive di una stella durano tanto meno quanto maggiore è la sua massa: le stelle massicce hanno sempre una gran fretta! Una protostella massiccia può collassare anche in meno di un milione di anni, mentre un oggetto di massa paragonabile a quella del Sole può impiegare una cinquantina di milioni di anni. Se poi la stella è di piccola massa, come è il caso delle stelle di tipo M, allora il processo può durare oltre cento milioni di anni. Ciò significa che le stelle di massa molto elevata presenti in un giovane ammasso stellare possono nascere, vivere e porre termine ai loro giorni ancora molto prima che le stelline di più piccola massa concludano la loro infanzia.

Le variazioni che avvengono nella luminosità e nella temperatura superficiale di una protostella possono essere illustrate su un diagramma H-R speciale, al quale generalmente ci si riferisce come *traccia evolutiva* di una stella[3]. Ciascun punto lungo la traccia stellare rappresenta la luminosità e la temperatura della stella a un certo istante della sua vita, e quindi ci mostra come varia l'aspetto della protostella per effetto dei cambiamenti che avvengono nel suo interno. La figura 3.1 mostra le tracce evolutive per diverse protostelle di massa differente, da 0,5 a 15 masse solari (è importante capire che queste tracce evolutive sono modelli teorici, e che le predizioni si basano solo sulla teoria[4]; sembra tuttavia che lavorino molto bene e vengono di continuo aggiornate e migliorate). Ricordiamo che le protostelle sono oggetti relativamente freddi, perciò le tracce finiscono tutte nella parte destra del diagramma H-R. La successiva evoluzione è molto diversa a seconda della massa della stella.

Nel grafico sono mostrate le tracce evolutive di sette protostelle. Vengono anche identificati gli stadi raggiunti dopo un certo numero di anni di evoluzione (linee tratteggiate). La massa indicata per ciascuna protostella è quella finale, quando essa diventa una stella di Sequenza Principale. Si noti che tanto maggiore è la massa, tanto più elevate sono la temperatura e la luminosità.

Come esempio di una traccia evolutiva di una protostella, considereremo quella relativa a un oggetto di 1 $M_\odot$, quindi simile al Sole. Si possono riconoscere quattro fasi ben distinte nella vita della protostella.

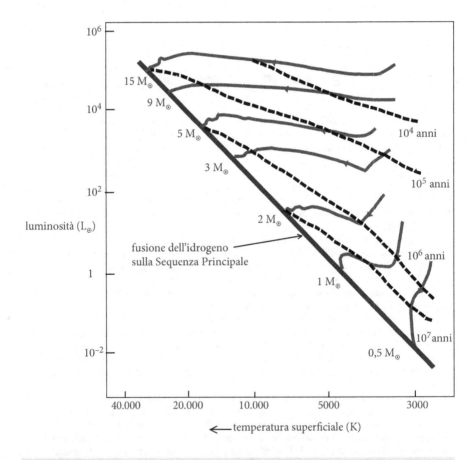

Figura 3.1. Tracce evolutive di Pre-Sequenza. Le linee tratteggiate vengono spiegate nel testo.

Fase 1. La protostella si forma da una nube di gas freddo e quindi il suo punto rappresentativo si trova sul lato destro del diagramma H-R; la superficie emittente è tuttavia enorme, cosicché la sua luminosità può essere parecchio elevata, persino 100 volte maggiore di quando la protostella diventerà una stella vera e propria.

Fase 2. A causa della notevole luminosità, la giovane protostella perde rapidamente l'energia che essa genera attraverso il collasso gravitazionale e quindi il collasso procede a una velocità relativamente elevata. La temperatura superficiale cresce di poco nel corso dei successivi milioni di anni, ma le dimensioni che si riducono comportano una diminuzione di luminosità. La traccia evolutiva ora procede quasi verticalmente verso il basso sul diagramma H-R.

Fase 3. Ora che la temperatura del nucleo ha raggiunto i 10 milioni di gradi, l'idrogeno comincia a fondersi in elio. Il tasso a cui procedono le reazioni di fusione, tuttavia, non è sufficiente per bloccare il collasso della stella, benché lo rallenti considerevolmente. Mentre la stella si contrae, la sua temperatura superficiale aumenta. Il processo di contrazione e di riscaldamento porta a un ridotto aumento della luminosità nel corso dei successivi 10 milioni di anni. Ora la traccia evolutiva procede verso sinistra e sale leggermente nel diagramma H-R.

Fase 4. Nelle successive decine di milioni di anni crescono sia il tasso delle reazioni di fusione nucleare che la temperatura del nucleo. Quando il tasso delle fusioni è abbastanza elevato, viene raggiunto l'equilibrio gravitazionale: da quel momento, le fusioni si auto-sostengono, con il risultato che la stella diventa stabilmente un astro di Sequenza Principale che brucia l'idrogeno (vedi la figura 3.2).

Sotto il profilo osservativo, questi stadi dell'evoluzione protostellare non si mostrano in cielo con oggetti che si rendano visibili. La loro luminosità è parecchio elevata, eppure noi non li vedremo mai. La ragione è ovvia: essi sono circondati da vaste nubi di polveri interstellari che, lo ricordiamo bene, sono quanto mai efficienti nel bloccare la luce. La nube nei dintorni di una protostella, che spesso viene chiamata "bozzolo", assorbe la sua luce e la nasconde alla vista alle lunghezze d'onda visuali[5]. D'altra parte, le stelle in questo stadio possono essere viste alle lunghezze d'onda infrarosse, ma questo semmai riguarda gli astronomi e non noi astrofili, dediti all'osservazione visuale.

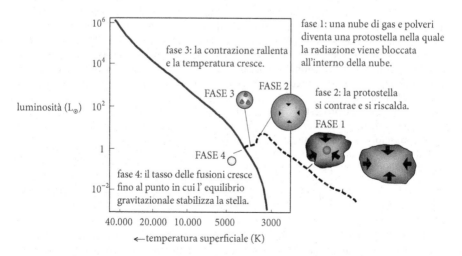

Figura 3.2. La traccia evolutiva di una protostella.

3.2 L'evoluzione di Pre-Sequenza Principale e l'effetto della massa

Nel paragrafo precedente abbiamo spiegato come una nube può contrarsi per diventare una protostella. In effetti, a causa dell'immensa quantità di materia presente in una nube molecolare, si ritiene che si formi non una singola protostella, ma piuttosto un certo numero di protostelle, ciò che condurrà alla formazione di un ammasso. C'è tuttavia un piccolo problema in questo scenario: nel momento in cui scriviamo questo libro, non esistono spiegazioni soddisfacenti per il fatto che si possano formare protostelle di masse differenti dentro la stessa nube. Quali sono i processi che guidano e governano l'aggregazione della materia e la frammentazione della nube in protostelle di masse assai diverse? Benché non siamo ancora in grado di spiegare questo processo, se non altro possiamo osservarne il risultato!

Cominciamo col dire come si pensa che si formino protostelle di massa diversa. Prendiamo le mosse da una stella simile al nostro Sole. Gli strati esterni di una tale protostella sono freddi e opachi[6], il che significa che l'energia rilasciata a seguito della contrazione degli strati più profondi non è in grado di emergere in superficie come radiazione. L'unico meccanismo che può trasportare questa energia verso la superficie deve perciò essere la *convezione*, che è un processo poco efficiente e abbastanza lento. Il risultato di tutto ciò è che la temperatura resta più o meno costante mentre la protostella si contrae e allora la luminosità decresce di pari passo con il raggio[7]; la traccia evolutiva si muove verso il basso nel diagramma H-R, come si vede nella figura 3.1.

Abbiamo già detto che la temperatura superficiale rimane pressoché costante nel corso di questa fase, ma le condizioni interne alla protostella cambiano drammaticamente. La temperatura interna comincia a crescere in questa fase e la materia diventa ionizzata, il che riduce l'opacità della protostella e facilita il trasferimento di energia per radiazione, quantomeno nelle regioni più profonde, mentre la convezione opera ancora negli strati superficiali. È ciò che avviene ancora oggi nel Sole. Risultato di queste variazioni di struttura è che l'energia può sfuggire dalla protostella molto più facilmente, e così la luminosità cresce. L'aumento del trasporto di energia viene rappresentato dalla traccia evolutiva che s'inerpica verso l'alto (verso luminosità più elevate) e a sinistra (temperature più alte). Dopo un tempo di pochi milioni di anni, la temperatura dentro la protostella è abbastanza elevata – 10 milioni di gradi – perché abbiano inizio le fusioni nucleari: alla fine, si creerà abbastanza calore, con la pressione interna associata, da bilanciare la contrazione gravitazionale della stella. Possiamo dire che a questo punto è stato raggiunto l'equilibrio idrostatico e che la protostella si è avviata a diventare una stella di Sequenza Principale.

Logicamente, una protostella più massiccia evolverà in una maniera differente. Le protostelle con una massa di circa 4 $M_\odot$, o maggiore, si contraggono e si riscaldano molto più velocemente e quindi la fase del bruciamento dell'idrogeno inizia prima. Il risultato è che la luminosità si stabilizza approssimativamente a quello che sarà il suo valore finale, ma la temperatura superficiale continua a crescere mentre la protostella si contrae. La traccia evolutiva di una simile protostella di massa elevata corre pressoché in orizzontale sul diagramma H-R (la luminosità si mantiene sostanzialmente costante), da destra a sinistra (la temperatura superficiale aumenta). Ciò è particolarmente vero per stelle da 9 a 15 $M_\odot$.

Una massa più elevata comporterà un corrispondente aumento dei valori di pressione e di temperatura nell'interno della stella. E ciò è un fatto significativo, poiché comporta che nelle stelle molto massicce c'è una vistosa differenza di temperatura tra il nucleo e gli strati più esterni, assai maggiore di quella che si ha nel Sole, per esempio. Ciò consente alla convezione di operare molto più in profondità dentro il corpo stellare. Inoltre, la stella massiccia avrà gli strati più esterni di minor densità, cosicché il trasporto dell'energia in queste regioni viene realizzato più facilmente dai meccanismi radiativi piuttosto che da quelli convettivi. In definitiva, le stelle di Sequenza Principale con una massa maggiore di circa 4 $M_\odot$ presenteranno un interno convettivo e gli strati esterni radiativi, mentre le stelle con una massa minore di circa 4 $M_\odot$ avranno interni radiativi e strati esterni convettivi.

Ai valori più bassi della scala delle masse, le stelle sotto le 0,8 $M_\odot$ hanno una struttura interna molto diversa. In questi oggetti la temperatura interna della protostella non è sufficientemente elevata da ionizzare le regioni profonde, che perciò sono troppo opache per consentire il trasporto d'energia per radiazione. Il solo mezzo di trasporto dell'energia verso l'esterno è la convezione: l'intero corpo stellare è convettivo. La figura 3.3 illustra quale sia la struttura interna delle stelle di massa intermedia, di grande massa e di piccola massa.

Ripetiamolo: nelle stelle che hanno massa maggiore di 4 $M_\odot$ l'energia fluisce dal nucleo per convezione e poi, negli strati esterni, per radiazione. Per le stelle con meno di 4 $M_\odot$, ma con più di 0,8 $M_\odot$, l'energia fluisce per radiazione nelle parti interne e per convezione in quelle esterne. Nelle stelle con massa minore di 0,8 $M_\odot$ l'energia fluisce verso l'esterno per convezione attraverso tutto il corpo stellare.

Un punto da notare è che tutte le tracce evolutive riportate nella figura 3.1 si concludono sulla Sequenza Principale. La Sequenza Principale rappresenta tutte le stelle nelle quali le reazioni di fusione nucleare stanno producendo energia per conversione di idrogeno in elio. Per la grande maggioranza delle stelle, questa è una situazione stabile e il punto d'arrivo sulla Sequenza Principale può essere in qualche modo descritto da una *relazione massa-luminosità*, che è anche illustrata nella figura 3.4. Il diagramma ci dice che le stelle blu, calde e brillanti sono le più massicce, mentre le meno massicce sono le stelle rosse, fredde e deboli[8]. In tal modo, il diagramma H-R esprime non solo una progressione in luminosità e temperatura, ma anche nella massa. Tutto ciò può essere riassunto in modo succinto in una frase del tipo: "maggiore è la massa, maggiore è la luminosità".

Per le stelle di Sequenza Principale, c'è un preciso rapporto tra la massa e la luminosità. Una stella di 10 $M_\odot$ ha una luminosità di circa 3000 $L_\odot$; una stella di 0,1 $M_\odot$ ha una luminosità di sole 0,001 $L_\odot$.

Ora che abbiamo discusso come si formano le stelle, e come la nascita stellare viene rappresentata sul diagramma H-R, è importante sottolineare due fattori che possono generare confusione. In primo luogo, se guardiamo la traccia evolutiva delle protostelle, notiamo che molte di esse, specialmente quelle di massa più elevata, iniziano nella parte alta a destra. Sia chiaro: non sono giganti rosse! Le stelle giganti rosse sono quelle che si trovano in uno stadio della loro evoluzione successivo alla permanenza sulla Sequenza Principale. Il secondo punto da rimarcare è che la gran parte delle stelle trascorre quasi tutta la sua vita sulla Sequenza Principale, mentre il tempo che caratterizza il loro essere protostelle è relativamente breve. Per esempio, una protostella di 1 $M_\odot$ impiega circa 20 milioni di anni per diventare una stella di Sequenza Principale, mentre una di 12 $M_\odot$ ne impiega solo 20 mila. La permanenza in Sequenza Principale di una stella come il Sole è invece di 10 miliardi di anni (5 miliardi sono già trascorsi e ne restano altri 5).

Le masse possibili per le stelle hanno limiti precisi, sia verso l'alto che verso il basso. Attraverso modelli teorici, gli astronomi hanno dedotto che non possono formarsi stelle al di sopra di circa 150-200 $M_\odot$; esse infatti genererebbero così tanta energia che la gravità non potrebbe contrastare efficacemente la loro pressione interna. Queste stelle si autodistruggerebbero in breve tempo. All'altro estremo della scala, le stelle che hanno una massa minore di 0,08 $M_\odot$[9] non riescono mai a raggiungere nel loro nocciolo i 10 milioni di gradi di temperatura, necessari per innescare le fusioni nucleari. Quello che semmai si forma è un oggetto che potremmo definire una "stella mancata", che lenta-

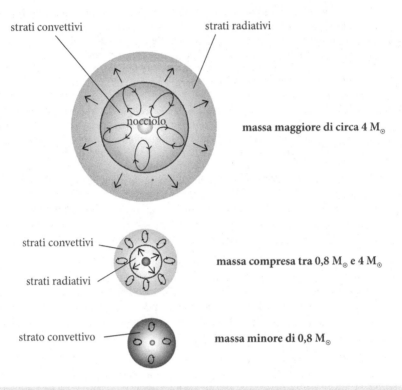

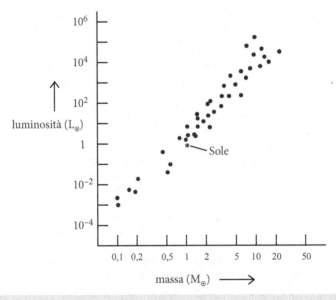

Figura 3.3. Struttura interna di stelle di Sequenza Principale di diversa massa.

Figura 3.4. La relazione massa-luminosità.

mente irraggerà tutta la sua energia interna, raffreddandosi gradualmente nel tempo. Tali oggetti sono stati chiamati *nane brune*, e occupano l'interregno tra il dominio dei pianeti e quello delle stelle. Le nane brune irraggiano nell'infrarosso, ciò che le rende abbastanza difficili da rivelare. La prima scoperta sicura venne realizzata solo nel 1995: si trattò della Gliese 229b, un oggetto di 0,05 $M_\odot$. Molti astronomi credono che questi oggetti piccoli ed elusivi siano molto più comuni di quanto si pensasse in passato e che addirittura potrebbero rappresentare la forma più comune di materia ordinaria[10] nell'Universo.

Sotto il profilo osservativo, lo stadio di protostella o di nana bruna non offre particolari opportunità all'astrofilo. Le protostelle sono chiuse nel bozzolo di vaste nubi di gas e polveri e si rendono perciò invisibili: possiamo vederne talune, ma solo con telescopi infrarossi. Comunque, vale la pena di esplorare le regioni della volta celeste nelle quali sappiamo che questi oggetti esistono, anche se non riusciremo mai a vederli. Potremo al più applicare la nostra immaginazione nel momento in cui puntiamo il telescopio verso di essi, sapendo che, nascoste nelle profondità delle nubi che stiamo osservando, ci sono stelle che si stanno formando. Una di queste regioni è, naturalmente, la Grande Nebulosa d'Orione.

Messier 42	NGC 1976	05h 35,4m	−05° 27'	Nov–**Dic**–Gen
✳ 1–5	⊕ 65⇆60'	Orion		

Si tratta del prototipo delle nebulose a emissione ed è uno degli oggetti più magnifici del cielo. È parte del vasto complesso d'Orione, che contiene regioni di formazione stellare, nubi molecolari e ogni sorta di nebulosità. Visibile a occhio nudo come un debolissimo batuffolo di luce, sono notevoli i dettagli che può mostrare già in piccoli telescopi. Nel binocolo si incomincerà a percepire la sua struttura in dettaglio, e in un telescopio di 10 cm riempirà l'intero campo inquadrato. La nebulosa riluce per l'energia rilasciata dalle famose quattro stelle del Trapezio che si trovano al suo interno. Sono stelle di altissima potenza, che rilasciano quantità imponenti d'energia e probabilmente sono giovanissime. Lungo lo sviluppo delle nebulose a emissione si notano regioni oscure, apparentemente vuote di stelle. Esse fanno parte ancora dell'immenso complesso di polveri e gas, ma non emettono per fluorescenza: al contrario, sono vaste nubi di polveri opache (le nebulose oscure di cui abbiamo parlato in precedenza). La nebulosa a emissione è una delle poche a mostrare visualmente una netta colorazione. Molti osservatori riportano di vedervi un chiarore verdastro, insieme con un grigio chiaro e azzurro: in ogni caso, per percepire qualche colore, che non sia solo il grigio, è indispensabile osservare sotto condizioni di cielo assolutamente perfette. Gli astrofili riportano che, se si opera con strumenti del diametro di almeno 35 cm, si può cogliere anche un chiarore rosato. All'interno della nebulosa si possono notare le Sorgenti di Kleinmann-Low e l'oggetto di Becklin-Neugebauer, che si pensa siano giovani stelle avvolte dalle polveri. L'intero complesso nebulare è un'immensa culla di nuove stelle. M42, alla distanza di 1700 a.l., misura circa 40 a.l. Vale davvero la pena di spendere del tempo ad osservare le regina delle nebulose.

3.3 Massa che si perde e massa che si accumula

3.3.1 Le stelle T Tauri

Dopo aver letto il paragrafo precedente, ci si potrebbe fare l'idea che la formazione stellare si riduca ad essere una semplice questione di materia che cade verso il centro per effetto della gravità. In realtà, gran parte del materiale di una nube viene eiettato nello spazio e non va a costituire nuove stelle. Questo materiale disperso può aiutare a ripulire di gas e di polveri i dintorni delle giovani stelle, rendendocele così visibili. Esempi di questo processo si possono vedere nella Nebulosa Rosetta, nella Nebulosa Trifida e nella Bubble Nebula di cui abbiamo parlato in precedenza.

Ci sono anche esempi di singoli oggetti che espellono materiale nello spazio nei primi stadi della nascita di una stella. Stiamo parlando delle *stelle T Tauri*, che sono protostelle nelle quali la luminosità può variare in modo irregolare a distanza anche solo di pochi giorni, le quali presentano contemporaneamente righe d'assorbimento e di emissione nei loro spettri. Inoltre, a seguito del conflitto tra la contrazione gravitazionale e il bruciamento dell'idrogeno in questi primi stadi di stabilità sulla Sequenza Principale, in esse viene prodotto il litio. In effetti, le righe spettrali del litio sono la "firma" delle protostelle tipo T Tauri. Le masse di queste stelle sono minori di circa 3 $M_\odot$ e la loro età è dell'ordine di 1 milione di anni. Sul diagramma H-R, si troverebbero sulla parte destra della Sequenza Principale. Analizzando le righe d'emissione, ci accorgiamo che esse sono circondate da nubi sottili di gas molto caldo: tali nubi sono state espulse dalla stella nascente alla velocità di circa 80 km/s. In superficie, una stella T Tauri presenta qualche similitudine con il Sole, in quanto mostra uno spettro di tipo F, G o K, con una temperatura superficiale di 4000-8000 K.

Nel corso di un solo anno, una tipica stella T Tauri eietta nello spazio fra 10^{-8} e 10^{-7} masse solari. Questa potrebbe sembrare una quantità irrilevante: non lo è se teniamo conto che il Sole, attraverso il vento solare, perde ogni anno una quantità di materia miliardi di volte inferiore. La fase di T Tauri nella vita di una protostella può durare fino a 10 milioni di anni, nel corso dei quali la materia espulsa assomma grosso modo a 1 $M_\odot$. Conseguenza di questo fatto è che la massa della stella di Sequenza Principale che ne consegue è molto minore di quella della protostella di partenza. Poiché questi oggetti sono associati con la nascita stellare, spesso, se non sempre, li troviamo nel bel mezzo della Via Lattea.

Altre giovani stelle con masse superiori alle 3 $M_\odot$ non variano in luminosità come le T Tauri, ma comunque emettono massa a causa dell'altissima pressione di radiazione alla loro superficie. Stiamo parlando delle *stelle Ae* o *Be*. Le stelle con una massa superiore a 10 $M_\odot$ raggiungeranno la Sequenza Principale prima che le nubi di gas e polveri che le circondano, e dalle quali si sono formate, abbiano la possibilità di disperdersi, e così queste stelle spesso vengono rivelate come oggetti infrarossi altamente luminosi localizzati all'interno delle nubi molecolari.

Per fortuna degli osservatori più appassionati, ci sono diversi esempi abbordabili di stelle T Tauri. Generalmente, però, sono estremamente deboli, ragione per cui menzioneremo qui solo il prototipo.

T Tauri	04h 22,0m	+19° 32'	Ott–**Nov**–Dic
8,5–13,6$_v$ m	dGe–K1e		**Taurus**

Questa stella si trova circa 1°,8 a ovest e poco più a nord della ε (*epsilon*) Tauri, la stella brillante più a nord del famoso ammasso delle Iadi, dalla tipica forma a "V". Scoperta nel 1852 da J. Hind (scopritore anche della nebulosa ad essa associata, la Nebulosa Variabile di Hind), la stella varia irregolarmente sia nella luminosità (dalla magnitudine 8 alla 13), sia nel periodo (da poche settimane a pochi mesi), sia nello spettro, che passa dal G4 a G8. Stranamente, la variazione di tipo spettrale non risulta necessariamente correlata con la variabilità di luminosità. La T Tauri e la sua nebulosa giacciono all'interno del Complesso di Nubi Oscure del Toro, che comprende anche numerose, deboli nebulosità e stelle formatesi di recente (altre T Tauri e stelle simili, tipo VV Tauri e FU Orionis[11]).

3.3.2 Dischi e venti

Un aspetto della formazione di una protostella che sorprese gli astronomi negli ultimi decenni del XX secolo fu un curioso fenomeno osservato in molte giovani stelle, incluse le T Tauri di cui abbiamo appena parlato. Riguarda ancora una volta una perdita di massa, ma di un tipo particolare che prende la forma di due getti contrapposti, generalmente sottili, che fluiscono verso l'esterno nella direzione dell'asse di rotazione della stella. A questi getti si dà il nome di *efflusso bipolare*. La materia si muove in questi getti con una velocità anche di diverse centinaia di chilometri al secondo e talvolta interagisce con la materia sopravvissuta alla formazione della stella, dando luogo a noduli di materia che sono detti *oggetti di Herbig-Haro*. La vita media di un tale fenomeno è relativamente breve, forse compresa fra 10 e 100 mila anni. Il meccanismo che dà origine a questi getti non è del tutto compreso, ma si ritiene che coinvolga i campi magnetici.

Abbiamo parlato di perdita di materia in una protostella, ma esistono anche meccanismi che determinano un accrescimento di materia sulla stella in formazione. Ricordiamo che una protostella si forma dalla caduta gravitazionale del gas e della polvere. Quando nubi di materiale più denso tendono ad aggregarsi, la nebulosa protostellare comincia a ruotare, come conseguenza di una legge fisica che è nota come *conservazione del momento angolare*. Ruotando, la materia tende ad appiattirsi e a formare una struttura sottile, un *disco protostellare*. Le particelle di gas e di polvere della nebulosa collidono e tendono a cadere verso l'interno in direzione della protostella in formazione, contribuendo alla sua massa in un processo che viene normalmente chiamato *accrescimento*: l'accumulo di materia nel disco che va ruotando sempre più velocemente è detto *accrescimento del disco circumstellare*.

Le interazioni tra i campi magnetici, i getti e il disco di accrescimento tendono a rallentare la rotazione della protostella, il che spiega perché molte stelle, una volta formate, hanno una rotazione assai più lenta delle protostelle di massa similare.

Sin dagli anni '90 del secolo scorso, la scoperta di dischi di accrescimento attorno alle stelle neonate ha spinto gli astronomi a immaginare che questi rappresentino i precursori della formazione di sistemi planetari. Molti di questi oggetti spettacolari sono stati scoperti nella nebulosa in Orione, ma, naturalmente, non sono osservabili con strumentazioni amatoriali.

3.4 Ammassi e gruppi di stelle

Le stelle non nascono isolate[12]. Non succede che una stella si formi qui e un'altra là, a caso. Una nebulosa oscura contiene abbastanza materiale da dar vita a centinaia di stelle: ecco perché le stelle tendono a formarsi in gruppi, o ammassi.

3.4.1 Ammassi aperti

Le stelle che si formano all'interno della medesima nube non si presenteranno necessariamente tutte con la stessa massa. Le masse saranno ben diverse e, di conseguenza, le stelle raggiungeranno in tempi differenti la Sequenza Principale. Come si è già detto, le stelle di massa elevata evolvono più velocemente, ragione per cui al tempo in cui queste stelle di grande massa staranno splendendo vividamente come astri già pienamente formati, le protostelle di piccola massa saranno ancora avviluppate dai loro mantelli polverosi. Di conseguenza, l'intensa radiazione emessa dalle giovani e luminose stelle calde potrebbe disturbare la normale evoluzione delle stelle di piccola massa: in particolare ne potrebbe ridurre ulteriormente la massa finale.

Trascorso un certo tempo, gli oggetti che costituiscono le culle stellari gradualmente andranno disperdendosi. I calcoli predicono che le stelle massicce avranno una durata di vita molto più breve delle stelline più piccole e "leggere", così possiamo facilmente immaginare che le stelle di massa più elevata non vivranno abbastanza a lungo da riuscire ad allontanarsi di molto dalla regione in cui sono nate, mentre le stelle meno massicce, diciamo di taglia solare, potranno senz'altro allontanarsi, anche di molto, dalle regioni in cui si sono formate.

Occorre notare, quando si parla di stelle con massa circa pari a quella del Sole, che possono essere presenti in una nube in numero anche di diverse migliaia, e che la loro attrazione gravitazionale combinata potrebbe rallentare sensibilmente la dispersione del gruppo. Tutto dipende dalla densità stellare e dalla massa del particolare ammasso considerato. Così, l'ammasso più denso che contiene stelle di massa solare sarà anche quello che contiene la più antica popolazione stellare, mentre l'ammasso più disperso conterrà la popolazione più giovane.

Gli *ammassi aperti*, detti anche *ammassi galattici*, sono insiemi di giovani stelle in numero che va da qualche dozzina a qualche centinaia. In qualche caso (per esempio, M11 nello Scudo) un ammasso aperto può contenere un numero impressionante di stelle, paragonabile a quello di un ammasso globulare; taluni ammassi aperti si riconoscono a mala pena rispetto al fondo stellare sul quale si proiettano perché appena più densi della media. Gli ammassi aperti si presentano nelle più ampie varietà di forme e di dimensioni. Ce ne sono alcuni che occupano sulla volta celeste aree più ampie di 1° e che possono essere apprezzati pienamente con un binocolo, poiché un telescopio avrebbe un campo di vista troppo ridotto. Un esempio di ammasso di grandi dimensioni è M44, nel Cancro. Accanto a questi, esistono ammassi modesti, in apparenza poco più che sistemi compatti multipli di stelle, come IC 4996 nel Cigno. In taluni casi, tutti i componenti dell'ammasso sono di pari luminosità, come in Caldwell 71, nella Poppa; altri consistono di una manciata di componenti brillanti, accompagnata da un numero ben più elevato di stelle deboli, come in M29, nel Cigno. Le stelle che compongono un ammasso aperto sono dette *stelle di Popolazione I*, sono generalmente ricche di metalli e giacciono dentro o nei dintorni dei bracci spirali della Galassia.

Le dimensioni di un ammasso possono variare da poche dozzine di anni luce, come nel caso di NGC 255, in Cassiopea, fino a circa 70 a.l., come nel caso di entrambe le componenti dell'Ammasso Doppio del Perseo.

Sono le circostanze della loro nascita a conferire gli aspetti più vari e disparati agli ammassi aperti: in particolare, saranno le caratteristiche della nube interstellare a determinare sia il numero che il tipo di stelle che nasceranno al suo interno. A decidere i parametri della nascita stellare saranno fattori quali le dimensioni, la densità, la turbolenza, la temperatura e i campi magnetici. Nel caso delle *nubi molecolari giganti* (GMC, da *Giant Molecular Cloud*) le condizioni sono tali da produrre stelle giganti dei tipi O e B, insieme con stelle nane di tipo solare, mentre nelle *nubi molecolari piccole* (SMC, da *Small Molecular Cloud*) nasceranno solo stelle di taglia solare e non anche astri più massicci e luminosi. Un esempio di una piccola nube molecolare è la Nube Oscura del Toro, che è appena più lontana delle Pleiadi.

Osservando un ammasso stellare, possiamo studiare in dettaglio il processo della formazione stellare e dell'interazione tra stelle di piccola e di grande massa. Guardiamo, ad esempio, la figura 3.5, che rappresenta il diagramma H-R per l'ammasso NGC 2264, nell'Unicorno. Possiamo notare che tutte le stelle di grande massa, che sono anche le più calde, con una temperatura di circa 20.000 K, hanno già raggiunto la Sequenza Principale, mentre così non è per quelle la cui temperatura è di 10.000 K o inferiore. Queste stelle di piccola massa si trovano negli ultimi stadi della Pre-Sequenza Principale, quando sono da poco iniziate le reazione di fusione nucleare nei loro noccioli. Gli astronomi possono confrontare questo diagramma H-R con i modelli teorici per dedurne, in questo caso, che l'ammasso è molto giovane, con un'età di soli 2 milioni di anni. Tale ammasso stellare si trova a circa 2500 a.l. dalla Terra e ospita diverse stelle di tipo T Tauri. Ciascun puntino del diagramma rappresenta una stella per la quale sono state misurate la temperatura e la luminosità.

Per confronto, possiamo guardare il diagramma H-R di figura 3.6 che è relativo al ben noto ammasso delle Pleiadi. Possiamo osservare subito che l'ammasso deve essere più vecchio di NGC 2264, perché molte stelle si sono già adagiate sulla Sequenza Principale: dallo studio del diagramma H-R, gli astronomi sono giunti alla conclusione che le Pleiadi dovrebbero avere un'età di circa 50 milioni di anni. Si consideri la parte del diagramma H-R relativa alla temperatura di circa 10.500 K, con stelle di luminosità comprese fra 10 e 100 $L_\odot$. Vi troviamo alcune stelle che non sembrano giacere sulla Sequenza Principale: non è perché sono ancora nella fase della loro formazione: al contrario, si tratta di stelle massicce che hanno abbandonato la Sequenza Principale. Probabilmente furono tra le prime a nascere e sono perciò le stelle più vecchie dell'ammasso: ora stanno evolvendo in un tipo differente di stelle. Come vedremo più avanti, queste stelle hanno ormai consumato tutto l'idrogeno presente nel loro nucleo[13], ed ora sta producendosi la combustione dell'elio.

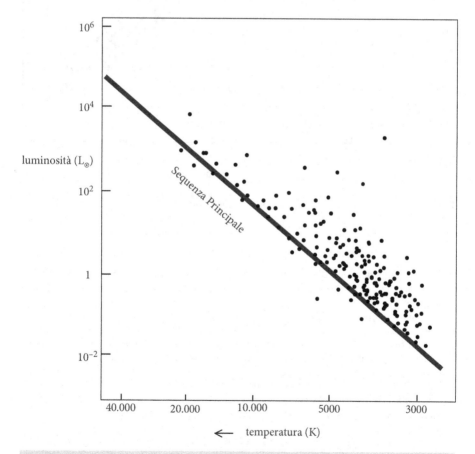

Figura 3.5. Il diagramma H-R dell'ammasso stellare NGC 2264.

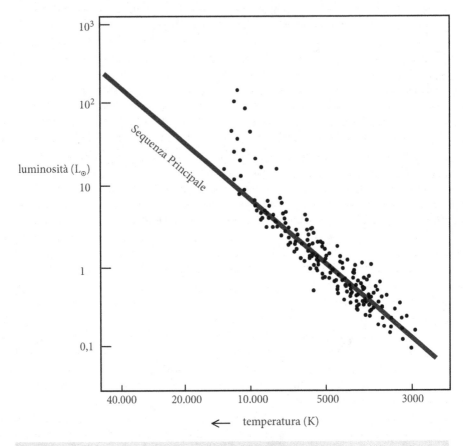

Figura 3.6. Il diagramma H-R dell'ammasso stellare delle Pleiadi.

Nelle Pleiadi, gran parte delle stelle fredde di piccola massa, o forse tutte, hanno già raggiunto la Sequenza Principale, il che implica che nel nocciolo si è avviato il bruciamento dell'idrogeno.

Un aspetto interessante degli ammassi aperti è la loro distribuzione sulla volta celeste. Si potrebbe pensare che si trovino distribuiti a caso in cielo, invece tra gli oltre mille ammassi che abbiamo finora scoperti ce ne sono solo pochi a una distanza maggiore di 25° sopra o sotto l'equatore galattico. Ci sono parti del cielo che sono molto ricche di ammassi (per esempio, le costellazioni di Cassiopea e della Poppa) e ciò è dovuto all'assenza di polveri in quelle direzioni, il che ci consente di guardare agevolmente attraverso il piano della nostra Galassia. Molti degli ammassi di cui parliamo giacciono in bracci di spirale differenti e perciò, quando li osserviamo, il nostro sguardo si posa su parti distinte della struttura a spirale della Galassia.

Scrivevamo prima che le stelle non nascono isolate. Nemmeno nascono simultaneamente. Ricordiamo infatti che quanto più una stella è massiccia, tanto più velocemente si contrarrà e tanto prima raggiungerà la sua stabilità, adagiandosi sulla Sequenza Principale;

ciò fa sì che in certi ammassi siano presenti stelle di Sequenza Principale dei tipi O e B con-temporaneamente a stelle di piccola massa ancora impegnate nel processo di contrazione gravitazionale (per esempio, l'ammasso stellare che si trova al centro della Nebulosa Laguna). In qualche caso, la nascita stellare in un ammasso si trova ancora nei primi stadi, con poche stelle che si rendono visibili e con la maggioranza, in fase di contrazione, ancora nascosta dalla nube interstellare progenitrice.

Un esempio di questo tipo è l'ammasso aperto che si trova all'interno della Grande Nebulosa di Orione (M42). Le stelle del gruppo che è detto il Trapezio sono le più brillanti, le più giovani e le più massicce dell'ammasso che si formerà e che alla fine conterrà anche un gran numero di stelle dei tipi A, F e G: quasi tutte queste stelle sono oscurate dalle pol-veri e dal gas e possono essere rivelate soltanto in infrarosso.

Con il passare del tempo, le nubi che circondano il nuovo ammasso vengono soffiate via lontano dalla pressione della radiazione emessa dalle stelle di tipo O e l'ammasso risulta visibile nella sua interezza, come è il caso di Caldwell 76, nello Scorpione.

Una volta formatosi, un ammasso resta più o meno lo stesso, senza cambiamenti signi-ficativi, per alcuni milioni di anni; in seguito, tuttavia, ci sono due processi che ne modifi-cano la struttura e che dipendono sia dalla popolazione stellare iniziale del gruppo, sia dalla pervasiva forza di gravità. Se un ammasso contiene stelle dei tipi O, B e A, queste stelle diventeranno supernovae e l'ammasso resterà solo con le stelle meno massicce e meno luminose, dei tipi da A a M, caratterizzate da un'evoluzione più lenta. Un esempio famoso di ammasso di questo tipo è lo Scrigno dei Gioielli, nella Croce, che è il più bello del cielo meridionale e che purtroppo risulta inosservabile per gli astrofili dell'emisfero nord. Esso contiene una manciata di stelle molto luminose destinata a esplodere come supernovae: così i membri più luminosi dell'ammasso spariranno nel tempo, uno dopo l'altro. Ciò non significa necessariamente lo smantellamento dell'ammasso, specialmente se esso è costi-tuito da decine o centinaia di componenti. Tuttavia, ce ne sono alcuni formati da solo poche stelle brillanti, che sembreranno sparire, sciogliendosi nel fondo stellare. Inoltre, anche quegli ammassi che saranno sopravvissuti alla perdita dei loro astri più luminosi a un certo punto cominceranno a risentire degli effetti del campo gravitazionale della Galassia. Così, con il passare del tempo, l'ammasso subirà l'influenza gravitazionale di altri ammassi, della materia interstellare, e anche delle forze mareali della Galassia. L'effetto cumulativo sarà che i membri di più piccola massa dell'ammasso stellare acquisteranno una velocità sufficiente per fuggirsene via. Quindi, con l'andare del tempo, un ammasso si indebolirà e si disperderà. Sia chiaro: ciò richiederà parecchio tempo, tanto che non avremo modo di accorgercene; l'ammasso delle Iadi, anche dopo aver perduto gran parte delle sue stelle nane dei tipi K e M, è ancora lì in cielo dopo 600 milioni di anni!

Per l'astrofilo, l'osservazione degli ammassi aperti è un'attività che appaga poiché questi oggetti sono facilmente osservabili, alcuni già a occhio nudo, altri con il binocolo o il tele-scopio. Il binocolo è lo strumento d'eccellenza per gran parte degli ammassi, specialmente per quelli più grandi, che hanno un'apprezzabile dimensione angolare. In aggiunta, prati-camente tutti gli ammassi contengono al loro interno sistemi stellari doppi o tripli e quindi, indipendentemente dall'ingrandimento, c'è sempre qualcosa di interessante da studiare.

Dal capitolo precedente abbiamo capito che il colore che si osserva in una stella è più facilmente percepibile per confronto con quello di una stella compagna. Un ammasso aperto presenta perciò una straordinaria opportunità d'osservazione del colore delle stelle. Molti ammassi, come le Pleiadi, presentano una colorazione azzurrina. D'altro canto, Caldwell 10, in Cassiopea, presenta una stella azzurrina che contrasta fortemente con un'al-tra di color arancione. Altri ammassi hanno una stella giallognola o arancio in mezzo a molte altre bianche e più deboli, come M6, nello Scorpione. Un'evidente caratteristica che si presenta spesso negli ammassi aperti è la distribuzione a catena delle stelle, come i grani di un rosario. Diversi ammassi hanno le stelle che si distribuiscono ad arco attorno a spazi apparentemente vuoti, come è il caso di M41, nel Cane Maggiore. Proprio perché gli ammassi aperti si presentano con caratteristiche morfologiche così diverse, ad essi vengono assegnati parametri classificativi diversi per descriverne la forma e il contenuto. Per esempio, si usa molto spesso la designazione di Trumpler, che fa uso di tre parametri che descrivono la concentrazione dell'ammasso (da un ammasso molto denso a uno diffuso), l'intervallo di brillantezza delle sue stelle e infine la "ricchezza" dell'ammasso, da quelli poveri (con meno di 50 stelle) a quelli ricchi (con più di 100). Ecco l'intera classificazione:

Classificazione di Trumpler per gli ammassi aperti

Concentrazione
I   Distaccato – forte concentrazione centrale di stelle.
II Distaccato – debole concentrazione centrale di stelle.
III Distaccato – nessuna concentrazione centrale di stelle.
IV Poco distaccato dalle stelle di fondo.

Intervallo di luminosità
1   Intervallo stretto.
2   Intervallo medio.
3   Intervallo ampio.

Ricchezza dell'ammasso
p   Povero (meno di 50 stelle).
m   Medio (50-100 stelle).
r   Ricco (più di 100 stelle).
n   Immerso in una nebulosa.

Menzioniamo anche due punti che talvolta possono creare problemi: la magnitudine e la dimensione dell'ammasso. La magnitudine attribuita a un ammasso può risultare dal contributo di sole poche stelle brillanti, oppure, al contrario, può essere il risultato del contributo di un gran numero di stelle deboli. Anche il diametro di un ammasso può essere un dato fuorviante, poiché in molti casi viene misurato su lastre fotografiche le quali, come sanno gli astrofili navigati, spesso sono qualcosa di ben diverso da ciò che si vede all'oculare. Nel seguito daremo la magnitudine e il diametro degli ammassi: il lettore consideri i valori dati come approssimativi.

Nella descrizione che forniamo di seguito, la prima riga riporta il nome dell'ammasso, la posizione e i mesi dell'anno in cui conviene osservarlo; la seconda riga fornisce la magnitudine visuale (la magnitudine combinata di tutte le stelle dell'ammasso), la dimensione dell'oggetto in primi d'arco, contrassegnata dal simbolo ⊕, il numero approssimativo delle stelle che lo compongono (si tenga presente che tale numero dipende dall'ingrandimento e dall'apertura dello strumento, nel senso che aumenta nei telescopi di maggior diametro; il numero che noi riportiamo è una stima dedotta per strumenti di apertura modesta), la designazione di Trumpler e la costellazione.

3.4.1.1 Ammassi stellari luminosi

Messier 41	NGC 2287	06h 47,0m	−20° 44'	Dic–**Gen**–Feb
4,5 m	⊕ 38'	70	II 3 m	Canis Major

Facilmente visibile a occhio nudo nelle notti serene come una macchia nebulosa poco più grande della Luna Piena. Contiene stelle giganti blu del tipo B, insieme a diverse giganti del tipo K. Le attuali ricerche indicano che l'ammasso ha un'età di circa 100 milioni di anni e un diametro di 80 a.l.

Caldwell 64	NGC 2362	07h 18,8m	–24° 57'	Dic–Gen–Feb
4,1 m	⊕ 8'	60	I 3 p n	Canis Major

Splendido ammasso, fortemente concentrato e facilmente visibile anche solo con piccoli binocoli. Il chiarore della vicina stella τ (*tau*) CMa tende a cancellare gran parte delle stelle, ma l'ammasso si rivela nella sua magnificenza se lo si guarda al telescopio; quanto maggiore è l'apertura dello strumento, tanto più soddisfacente sarà la visione. Si pensa che sia molto giovane, con un'età di solo un paio di milioni di anni: è probabilmente l'ammasso più giovane della nostra Galassia. Contiene stelle giganti dei tipi O e B.

Messier 48	NGC 2548	08h 13,8m	–05° 48'	Dic–Gen–Feb
5,8 m	⊕ 55'	80	I 3 r	Hydra

Si trova in una regione relativamente vuota della costellazione dell'Idra. È un bell'ammasso, apprezzabile sia con il binocolo che con piccoli telescopi. Al binocolo si vedrà una dozzina di stelle con un asterismo triangolare al centro, mentre il telescopio ne mostrerà un gruppo di almeno una cinquantina. Molti astrofili dicono che l'ammasso sia difficile da localizzare, anche per il fatto che a distanza di pochi gradi da M48 si trova un altro ammasso stellare che non ha nome, ma che è più brillante: molto spesso esso viene erroneamente identificato come M48. Alcuni osservatori ritengono che Messier volesse inserire nella sua lista questo anonimo gruppo stellare, e non l'altro, il quale comunque è ormai entrato definitivamente nel catalogo dell'astronomo francese.

Messier 44	NGC 2632	08h 40,1m	+19° 59'	Dic–Gen–Feb
3,1 m	⊕ 95'	60	II 2 m	Cancer

Si tratta del famoso ammasso che porta anche il nome di Praesepe (o Mangiatoia). È uno degli ammassi aperti più larghi e brillanti ed è abbastanza vecchio, con un'età di circa 700 milioni di anni. Alla distanza di 500 a.l., rivela di possedere lo stesso moto spaziale e la stessa velocità delle Iadi, il che suggerisce che i due ammassi potrebbero avere avuto un'origine comune. Appena a sud del centro dell'ammasso, all'interno dello stesso, si trova una bella stella tripla, la Burnham 584. Oggetto di Messier davvero unico, in quanto più brillante delle stelle della costellazione in cui si trova, per il suo notevole diametro angolare è consigliabile osservarlo con un binocolo oppure usando un oculare a basso ingrandimento.

Caldwell 54	NGC 2506	08h 00,2m	–10° 47'	Dic–Gen–Feb
7,6 m	⊕ 7'	100	I 2 r	Monoceros

Ammasso ricco e concentrato che si può apprezzare al meglio in un telescopio: viene un po' snobbato dagli astrofili perché debole, anche se risulta già visibile al binocolo. È costituito da stelle di magnitudine 11 e 12 e si tratta di un ammasso assai antico, di circa 2 miliardi di anni; contiene diverse *blue straggler*, stelle evolute che pure presentano caratteristiche spettrali tipiche delle stelle giovani. Questo paradosso venne alfine risolto quando i ricercatori compresero che l'aspetto giovanile delle stelle è solo il risultato della fusione di due astri evoluti.

Messier 67	NGC 2682	08h 50,4m	+11° 49'	Gen–Feb–Mar
6,9 m	⊕ 30'	200	II 2 m	Cancer

Spesso trascurato per la vicinanza a M44, è tuttavia un oggetto piacevole da osservare. Le stelle che lo compongono sono deboli, cosicché sarà impossibile risolverlo in stelle con il binocolo: lo si vedrà invece come un debole chiarore nebulare. Si trova alla distanza di 2500 a.l. e si ritiene che sia estremamente antico, forse addirittura con un'età di 9 miliardi di anni: M67 ha avuto il tempo di abbandonare il piano galattico, la regione ove normalmente si collocano gli ammassi aperti, sollevandosi di ben 1600 a.l. sopra il piano della Via Lattea.

Caldwell 76	NGC 6231	16h 54,0m	–41° 48'	Mag–**Giu**–Lug
2,6 m	⊕ 14'	100	I 3 p	**Scorpius**

Ammasso superbo, posto in una bellissima regione del cielo, supera di circa 2,5 magnitudini la sua controparte settentrionale, l'Ammasso Doppio del Perseo. Caldwell 76 è ricco di stelle spettacolari: stelle molto calde e luminose dei tipi O e B, giganti e supergiganti, una coppia di stelle di Wolf-Rayet e la ζ^1 (zeta-1) Scorpii, che è una stella supergigante di tipo B1.5 IA, con una luminosità circa 280 mila volte quella del Sole! Si pensa che l'ammasso faccia parte dell'associazione stellare[14] Sco OB1, con un'età stimata di soli 3 milioni di anni. Oggetto magnifico sia al telescopio che in un binocolo, l'ammasso contiene molte stelle blu, arancio e gialle. Si trova tra le stelle μ (mu) Scorpii e ζ (zeta) Scorpii (vicinissima a quest'ultima), in un'area che offre all'astrofilo visioni spettacolari.

Trumpler 24	Harvard 12	16h 57,0m	–40° 40'	Mag–**Giu**–Lug
8,6 m	⊕ 60'	100	IV 2 p n	**Scorpius**

Ammasso disperso, che risalta a malapena sullo sfondo della Via Lattea. Con il vicino Collinder 316, rappresenta il nucleo dell'associazione stellare Scorpius OB-1.

Messier 7	NGC 6475	17h 53,9m	–34° 49'	Mag–**Giu**–Lug
3,3 m	⊕ 80'	80	I 3 r	**Scorpius**

Ammasso enorme e spettacolare che offre una visione notevole al binocolo e al telescopio: contiene più di 80 stelle bianco-azzurre e gialle. Distante solo 800 a.l., ha un'età superiore ai 200 milioni di anni. Molte delle sue stelle sono attorno alla magnitudine 6 e 7 e perciò potrebbero anche essere risolvibili a occhio nudo.

Messier 24 [15]	–	18h 16,5m	–18° 50'	Mag–**Giu**–Lug
2,5 m	⊕ 95'× 35'		–	**Sagittarius**

Un altro oggetto fantastico al binocolo. Si tratta della Piccola Nube Stellare del Sagittario, visibile a occhio nudo nelle notti serene, con un diametro che è circa quattro volte quello della Luna Piena. L'ammasso fa parte del braccio spirale della Squadra, che è posto a 15 mila a.l. da noi. Il debole chiarore diffuso di una distesa di stelle non risolte fa da sfondo alle stelle dell'ammasso che hanno una magnitudine tra la 6 e la 10. Comprende anche diverse nebulose oscure che gli conferiscono un aspetto tridimensionale. A parere di molti astrofili questo ammasso è un vero capolavoro celeste.

Messier 16	NGC 6611	18h 18,8m	–13° 47'	Mag–**Giu**–Lug
6,0 m	⊕ 22'	50	II 3 m n	**Serpens Cauda**

Bell'ammasso, esteso, facilmente visibile al binocolo, si trova a 7 mila a.l. di distanza nel braccio spirale Sagittario-Carena. Le sue stelle calde di tipo O illuminano la Nebulosa Aquila, dentro la quale si colloca M16.

Messier 25	IC 4725	18h 31,6m	–19° 15'	Mag–**Giu**–Lug
4,6 m	⊕ 32'	40	I 3 m	**Sagittarius**

Visibile anche a occhio nudo, offre una piacevole visione al binocolo. Contiene diverse catene di stelle ed è notevole per la presenza di piccole areole caratterizzate da nebulosità oscure che sembrano cancellare talune aree all'interno dell'ammasso: occorrono tuttavia condizioni di cielo pressoché perfette per apprezzarle. L'ammasso è un oggetto unico per almeno due ragioni: è l'unico oggetto di Messier riportato anche nell'*Index Catalogue* (IC) ed è uno dei pochi ammassi che contengono una stella variabile Cefeide, la U Sagittarii. La stella va soggetta a variazioni di magnitudine dalla 6,3 alla 7,1, con un periodo di 6 giorni e 18 ore.

Messier 11	NGC 6705	18h 51,1m	−06° 16'	Giu–**Lug**–Ago
5,8 m	⊕ 13'	200	I 2 r	**Scutum**

Conosciuto anche come Ammasso Anatra Selvatica, è veramente una gemma in cielo. Il binocolo lo mostra come un piccolo gruppo compatto di stelle simile a un ammasso globulare, ma non gli fa giustizia. Solo al telescopio si palesa la sua maestosità. Contiene diverse centinaia di stelle: è davvero un ammasso impressionante. Ad alti ingrandimenti si rendono visibili le 700 stelle che lo compongono. Risalta nell'ammasso una stella di colore giallo pallido.

–	IC 1396	21h 39,1m	+57° 30'	Lug–**Ago**–Set
3,7 m	⊕ 50'	40	II m n	**Cepheus**

Vale la pena cercarlo, anche se occorre un telescopio di almeno 20 cm per rivelare questo ammasso che giace a sud della Stella Granata di Herschel ed è molto ricco ma compresso. Lo rende speciale il fatto di essere avvolto da una nebulosa brillante molto estesa.

Caldwell 13	NGC 457	01h 19,1m	+58° 20'	Set–**Ott**–Nov
6,4 m	⊕ 13'	80	I 3 r	**Cassiopeia**

Ammasso meraviglioso, può essere considerato uno dei più belli in Cassiopea. Lo si vede facilmente al binocolo come due catene stellari arcuate che puntano verso sud, circondante da numerose componenti più deboli. La coppia di stelle φ (*fi*) Cassiopeiae, l'una blu e l'altra gialla, come anche la stella rossa HD 7902, fanno parte di questo ammasso. Posto alla distanza di circa 8000 a.l., esso appartiene al braccio spirale del Perseo.

h Persei	NGC 869	02h 19,0m	+57° 09'	Set–**Ott**–Nov
5,3 m	⊕ 29'	200	I 3 r	**Perseus**
χ (chi) Persei	NGC 884	02h 22,4m	+57° 07'	
6,1 m	⊕ 29'	115	II 2 p	

Il famoso Ammasso Doppio del Perseo è uno degli oggetti preferiti dagli astrofili dell'emisfero nord; stranamente, non venne catalogato da Messier. Visibile a occhio nudo, e ancor meglio usando uno strumento ad ampio campo e basso ingrandimento, offre una visione meravigliosa. NGC 869 ha circa 200 membri, mentre NGC 884 ne conta circa 150. Entrambi sono costituiti da stelle supergiganti dei tipi A e B, e da molte giganti rosse. I due sistemi non sono gemelli: NGC 869 è vecchio di 5,6 milioni di anni (e dista 7200 a.l.), mentre NGC 884 è più giovane, con un'età di 3,2 milioni di anni (la distanza è di 7500 a.l.). Teniamo tuttavia presente che i valori della distanza e dell'età potrebbero essere imprecisi. È stato trovato che circa la metà delle stelle sono variabili del tipo B, indicando con ciò che si tratta di stelle giovani accompagnate probabilmente da dischi di polveri circumstellari. Entrambi fanno parte dell'Associazione[16] Perseus OB1, dalla quale prende il nome il braccio spirale del Perseo. Si consiglia di dedicare il giusto tempo per osservare questi due oggetti e i campi stellari circostanti.

Messier 45	Melotte 22	03h 47,0m	+24° 07'	Ott–**Nov**–Dic
1,2 m	⊕ 110'	100	I 3 r	**Taurus**

Senza alcun dubbio, questo è il prototipo degli ammassi stellari! Le Pleiadi, o Sette Sorelle, sono belle in qualunque modo le si osservi, a occhio nudo, col binocolo o al telescopio. Per vedere in un colpo solo tutti i componenti si richiede un binocolo o un telescopio a largo campo. Consiste di un centinaio di stelle distribuite su un'area che è quattro volte quella della Luna Piena. Si dice che anche sotto cieli cittadini sia possibile vedere a occhio nudo 6 o 7 delle sue stelle. È tuttavia sorprendente sapere che ci sono nell'ammasso 10 stelle più brillanti della magnitudine 6 e che gli astrofili di maggiore esperienza, sotto condizioni di cielo perfette, riportano di riuscire a distinguere a occhio nudo ben 18 stelle. L'ammasso dista da noi 410 a.l., ha un'età di una ventina di milioni di anni (benché alcuni tendano a triplicare o quadruplicare questo numero) ed è il quarto ammasso più vicino al Sole. Numerose e notevoli le giganti blu e azzurre del tipo B. Numerose anche le stelle doppie e multiple. Se il cielo è trasparente, la notte buia e utilizziamo ottiche di qualità eccezionale, potremo vedere la debole nebulosa NGC 1435, la nebulosa di Merope, che circonda l'omonima stella (Merope, o 23 Tauri): W Tempel la descrisse, nel 1859, tenue come la "condensa quando alitiamo su uno specchio". In ogni caso, la nebulosa di Merope e le altre nebulosità associate con le restanti stelle delle Pleiadi non sono i resti della nube di gas e polveri progenitrice dell'ammasso, come un tempo si pensava. Invece, l'ammasso sta passando proprio adesso attraverso un bordo del Complesso di Nubi Oscure del Toro. Le stelle delle Pleiadi si muovono nello spazio alla velocità di circa 40 km al secondo: occorreranno 30 mila anni perché si spostino in cielo di una distanza angolare pari al diametro della Luna. L'ammasso contiene le stelle Pleione, Atlas, Alcyone, Merope, Maia, Electra, Celaeno, Taygeta e Asterope. Un vero capolavoro celeste.

Iadi	Melotte 25	04h 27,0m	+16° 00'	Ott–**Nov**–Dic
0,5 m	⊕ 330'	40	II 3 m	**Taurus**

Dopo il Gruppo Mobile dell'Orsa Maggiore, le Iadi sono l'ammasso a noi più vicino, distando solo 150 a.l., con un'età di circa 625 milioni di anni. Le stelle dell'ammasso sono ampiamente disperse sulla volta celeste, e tuttavia sono fra loro gravitazionalmente legate, con l'astro più massiccio posto al centro del gruppo. L'ammasso si può apprezzare al meglio con un binocolo, poiché ha un'estensione di oltre 5°: si rendono visibili centinaia di stelle, fra le quali le giganti di colore arancione γ (*gamma*), δ (*delta*), ε (*epsilon*) e θ (*theta*) Tauri. Aldebaran, la bella stella gigante arancione di tipo K, la più brillante del Toro, non è membro dell'ammasso, ma è una stella di fondo distante da noi solo 70 a.l. Le Iadi si rendono visibili anche nei cieli inquinati delle aree urbane.

Collinder 69	–	05h 35,1m	+09° 56'	**Nov**–Dic–Gen
2,8 m	⊕ 65'	20	II 3 p n	**Orion**

L'ammasso circonda la stella di terza magnitudine λ (*lambda*) Orionis e include le stelle ϕ^1 e ϕ^2 (*fi-1* e *fi-2*) Orionis, entrambe di magnitudine 4. A sua volta, è circondato dalla debolissima nebulosa a emissione Sharpless 2-264, visibile solo con la visione distolta e con un filtro OIII sotto un cielo estremamente scuro. Oggetto perfetto per il binocolo.

Messier 37	NGC 2099	05h 52,4m	+32° 33'	**Nov**–Dic–Gen
5,6 m	⊕ 20'	150	II 1 r	**Auriga**

Il più bell'ammasso dell'Auriga. Contiene molte stelle del tipo A e diverse giganti rosse. Visibile in tutte le aperture, apparirà come un chiarore soffuso con poche stelle dentro il binocolo, ma come un campo ricco di stelle in un telescopio di media apertura. Se il telescopio è di diametro modesto e se si usano bassi ingrandimenti, può essere confuso con un ammasso globulare. La stella centrale ha un colore rosso cupo, benché diversi osservatori l'abbiano riportata come di un rosso più pallido: potrebbe significare che la stella è variabile. È visibile a occhio nudo.

Collinder 81	NGC 2158	06h 07,5m	+24° 06'	Nov–Dic-Gen
8,6 m	⊕ 5'	70	II 3 r	Gemini

Distante 16 mila a.l., questo è uno degli ammassi più lontani ancora visibili dentro telescopi amatoriali; giace al confine della Galassia. Occorre un telescopio di 20 cm per risolverlo e, anche così, sono poche le stelle che si renderanno visibili contro il chiarore del fondo cielo. È un raggruppamento assai compatto di stelle e presenta anche un problema per gli astronomi: alcuni, infatti, lo classificano come un oggetto intermedio tra un ammasso aperto e un globulare; poiché si crede che sia vecchio di 800 milioni di anni, si tratterebbe semmai di un ammasso aperto di notevole età.

3.4.2 Associazioni e correnti stellari

Esiste un altro tipo di raggruppamento di stelle, che è più effimero e generalmente occupa una più vasta regione del cielo; non è strettamente associato con la fase di formazione delle stelle, ma è parte integrante dell'evoluzione di una stella. In aggiunta, io penso sia saggio menzionarlo a questo punto, visto che il libro tratta sì dell'evoluzione, ma anche delle proprietà osservative delle stelle.

Una *associazione stellare* è un gruppo debolmente legato di stelle giovanissime, che possono essere ancora immerse nella nube di polvere e gas dentro la quale si sono formate; addirittura, la nascita di nuove stelle potrebbe prodursi ancora all'interno della nube. Un'associazione stellare differisce da un ammasso aperto essenzialmente per le sue dimensioni: sulla volta celeste copre una notevole area angolare e quindi si estende in un vastissimo volume spaziale. A illustrare quanto enormi possano essere le dimensioni in gioco, citiamo il caso della Associazione Scorpione-Centauro che misura circa 700 per 760 a.l. e che occupa circa 80° di cielo.

Ci sono tre tipi di associazioni stellari:

- le *associazioni OB*, costituite da stelle giganti e supergiganti di Sequenza Principale, estremamente luminose, dei tipi O e B;
- le *associazioni B*, che contengono solo stelle giganti di Sequenza Principale di tipo B, ma non anche stelle di tipo O. Queste associazioni sono appena più vecchie delle associazioni OB: per questo motivo le stelle di tipo O, più veloci nella loro evoluzione, sono state perdute dal gruppo essendo già esplose come supernovae;
- le *associazioni T*, che sono gruppi di stelle del tipo T Tauri. Queste sono stelle variabili irregolari ancora nella fase di contrazione, che stanno evolvendo per diventare stelle di Sequenza Principale dei tipi A, F e G. Poiché questi astri sono ancora nella loro infanzia, capita sovente che tali associazioni siano avvolte, e parzialmente nascoste, da nubi polverose oscure, e quelle che invece si rendono visibili spesso sono accompagnate da piccole nebulose a riflessione e a emissione (si veda il capitolo 2).

Le associazioni OB sono oggetti di enormi dimensioni, capaci di coprire diverse centinaia di anni luce. Ciò è conseguenza del fatto che le stelle massicce dei tipi O e B possono formarsi unicamente all'interno delle nubi molecolari giganti, che, a loro volta, hanno diametri di centinaia di anni luce. Le associazioni T, invece, sono oggetti più piccoli, misurando solo pochi anni luce di diametro; in taluni casi, le associazioni T si trovano localizzate all'interno o nei pressi di una associazione OB.

La vita media di un'associazione è relativamente breve. Come abbiamo già ricordato, le stelle luminose di tipo O vengono ben presto perdute come supernovae e gli effetti gravitazionali della Galassia alla lunga smembrano l'associazione. Il gruppo sopravvive fintantoché le componenti più brillanti si ritrovano nella stessa regione di un braccio spirale, di modo che hanno un moto spaziale praticamente identico all'interno della Galassia. Con l'andare del tempo, anche le stelle di tipo B spariranno per effetto dell'evoluzione stellare e le restanti stelle di tipo A, e dei tipi più tardi, si ritroveranno a essere distribuite su enormi volumi spaziali, di modo che l'unico fattore che le accomuna sarà il loro moto attraverso lo spazio. A questo punto, l'associazione viene indicata come una *corrente stellare*. Un esempio di corrente stellare, che spesso sorprende gli astrofili è la Corrente dell'Orsa Maggiore: si tratta di un enorme gruppo di stelle le più vicine delle quali, che ne costituiscono anche i componenti più brillanti, sono le cinque stelle centrali dell'Orsa Maggiore. La corrente è anche conosciuta come il Superammasso di Sirio, dal nome del suo componente più brillante. Anche il nostro Sole fa parte di questa corrente (ulteriori informazioni su questa affascinante aggregazione di stelle verranno date in seguito).

3.4.2.1 Associazioni e correnti stellari brillanti

L'Associazione di Orione

L'associazione include gran parte delle stelle della costellazione più brillanti della magnitudine 3,5, con l'eccezione della δ Orionis e della π³ Orionis. Comprende anche diverse stelle di magnitudine 4, 5 e 6. Anche la meravigliosa nebulosa M42 fa parte di questa spettacolare associazione. Diverse altre nebulose (sia oscure, che a riflessione, che a emissione) sono collocate all'interno di una vasta nube molecolare gigante che è il luogo di nascita di tutte le stelle giganti e supergiganti di Sequenza Principale dei tipi O e B che troviamo nella costellazione di Orione. L'associazione si estende sulla volta celeste per 800 a.l. e per 1000 a.l. in profondità. Quando osserviamo questa associazione, di fatto stiamo guardando nelle profondità del nostro braccio di spirale, il Braccio Cigno-Carena.

L'Associazione Scorpione-Centauro

Questa è più vecchia dell'associazione di Orione, ma più vicina e comprende molte delle stelle di prima, seconda e terza magnitudine dello Scorpione, proseguendo poi attraverso il Lupo e il Centauro fino alla Croce. Classificata come associazione B, poiché mancano le stelle di tipo O, le sue dimensioni angolari sulla volta celeste sono di circa 80°. Si stima che misuri 750 per 300 a.l., per 400 a.l. di profondità e il centro dell'associazione viene posto a metà strada tra la α Lupi e la ζ Centauri. La sua forma elongata si pensa sia dovuta agli stress rotazionali indotti dal suo moto attorno al centro galattico. Stelle brillanti di questa associazione sono la β, la ν, la δ e la o Ophiuchi, la α e la γ Scorpii, la ε, la δ e la μ Lupi, la ε Centauri e la β Crucis.

L'Associazione Zeta Persei

Conosciuta anche come Per OB2, questa associazione comprende le stelle ζ, ξ, 40, 42 e o Persei. Ne fa parte anche la Nebulosa California, NGC 1499.

La Corrente dell'Orsa Maggiore

Questa corrente, di cui abbiamo parlato anche nel paragrafo precedente, comprende le cinque stelle centrali del Gran Carro e si sviluppa su una vasta area di cielo, approssimativamente di 24° e di 20 per 30 a.l. d'estensione. Fanno parte della corrente anche Sirio, la α Coronae Borealis, la δ Leonis, la β Eridani, la δ Aquarii e la β Serpentis. Poiché vi predominano le stelle del tipo A1 e A0, si ritiene che l'associazione abbia un'età di 300 milioni di anni.

La Corrente delle Iadi

Non tutti gli astronomi sono d'accordo, ma c'è qualche indicazione del fatto che la Corrente dell'Orsa Maggiore si trovi essa stessa all'interno di una corrente molto più vecchia ed estesa, che comprende M44, l'ammasso aperto Praesepe nel Cancro, e le Iadi, nel Toro: questi due ammassi sarebbero il nucleo di un gruppo molto esteso e disperso di stelle. Farebbero parte di tale gruppo Capella (α Aurigae), la $α^1$ Canum Venaticorum, la δ Casssiopeiae e la λ Ursae Majoris. La corrente si estende per oltre 200 a.l. al di là dell'ammasso delle Iadi e per 300 a.l. al di qua del Sole: dunque il Sole giace all'interno di questa corrente.

La Corrente di Alfa Persei

Conosciuto anche come Melotte 20, questo è un gruppo di un centinaio di stelle, fra le quali la α, la ψ, la 29 e la 34 Persei. Si ritiene che le stelle δ ed ε Persei siano tra i membri più cospicui, visto che condividono lo stesso moto attraverso lo spazio delle stelle del gruppo principale. La regione più interna della corrente misura oltre 33 a.l., che è la distanza tra la 29 e la ψ Persei.

3.5 L'avvio della formazione stellare

Abbiamo visto in che modo le stelle si formano dentro le nubi di polveri e gas e come queste nubi collassano sotto l'azione della forza di gravità per dar vita alle protostelle. In aggiunta, abbiamo visto che l'evoluzione di una protostella verso l'ingresso in Sequenza Principale dipende dalla massa iniziale della protostella stessa: sarà questo parametro a determinare in che punto la stella si immetterà nella Sequenza Principale. Ciò che non abbiamo ancora considerato è cosa causi la formazione della protostella. Questo è l'argomento della parte finale di questo paragrafo.

I meccanismi che innescano la formazione stellare hanno tre origini distinte:

- i bracci di spirale di una galassia;
- le regioni HII in espansione;
- le supernovae.

Abbiamo già ricordato che i bracci di spirale delle galassie sono il luogo deputato alla formazione stellare poiché lì si accumulano temporaneamente le nubi di gas e polveri nel loro orbitare attorno al centro di una galassia[17]. Nel braccio di spirale le nubi molecolari vengono compresse al loro passaggio attraverso quella regione e allora nelle parti più dense della nube può avvenire una vigorosa attività di formazione stellare.

Le stelle massicce, come sono quelle di tipo O e B, emettono quantità imponenti di radiazione, generalmente nel dominio ultravioletto dello spettro. Ciò fa sì che il gas nei dintorni si ionizzi e all'interno della vasta nube molecolare si venga a formare una regione HII. I forti venti stellari e la pressione della radiazione ultravioletta delle stelle O e B possono scavare una cavità all'interno della nube molecolare, nella quale si va espandendo la regione HII. Il vento stellare è così veloce da essere supersonico (il che vuol dire che si muove più velocemente che non il suono in quel particolare ambiente). L'onda d'urto associata con questa regione HII che si espande a velocità supersonica investe il resto della nube molecolare, la comprime, e in tal modo innesca la formazione stellare. A indurre ulteriormente il collasso di varie regioni della nube concorrono poi le nuove stelle di tipo O e B appena nate, mentre le analoghe stelle di tipo O e B che innescarono inizialmente il processo potrebbero già essersi disperse a questo punto. In questo modo, possiamo dire che un'associazione OB "consuma" una nube molecolare, lasciandosi alle spalle stelle più vecchie.

La Nebulosa d'Orione fornisce un chiaro esempio di questo meccanismo, con le quattro stelle del Trapezio che stanno ionizzando tutta la materia circostante. La stessa nebulosa si trova sul bordo di una nube molecolare gigante di circa 500 mila masse solari.

Il meccanismo finale che si ritiene induca ulteriormente la formazione stellare è quello delle supernovae. Come vedremo meglio in seguito, una supernova rappresenta la fine di una stella e consiste in una esplosione catastrofica che generalmente fa a pezzi la stella. Ciò che adesso conta per noi è che gli strati più esterni della stella vengono scaraventati nello spazio a velocità incredibilmente elevate, dell'ordine di diverse migliaia di chilometri al secondo. Quest'onda d'urto, un guscio di materiale in espansione, si muoverà a velocità supersoniche e, in modo simile a quello già descritto, impatterà il materiale del mezzo interstellare, comprimendolo e riscaldandolo. È così che viene stimolata la formazione di nuove stelle.

Abbiamo trattato i processi che riguardano la nascita delle stelle, partendo da vaste nubi oscure per giungere fino alle sfere gassose risplendenti per la fusione nucleare. Tuttavia, non si pensi che noi già si conosca tutto quello che c'è da sapere riguardo alla nascita delle stelle, perché non è così! Per esempio, non è del tutto chiaro perché quando una nube molecolare gigante incontra un braccio di spirale le stelle che si producono sono tendenzialmente giganti dei tipi O e B, mentre le stelle indotte dall'onda d'urto di una supernova sono soprattutto dei tipi A, F, G e K. Inoltre, nella nostra Galassia, spesso troviamo vaste distese di polveri associate con la formazione stellare che fanno da scudo alle stelle neonate nei confronti degli effetti distruttivi della radiazione ultravioletta emessa da altre stelle calde vicine. Però, in una galassia vicina, la Grande Nube di Magellano[18] (LMC), si è osservato che le giovani associazioni OB non sono quasi mai associate con nubi di polveri! In ogni caso, quel poco o tanto che sappiamo è curioso e coinvolge meccanismi così diversi come la morte delle stelle e la rotazione delle galassie.

Molte delle stelle che osserviamo nel cielo notturno hanno una cosa in comune: si trovano tutte sulla Sequenza Principale. Naturalmente, ci sono alcune eccezioni, come Betelgeuse, che ha abbandonato ormai la Sequenza Principale per diventare una gigante rossa; il bruciamento dell'idrogeno nel suo nocciolo è terminato e ora è l'elio che va soggetto a processi di fusione nucleare. Anche Sirio B si trova ormai lontana dalla Sequenza Principale ed è diventata una nana bianca: nel suo interno non avvengono più le reazioni nucleari. Ma per la grande maggioranza delle stelle, la Sequenza Principale è una lunga parentesi di stabilità, nel corso della quale non si hanno che minuscole variazioni di massa e di luminosità. Quando però una stella invecchia, varia di molto il modo in cui si produce l'energia e ciò ha ripercussioni sulle dimensioni e sulla luminosità: a questo punto, la stella abbandona la Sequenza Principale per avviarsi in una fase nuova della sua vita. La parte restante di questo capitolo considererà queste fasi della vita di una stella, sia per gli astri piccoli, freddi, di piccola massa, sia per quelli brillanti, caldi e massicci. Prima di considerare i vari tipi di stelle sulla Sequenza Principale, sarà utile dare un'occhiata alla stella più vicina a noi, il Sole. Dopotutto, gli astronomi hanno studiato la stella più vicina per molti decenni, di modo che abbiamo un'idea abbastanza precisa di ciò che avviene in essa[19]. Considerando il Sole in maggiore dettaglio saremo capaci di capire come si produce l'energia nel suo nocciolo e come quest'energia viene trasportata in superficie, e infine, come ci raggiunge qui sulla Terra. In seguito considereremo anche le altre stelle, confrontandole con ciò che conosciamo relativamente al Sole.

3.6 Il Sole, la stella più vicina

In questo paragrafo, ci occuperemo del Sole, avendo in mente il fatto che è una stella di Sequenza Principale. Di conseguenza, non discuteremo argomenti come le macchie solari o il loro ciclo[20]. Invece, ci concentreremo sulla struttura interna, sui modi di produzione dell'energia, su come l'energia si trasferisce dal nocciolo del Sole fin sulla Terra. Usando questo approccio, ci sarà poi possibile usare il Sole come riferimento per compararvi le stelle di dimensioni differenti.

Grazie ai progressi compiuti non solo nel campo dell'astronomia, ma anche e soprattutto in quello dell'informatica, ora gli scienziati sono in grado di determinare quali sono le condizioni all'interno del Sole risolvendo le equazioni che descrivono in che modo cambiano, in funzione della distanza dal centro, la temperatura, la massa, la luminosità e la pressione. Per risolvere tali equazioni, abbiamo bisogno di conoscere i meccanismi attraverso i quali l'energia si muove all'interno del Sole, sia per radiazione che per convezione; dobbiamo poi conoscere la composizione chimica del Sole e il tasso di produzione dell'energia in funzione della distanza dal centro. Le equazioni non sono particolarmente complesse; tuttavia, gli astronomi si servono del calcolo automatico, facendo uso di potenti computer: bisogna dire che i risultati sembrano accordarsi bene con le osservazioni, il che è sempre un ottimo test per ogni teoria.

3.6.1 Dal nocciolo alla superficie

La figura 3.7 mostra la struttura interna del Sole. La superficie visibile del Sole, che è detta *fotosfera*, ha una temperatura di circa 5800 K e benché possa sembrare all'osservatore terrestre una superficie ben definita, quasi una superficie planetaria, in realtà è costituita da un gas che è meno denso dell'atmosfera terrestre. Sia la densità che la temperatura aumentano impetuosamente man mano che si discende dalla superficie verso il nucleo del Sole. Al di sotto della fotosfera c'è una regione molto turbolenta che è detta *zona convettiva*, nella quale l'energia generata nel nocciolo risale trasportata da colonne di gas caldo, mentre colonne di gas freddo precipitano verso l'interno. È appunto il processo

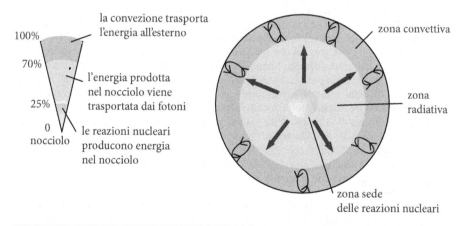

Figura 3.7. La struttura interna del Sole.

fisico che è detto *convezione*. In definitiva, la fotosfera è solo la parte superiore della zona convettiva. Scendendo in profondità attraverso la zona convettiva, la pressione e la densità crescono in modo sostanziale e altrettanto fa la temperatura. La densità è molto maggiore di quella dell'acqua, ma non dimentichiamo che stiamo ancora parlando di gas, benché in uno stato fisico piuttosto inusuale. Un gas che si trovi in queste condizioni estreme di temperatura e/o di pressione viene normalmente indicato come *plasma*[21]. La temperatura in questa regione è di circa 2 milioni di gradi e il plasma solare assorbe i fotoni.

A circa un terzo del raggio solare scendendo dalla fotosfera, la zona convettiva assai turbolenta termina e si incontra il plasma più stabile della *zona radiativa*. Qui l'energia viene trasportata verso l'esterno principalmente dai fotoni della radiazione X. La temperatura è di circa 10 milioni di gradi. Nella regione centrale, nel nocciolo del Sole, la temperatura sale a 15 milioni di gradi ed è qui, nel nucleo, che l'idrogeno viene trasformato in elio. La pressione in questa regione è circa 200 miliardi di volte maggiore della pressione atmosferica terrestre. I valori della temperatura e della pressione centrali sono impressionanti: il nucleo è compresso a una densità di 150.000 kg/m^3, che è 150 volte la densità dell'acqua. Può essere una sorpresa per qualcuno sapere che sostanzialmente tutta l'energia del Sole viene prodotta nel quarto più interno del suo raggio, ciò che corrisponde a circa l'1,5% del volume totale. Ciò è conseguenza della stretta dipendenza delle reazioni nucleari dalla temperatura. Se ci si allontana dal centro a un quarto del raggio solare, la temperatura cade già attorno agli 8 milioni di gradi: ancora elevatissima, eppure il tasso di produzione delle reazioni di fusione di nucleare a questa temperatura si porta praticamente a zero. Ecco il motivo per cui non viene prodotta energia al di fuori del primo quarto di raggio solare.

Alla superficie del Sole, ciascun chilogrammo di gas contiene circa il 71% d'idrogeno, mentre nel nocciolo la percentuale scende di molto, circa al 34%. La ragione è del tutto ovvia: l'idrogeno è servito come combustibile per le fusioni nucleari negli ultimi 4,6 miliardi di anni. La potenza totale emessa dal Sole, ovvero la sua *luminosità*, è di 3,8×10^{26} joule/s. Questo numero forse ci dice poco a prima vista, ma se noi potessimo catturare tutta questa energia, anche solo per un secondo, essa sarebbe sufficiente per coprire le esigenze energetiche dell'umanità (ai valori attuali) per i prossimi 50 mila anni! Purtroppo, solo una minuscola frazione di questa energia raggiunge la Terra, poiché infatti essa si disperde in tutte le direzioni nello spazio.

Il modello corrente riguardo alla produzione di energia nel centro del Sole ci dice che a generarla è la fusione nucleare, una sorgente così efficiente che consente al Sole di brillare per 10 miliardi di anni e, poiché al momento la nostra stella è vecchia di soli 4,6 miliardi di anni, di tempo ne resta ancora tanto! Questo stesso modello ci garantisce che le dimensioni del Sole resteranno sostanzialmente stabili, frutto di un equilibrio tra le forze contrapposte della gravità, che tenderebbe a farlo collassare, e della pressione, che invece tende a espanderlo. Questo bilanciamento tra le due forze è detto *equilibrio idrostatico* (o anche *equilibrio gravitazionale*). Ciò significa che in ogni dato punto all'interno del Sole il peso della materia sovrastante viene sostenuto dalla pressione sottostante. Potreste pensare che questo è un concetto semplice, e forse è proprio così: quest'equilibrio comunque, conserva il Sole nella sua integrità, così come avviene per la stragrande maggioranza delle stelle nell'Universo. Quando l'una o l'altra delle due forze per qualche motivo si trova a prevalere, le conseguenze sono spettacolari, come vedremo in un prossimo paragrafo. Affinché ci sia equilibrio idrostatico occorre che la pressione vada aumentando man mano che si scende in profondità: ecco perché il Sole è estremamente denso e caldo nel suo nocciolo.

L'efficienza con la quale l'energia viene trasportata verso l'esterno dalla radiazione è fortemente influenzata dall'opacità del gas attraverso il quale i fotoni fluiscono. L'opacità descrive la proprietà di una sostanza di bloccare il flusso dei fotoni. Per esempio, quando l'opacità è bassa (pensiamo a un giorno sereno), i fotoni sono in grado di percorrere una distanza tra il punto d'emissione e quello d'assorbimento molto maggiore di quando l'opacità è alta (pensiamo a una giornata nebbiosa). Se l'opacità è bassa il trasporto di energia per mezzo dei fotoni è parecchio efficiente, ma quando l'opacità è alta, l'efficienza si riduce, ciò che limita il flusso dell'energia: allora il declino della temperatura è meno pronunciato.

3.6.2 La catena protone-protone

Per spiegare l'energia del Sole dobbiamo invocare un processo che chiama in causa l'elemento più abbondante nella nostra stella, l'idrogeno. La fusione dell'idrogeno in elio fu proposta la prima volta nel 1920 dall'astronomo inglese A.S. Eddington, benché i dettagli a quel tempo non fossero chiari: lo divennero solo vent'anni dopo.

L'idrogeno, che è l'elemento più leggero, ha un nucleo che consiste di un solo protone. Al contrario, il nucleo dell'elio è costituito da 4 particelle, due protoni e due neutroni. Di conseguenza, per fare un nucleo di elio occorrono 4 nuclei di idrogeno. Ma non dobbiamo aspettarci che la collisione di 4 protoni dia origine istantaneamente a un nucleo di elio: ciò è assai improbabile che succeda, anzi è così improbabile che possiamo dare per certo che non sia mai successo, neppure una volta, nella storia dell'Universo. Quello che invece capita è lo sviluppo di una serie di reazioni, che è detta *catena protone-protone*[22]. La reazione inizia con l'interazione tra due protoni che devono avvicinarsi a meno di 10^{15} m l'uno dall'altro affinché la reazione possa avvenire. Naturalmente, c'è un problema: i protoni possiedono una carica elettrica positiva e perciò si respingono. La conseguenza di questa mutua repulsione è che gran parte delle collisioni tra protoni non dà origine ad alcuna reazione: i protoni si limitano a deflettersi l'un l'altro e a proseguire nel loro cammino. Alla temperatura ambiente delle nostre case, non c'è assolutamente alcuna possibilità che due protoni collidano con un'energia sufficiente ad avvicinarli tanto da innescare la reazione.

Dunque, affinché possa avvenire qualche reazione, occorre che ci siano condizioni che consentano ai protoni di muoversi ad altissime velocità; queste condizioni esistono nel nucleo del Sole e in quello delle altre stelle. Nel nocciolo solare, la temperatura è di 15 milioni di gradi e un protone si muove alla velocità di circa 1 milione di chilometri all'ora. Ma, anche a questa fantastica velocità, la probabilità che avvenga la reazione è molto piccola. Se noi potessimo seguire nel suo cammino un singolo protone per vedere quanto tempo passa prima che esso possa reagire con un altro protone in una fusione nucleare, dovremmo aspettare per circa 5 miliardi di anni! Fortunatamente, nel nucleo del Sole ci sono così tanti protoni che ogni secondo 10^{34} di essi vanno soggetti a una reazione di fusione.

La sequenza di passi nella catena protone-protone è illustrata nella figura 3.8.

1. Due protoni si fondono e danno luogo a un nucleo che consiste di un protone e di un neutrone. Tale nucleo è l'isotopo dell'idrogeno chiamato *deuterio* (^{2}H). Prodotti secondari della reazione sono un elettrone, carico positivamente, che è detto *positrone* (β^+), e un *neutrino* (ν), una particella minuscola, senza carica elettrica, di piccolissima massa. Il positrone non sopravvive a lungo, poiché ben presto incontra un elettrone ordinario e il risultato dell'annichilazione dei due è la creazione di due raggi gamma che vengono immediatamente assorbiti dal gas circostante, che si scalda. Cosa succede al neutrino? Lo vedremo in seguito.

2. Il deuterio ora si fonde con un protone, dando vita a un nucleo di elio (^{3}He) e a raggi gamma. Il nucleo ^{3}He consiste di due protoni e di un neutrone, mentre un nucleo ordinario di elio ha due protoni e due neutroni. La produzione di ^{3}He a partire dal deuterio è un fenomeno che avviene molto velocemente: un nucleo di deuterio riesce

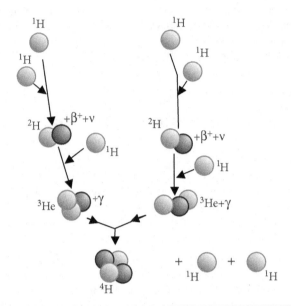

Figura 3.8. Le reazioni della catena protone-protone.

a sopravvivere nel nocciolo del Sole per soli quattro secondi prima di andare soggetto a una reazione con un protone.

3. Di norma, la reazione finale nella catena protone-protone richiede l'aggiunta di un altro neutrone al nucleo di ^{3}He, per formare il normale ^{4}He. Questo passo finale può avvenire in modi diversi, il più comune essendo quello della collisione di due nuclei di ^{3}He. Ciascuno di questi nuclei è il risultato di una precedente e distinta reazione (passo 2) avvenuta in qualche parte del nocciolo. Insieme al nucleo ^{4}He normale, vengono prodotti anche due protoni. Mediamente, un nucleo ^{3}He deve aspettare 4 milioni di anni prima di rendersi partecipe di questa reazione.

Il simbolo ν indica un neutrino, β$^+$ indica un positrone e γ indica un fotone. La sfera di color grigio chiaro rappresenta un protone, quella grigio scuro un neutrone. Il risultato finale della catena di reazioni è:

$$6^1H \rightarrow {}^4He + 2^1H + 26,72 \text{ MeV}$$

Benché occorrano 6 protoni per fare un nucleo di elio, il consumo netto è di soli 4 protoni, poiché 2 vengono rigenerati nell'ultimo passaggio. Poiché i 6 protoni sono più massicci della somma dei 2 protoni e del nucleo di elio, la massa che viene perduta nella catena protone-protone viene convertita in energia. Ciascun nucleo ^{4}He ha una massa leggermente minore della somma delle masse dei 4 protoni che l'hanno creato (circa lo 0,7% in meno). L'energia prodotta da una singola reazione della catena protone-protone è di 26,72 MeV ($4,3 \times 10^{-12}$ joule). Come si vede, è una quantità irrisoria di energia; tuttavia, bisogna tener conto che, ogni secondo, il Sole converte circa 600 milioni di tonnellate di idrogeno in 596 milioni di tonnellate di elio. I 4 milioni di tonnellate di materia mancante sono stati convertiti in energia in accordo con la famosa equazione di Einstein: $E = mc^2$. I neutrini trasportano circa il 2% di questa energia e raramente interagiscono con la materia, di modo che escono direttamente nello spazio. La restante energia emerge invece dalla reazione come energia cinetica dei nuclei prodotti e come energia radiativa dei raggi gamma.

Box 3.1 La conversione massa/energia nel Sole

È facile calcolare quanta massa viene consumata dal Sole attraverso le fusioni nucleari. Consideriamo anzitutto le masse in ingresso e in uscita nella catena protone-protone. Un singolo protone ha una massa di $1,673 \times 10^{-27}$ kg e, dunque, quattro protoni di $6,692 \times 10^{-27}$ kg.

Un nucleo di ^{4}He ha una massa di soli $6,646 \times 10^{-27}$ kg, che, come si vede, è qualcosa meno di quella dei quattro protoni. Calcolando la differenza:

$$6,692 \times 10^{-27} \text{ kg} - 6,646 \times 10^{-27} \text{ kg} = 4,6 \times 10^{-29} \text{ kg}$$

ci possiamo rendere conto che questa rappresenta lo 0,7% della massa di partenza. Così, se 1 kg di idrogeno fonde, si formeranno 993 grammi di elio e i restanti 7 grammi di massa si trasformeranno in energia. Per calcolare quanta energia si libera in una singola reazione, useremo la famosa formula di Einstein, $E = mc^2$.

$$E = mc^2 = (4,6 \times 10^{-29} \text{ kg}) \times (3,0 \times 10^8 \text{ ms}^{-1})^2 = 4,1 \times 10^{-12} \text{ joule}$$

Questa è l'energia che si sviluppa a seguito della sintesi di un atomo di elio. È una quantità così esigua che potrebbe alimentare una lampadina da 10 watt solo per meno di mezzo millesimo di miliardesimo di secondo!

Calcoliamo ora quanta energia si produce quando 1 kg di idrogeno (kg_H) viene convertito in elio. Sappiamo che solo lo 0,7% della massa (ossia 7 g) viene liberata come energia:

$$E = mc^2 = (0,007) \times (3,0 \times 10^8)^2 = 6,3 \times 10^{14} \text{ joule (per } kg_H)$$

Poiché la luminosità del Sole è di $3,8 \times 10^{26}$ W (joule/s), l'idrogeno viene consumato al tasso di:

$$(3,8 \times 10^{26} \text{ joule/s}) / (6,3 \times 10^{14} \text{ joule/}kg_H) = 6 \times 10^{11} \ kg_H/s$$

Dunque, il Sole "brucia" 600 milioni di tonnellate di idrogeno ogni secondo: di queste, 596 diventano elio e le restanti 4 diventano energia.

3.6.3 Il trasporto dell'energia dal nocciolo alla superficie

L'energia prodotta nella regione centrale del Sole fluisce verso la superficie. Se il Sole fosse trasparente, i fotoni, ossia i raggi gamma, emessi dai gas caldissimi del nocciolo, si muoverebbero in linea retta verso l'esterno alla velocità della luce ed emergerebbero due secondi dopo essere stati emessi. Però, i gas solari non sono trasparenti, e così un tipico fotone riesce a muoversi solo di un millesimo di millimetro prima di venire riassorbito. Quando viene assorbito, esso scalda il gas circostante, che a sua volta emette fotoni, che vengono anch'essi riassorbiti. Non è scontato che il fotone venga riemesso in direzione radiale verso l'esterno: in realtà, la direzione d'emissione sarà del tutto casuale; tutto ciò significa che dovranno avvenire almeno 10^{25} processi di assorbimento e di riemissione prima che l'energia possa raggiungere la superficie. Questa lenta migrazione dei protoni verso l'esterno è spesso chiamata *percorso casuale* (*random walk*).

Questo processo sta a indicare che trascorrerà un lungo lasso di tempo prima che l'energia prodotta nel nucleo del Sole raggiunga la superficie. In effetti, passeranno mediamente circa 170 mila anni dall'emissione del fotone al centro fino allo sbocco in superficie[23]. Oltretutto, l'energia prodotta in un secondo non erompe in superficie tutta in un colpo solo; le stime dicono che irraggia in un periodo che può durare più di centomila anni. Qualche fotone lascia la fotosfera dopo 120 mila anni, mentre qualche altro ne impiega anche 220 mila. Diciamo perciò che il grosso viene emesso dopo 170 mila anni.

Questo fatto significa che quando osserviamo la luce emessa dalla nostra stella, noi assistiamo a qualcosa che si è prodotto nel nucleo non in quel preciso momento, ma molte migliaia di anni prima. In altre parole, se la generazione di energia dovesse cessare improvvisamente per un giorno, o anche per un secolo, noi non saremmo in grado di saperlo poiché nel tempo che l'energia impiega a fluire in superficie, questo calo dovrebbe essere mediato su più di 100 mila anni. Ciò implica che la luminosità del Sole è assai poco sensibile alle variazioni del tasso di produzione di energia che si sviluppa nel suo nocciolo.

Il processo che abbiamo descritto avviene in molte delle stelle di Sequenza Principale. Come vedremo, le stelle più massicce trasportano all'esterno la loro energia con modalità differenti, e anche il modo di produzione è leggermente diverso. Ora noi considereremo altre stelle e analizzeremo il posto che esse occupano sulla Sequenza Principale.

L'osservazione del Sole è un'attività molto diffusa tra gli astrofili, ma lasciatemi qui ribadire che NON SI DEVE MAI GUARDARE A LUNGO IL SOLE A OCCHIO NUDO E TANTO MENO OSSERVARLO ATTRAVERSO UN TELESCOPIO SENZA LE OPPORTUNE PROTEZIONI. È un'attività estremamente pericolosa: si possono compiere osservazioni soltanto se si è equipaggiati dei filtri specifici per farlo. Se proprio dovete, proiettate l'immagine del Sole su un cartoncino.

3.7 Le stelle binarie e la massa stellare

3.7.1 Le stelle binarie

Le stelle binarie, o come talvolta si dice, le stelle doppie, sono stelle che all'occhio nudo possono apparire come un unico puntino luminoso, ma al binocolo o al telescopio è possibile risolverle in entrambe le componenti. A dire il vero, ci sono addirittura stelle apparentemente singole che al telescopio vengono risolte in un sistema multiplo. Molte ci appaiono come stelle doppie per via della loro particolare posizione quasi sulla medesima linea visuale rispetto alla Terra, e queste sono dette *doppie ottiche*: può comunque essere che le due stelle, in realtà, siano separate nello spazio da una notevole distanza.

Altre, invece, sono gravitazionalmente legate tra loro e possono orbitare reciprocamente l'una attorno all'altra su periodi di giorni, o di anni. Questi sono i sistemi che noi discuteremo nel seguito[24].

La classificazione di alcune stelle binarie è piuttosto complessa. Per esempio, molte non possono essere risolte neppure con i più potenti telescopi e allora sono dette *binarie spettroscopiche*: per esse la natura binaria e le caratteristiche delle componenti possono essere rilevate solo dall'analisi dello spettro. Altre sono *binarie a eclisse*, come Algol (β Persei): in questo caso una stella, nel corso dell'orbita, si trova a transitare di fronte alla sua compagna e allora si osserva una diminuzione nella quantità di luce che si riceve, quando avvengono le eclissi. Un terzo tipo è detto *binaria astrometrica*, come è Sirio (α Canis Majoris), nella quale la compagna può essere rivelata per le perturbazioni sul moto della stella primaria. Poiché questo libro vuole trattare solo gli oggetti che possono essere osservati visualmente, ci concentreremo sulle stelle binarie fisicamente legate che possono essere risolte sia a occhio nudo sia con l'uso di qualche tipo di strumento ottico.

Ciò che rende le stelle binarie oggetti importanti per gli astronomi è il fatto che osservando il loro moto[25], mentre danzano l'una attorno all'altra, è possibile determinare la loro massa, e questo è di vitale importanza nella determinazione dei processi evolutivi a cui vanno incontro le stelle.

Ora dobbiamo introdurre un po' della terminologia che è specifica nell'osservazione delle stelle binarie visuali. La più brillante delle due componenti viene usualmente chiamata *primaria*, mentre la più debole è detta *secondaria* (in alcuni testi viene anche chiamata "stella compagna": entrambi i termini verranno utilizzati in questo libro). Questa terminologia viene adottata senza tener conto di quanto massicce siano entrambe le stelle, e anche se la più brillante appare così a noi pur risultando di fatto la meno luminosa delle due (l'altra, per esempio, potrebbe emettere gran parte della sua energia nel dominio ultravioletto).

Forse i termini più importanti usati quando si parla di binarie visuali sono la *separazione* e l'*angolo di posizione* (AP). La separazione è la distanza angolare tra le due stelle, misurata normalmente in secondi d'arco. L'angolo di posizione è un concetto appena più complicato da capire. Esso misura la posizione relativa di una stella, generalmente la secondaria, rispetto alla primaria: lo si misura in gradi ed è 0° se la secondaria si trova esattamente a nord della primaria, 90° se si trova nella direzione est, 180° a sud, 270° a ovest; e si ritorna allo 0° del nord. È forse più facile chiarire il concetto con un esempio: usiamo la figura 3.9, relativa alla stella doppia γ Virginis che ha le componenti entrambe di magnitudine 3,5, con una separazione di 1",8 e con AP = 267° (all'epoca 2000.0). Da notare che la secondaria è quella collocata in qualche punto sull'orbita, mentre la prima-

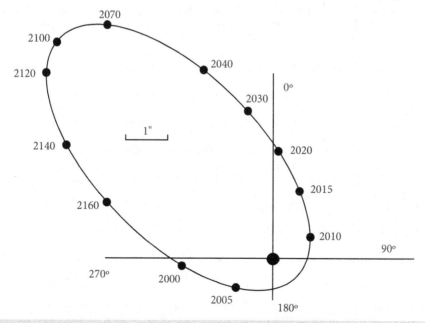

Figura 3.9. Separazione e angolo di posizione della γ Virginis.

ria è posta dove si incontrano le due linee perpendicolari; la separazione e l'AP di ogni stella doppia vanno continuamente cambiando e quindi bisogna aggiungere sempre l'anno a cui si riferisce l'osservazione. Quelle stelle per le quali il periodo orbitale è molto lungo non mostreranno apprezzabili cambiamenti in AP anche per diversi anni; altre, invece, lo cambieranno di anno in anno.

Val la pena di ricordare ancora una volta quanto segue: i vostri telescopi, o anche i vostri occhi, dovrebbero in teoria essere in grado di risolvere molte delle binarie che di seguito menzioneremo[26], ma in realtà diversi sono i fattori che limitano la risolvibilità delle due componenti (per esempio le condizioni del *seeing*, l'inquinamento luminoso, l'adattamento al buio, la vostra predisposizione mentale, ecc.). Così, se in un primo tempo non riuscite a risolvere una stella doppia, non disperate, ma spostatevi su un'altra e ritornate sulla stella in questione in un altro momento. Ricordate inoltre che i colori citati non saranno necessariamente i colori che voi vedete; sono colori puramente indicativi e infatti, come noteremo anche nel testo, in molti casi osservatori diversi non concordano nell'attribuzione del colore.

Di seguito presentiamo una breve lista di stelle che serviranno per determinare la capacità risolutiva di voi stessi e del vostro strumento[27]. Le posizioni riportate si riferiscono alla stella primaria.

3.7.1.1 Stelle binarie visuali

μ Canis Majoris	ADS 5605	06h 56,1m	−14° 03'	Dic–**Gen**–Feb
5,3; 8,6 m	AP = 340°	sep. = 3",0	G5	**non facile**

Le due stelle sono di luminosità molto diversa, ma tuttavia mostrano un bel contrasto di colori: l'una è arancio e l'altra blu.

ξ Ursae Majoris	ADS 8119	11h 18,2m	+31° 32'	Feb–**Mar**–Apr
4,3; 4,8 m	AP = 273°	sep. = 1",8	G0	**molto difficile**

Scoperta da William Herschel nel 1780, è una coppia stretta di stelle gialline. Si tratta del primo sistema binario per il quale furono calcolate le orbite (M. Savari, 1828). Entrambe le componenti sono a loro volta binarie spettroscopiche.

ζ Ursae Majoris	ADS 8891	13h 23,9m	+54° 56'	Mar–**Apr**–Mag
2,3; 4,0 m	AP = 152°	sep. = 14",4	A2; A2	**molto facile**

La stella ha il nome proprio di Mizar e fa coppia con Alcor (80 Uma): le due sono visibili a occhio nudo e sono molto belle al binocolo. Un piccolo telescopio può risolvere la compagna di Mizar, di magnitudine 4. Sia Alcor, che entrambe le componenti di Mizar, sono a loro volta binarie spettroscopiche, di modo che il sistema è in realtà composto da 6 stelle. Mizar fu la prima stella doppia a essere scoperta al telescopio (G. Riccioli, 1650), la prima a essere fotografata (W. Bond, 1857) e la prima a essere rivelata come binaria spettroscopica (W.H. Pickering, 1889).

α CVn	ADS 8706	12h 56,0m	+38° 19'	Mar–**Apr**–Mag
2,9; 5,5 m	AP = 229°	sep. = 19",4	A0	**facile**

Conosciuta anche con il nome di Cor Caroli, le stelle di questo sistema sono separate da una distanza equivalente a 770 Unità Astronomiche, cinque volte il diametro del Sistema Solare. Le due stelle sono di colore giallastro quando vengono osservate con piccoli strumenti, mentre con telescopi di maggiore apertura mostrano l'una una colorazione rosata e l'altra lilla chiaro oppure (per alcuni osservatori) giallo pallido.

ε Boötis	ADS 9372	13h 45,0m	+27° 04'	Mar–Apr–Mag
2,5; 4,9 m	AP = 339°	sep. = 2",8	K0; A0	non facile

Conosciuta anche come Mirak, presenta un bel contrasto di colore tra le due componenti, l'una dorata e l'altra verde. Altri osservatori le riportano di colore giallo e blu. La coppia è difficile in strumenti del diametro di 7-8 cm ed è ancora una sfida per l'astrofilo alle prime armi anche con un telescopio di 15 cm. Se il telescopio è di piccolo diametro occorre un forte ingrandimento per risolverle.

β Lyrae	ADS 11745	18h 50,1m	+33° 22'	Giu–Lug–Ago
3,4$_v$; 8,6 m	AP = 149°	sep. = 45",7	B9	facile

Questa coppia di stelle bianche rappresenta una vera sfida osservativa per i binocoli. La principale è anche una binaria a eclisse e, per effetto della reciproca attrazione mareale, le due componenti hanno una forma distorta, da ellissoide di rotazione, ovvero di sfera "schiacciata".

β Cygni	ADS 12540	19h 30,7m	+27° 58'	Giu–Lug–Ago
3,1; 5,1 m	AP = 54°	sep. = 34",4	K3; B8	facile

È ritenuta da molti il più bell'esemplare di stella doppia in cielo: Albireo (questo il suo nome proprio) risalta sullo sfondo di una miriade di deboli stelline della Via Lattea con la sua primaria color giallo oro e la sua secondaria blu. È facile da localizzare ai piedi della Croce del Nord.

ε Lyrae	ADS 11635	18h 44,3m	+39° 40'	Giu–Lug–Ago
5,4; 6,5 m	AP = 357°	sep. = 2",6	A2; F4	non facile
5,1; 5,3 m	AP = 94°	sep. = 2",3		non facile

È facile da risolvere la famosa *doppia-doppia* della Lira, ma non lo è altrettanto risolvere le componenti di ciascuna stella, la ε^1 (magnitudine 4,7) e la ε^2 (magnitudine 4,6): per queste, si richiede un alto ingrandimento. Le due stelle si trovano a AP = 173°, separate di 208", il che le rende prossime al limite di risolvibilità per l'occhio nudo: infatti, solo osservatori ben allenati riportano di essere in grado di risolverle sotto condizioni di *seeing* perfetto. C'è comunque un animato dibattito tra gli astrofili, tra chi la ritiene una coppia facile e chi difficile. Entrambe le stelle sono di colore bianco-crema. È un oggetto assolutamente da osservare nel cielo estivo.

61 Cygni	ADS 14636	21h 06,9m	+38° 45'	Lug–Ago–Set
5,2; 6,0 m	AP = 150°	sep. = 30",3	K5; K7	facile

La si apprezza meglio al binocolo (talvolta con difficoltà, se le condizioni del cielo non sono perfette), strumento che enfatizza la vivace colorazione rosso-arancio di entrambe le stelle. Il sistema è famoso per essere stato il primo ad avere la propria distanza misurata grazie alla tecnica della parallasse. L'astronomo tedesco Friedrich Bessel misurò la sua distanza in 10,3 a.l.; le misure moderne correggono il valore a 11,36 a.l. Ha pure un notevole moto proprio.

α Ursae Minoris	ADS 1477	02h 31,8m	+89° 16'	Set–Ott–Nov
2,0; 8,2 m	AP = 218°	sep. = 18",4	F8	facile

Probabilmente la stella più famosa in cielo, la Stella Polare, si trova a meno di 1° dal polo celeste ed è una bella doppia, costituita da una primaria giallastra e da una debole secondaria azzurrina. La primaria è anche una variabile Cefeide di Popolazione II e una binaria spettroscopica. Benché qualcuno abbia affermato che il sistema può essere risolto già in uno strumento di 4 cm, per un'osservazione sicura si richiedono almeno 6 cm di diametro.

o² Eridani	ADS 3093	04h 15,2m	–07° 39'	Ott–**Nov**–Dic
4,4; 9,5 m	AP = 104°;	sep. = 83"	WD	**non facile**

La coppia non è facilissima al binocolo. Ciò che rende il sistema interessante è il fatto che la secondaria è la nana bianca più brillante che sia visibile dalla Terra.

3.7.2 Le masse dei sistemi binari

Può non essere una sorpresa per il lettore sapere che si può determinare la massa di una stella. La domanda però è: "in che modo?". Semplice: applicando le leggi di Keplero e di Newton alle stelle binarie.

La legge di Keplero, la quale dice in che modo il tempo richiesto da un pianeta per orbitare il Sole si lega alla distanza di quel pianeta dalla nostra stella, può essere adattata per descrivere il moto di due oggetti qualsiasi che orbitino l'uno attorno all'altro. Chi per primo utilizzò in tal senso la legge fu il grande Isaac Newton. Per trovare la massa delle stelle in un sistema binario visuale, dobbiamo dapprima determinare le rispettive orbite, osservandole nel corso di molti anni. Possono occorrere pochi anni, oppure decine di anni, ma alla fine possiamo stabilire qual è il tempo richiesto a una stella per completare la sua orbita attorno all'altra, un tempo che è detto *periodo* (P). Usando un grafico dell'orbita e conoscendo già da prima la distanza del sistema dal Sole, possiamo poi misurare il *semiasse maggiore* (a)[28] dell'orbita di una stella attorno all'altra. Un punto importante da sottolineare è che questo metodo ci fornisce solo la massa totale del sistema delle due stelle, non le due masse individuali. Per avere anche queste, dovremo compiere un passo ulteriore.

La massa combinata delle due stelle la si ricava abbastanza agevolmente. Per determinare le masse individuali, invece, dobbiamo anzitutto stabilire come una stella si muove relativamente all'altra. Per esempio, se una stella è molto più massiccia dell'altra, si muoverà ben poco rispetto alla stella di piccola massa (perché subisce una minore accelerazione); quest'ultima, invece, compirà un'ampia orbita dentro il sistema, in analogia con le larghe orbite dei pianeti attorno al Sole. Per essere precisi, noi dobbiamo rimarcare che, in realtà, entrambe le stelle orbitano attorno al loro comune centro di massa (come, del resto, fanno i pianeti e il Sole). In effetti, esse "oscillano" attorno al comune centro di massa[29].

Le masse delle due stelle in un sistema binario non sono così sbilanciate come quelle – per fare un esempio – del Sole e di Giove: in questo caso, il 99,9% della massa totale del sistema sta nel Sole, e allora il centro di massa è molto più vicino al Sole che non a Giove. Nel caso delle stelle, il centro di massa è più o meno equidistante dalle due e si trova lungo la loro congiungente, in un punto che dipende dalle masse delle due stelle. Indichiamo con M_A e M_B le masse delle due stelle, e le rispettive distanze dal centro di massa siano a_A e a_B[30]: la massa maggiore si troverà sempre più vicina dell'altra al centro di massa. Per fare un esempio, se le due stelle hanno la stessa massa, $M_A = M_B$, allora sarà $a_A = a_B$, ed esse orbiteranno entrambe attorno a un punto che si trova esattamente a metà strada tra loro. D'altra parte, se la stella B è quattro volte meno massiccia della stella A ($M_A = 4M_B$), essa orbiterà a una distanza quattro volte maggiore dal centro di massa ($a_B = 4a_A$).

In questo modo è possibile risalire alla massa delle singole stelle e, usando tecniche sofisticate, misurare persino le masse delle stelle doppie che non possono essere risolte otticamente. Sfruttando queste tecniche, e anche altre, abbiamo potuto determinare che l'intervallo delle masse stellari va da circa 0,08 $M_\odot$ a 50 $M_\odot$.

Box 3.2 Determinare la massa delle stelle

Consideriamo le orbite del sistema binario di Sirio A e Sirio B.
Le due stelle hanno un periodo orbitale (P) di 50,1 anni e un semiasse maggiore (a) di 19,8 Unità Astronomiche. Per determinare la massa totale del sistema ($M_A + M_B$) useremo la terza legge di Keplero generalizzata (ove il semiasse maggiore si esprime in UA, il periodo in anni e allora le masse risultano espresse in unità solari):

$$(M_A + M_B) = a^3/P^2$$

Introducendo i valori numerici di P e di a, otterremo:

$$(M_A + M_B) = a^3/P^2 = 19,8^3 / 50,1^2 = 7762 / 2510 = 3,1\ M_\odot$$

Dunque, la massa totale del sistema di Sirio A e Sirio B è approssimativamente di 3,1 $M_\odot$. In realtà, l'orbita del sistema è parecchio eccentrica, ossia di forma ellittica, di modo che la distanza tra le due componenti varia da 31,5 a 8,1 UA.
Usando anche questa informazione ulteriore, oltre che i dati raccolti dagli studi spettroscopici, gli astronomi concludono che la massa di Sirio A è di 2,12 $M_\odot$ e quella di Sirio B è di 1,03 $M_\odot$.

3.8 La vita media delle stelle di Sequenza Principale

Abbiamo già visto in che modo si forma una stella, come si possa determinare la massa di una stella attraverso osservazioni e misure sui sistemi binari e quanto tempo impiega una stella a diventare tale. Discuteremo ora quanto a lungo la stella rimarrà sulla Sequenza Principale e vedremo a quali cambiamenti essa andrà soggetta nella sua struttura interna.

Le stelle che sono sulla Sequenza Principale sono fondamentalmente tutte uguali nei loro noccioli poiché lì viene convertito l'idrogeno in elio. Questo processo è detto *combustione dell'idrogeno nel nucleo*. La *vita media in Sequenza Principale* è il tempo che trascorre fintantoché la stella consuma idrogeno nel suo nocciolo: la durata di tale fase dipende dalla struttura interna della stella e dalla sua evoluzione. Una stella nata da poco normalmente viene detta *stella di Sequenza Principale di età zero* (contratta in *ZAMS*, acronimo di *Zero-Age-Main-Sequence*). C'è una sottile differenza, ma assai importante, tra una stella ZAMS e una stella di Sequenza Principale. Nel corso della sua vita sulla Sequenza Principale, una stella andrà soggetta a variazioni di raggio, di temperatura superficiale e di luminosità a causa del bruciamento dell'idrogeno nel nucleo. Le reazioni nucleari modificano la percentuale degli elementi del nocciolo. Inizialmente, la stella potrebbe aver avuto, diciamo nel caso del Sole, circa il 74% di idrogeno, il 25% di elio e l'1% di metalli, ma ora, dopo un periodo di 4,6 miliardi di anni il Sole contiene molto più elio che idrogeno nel suo nucleo.

A seguito della fusione dell'idrogeno, il numero totale di nuclei atomici diminuisce nel corso del tempo; in tal modo, essendoci un minor numero di particelle nel nocciolo a garantire la pressione interna, il nucleo si contrarrà leggermente sotto il peso degli strati esterni e questo ha un preciso effetto sull'aspetto della stella. Gli strati esterni si espandono e diventano più brillanti. Ciò potrà sembrare strano; se il nucleo si comprime, perché non fa altrettanto la stella nel suo complesso? La spiegazione è molto semplice: la contrazione del nucleo fa aumentare la densità e la temperatura, ciò che induce i nuclei di idrogeno a collidere tra loro molto più frequentemente, ossia ciò fa aumentare il tasso con cui avvengono le reazioni di fusione. Il risultante incremento della pressione nel nocciolo fa sì che gli strati esterni della stella si espandano leggermente e, poiché la luminosità dipende dall'area superficiale della stella, l'aumento delle dimensioni determinerà un di più di luminosità. In aggiunta, anche la temperatura superficiale aumenterà. Nel caso del Sole, gli astronomi hanno calcolato che negli ultimi 4,6 miliardi di anni la luminosità è andata crescendo di circa il 40%, il raggio di circa il 6%, e la temperatura superficiale di circa 300 K.

Mentre la stella invecchia sulla Sequenza Principale, l'aumento del flusso d'energia dal suo interno riscalderà le aree che circondano il nocciolo e ciò farà sì che il bruciamento dell'idrogeno cominci a interessare anche gli strati appena sopra il nucleo. Si può pensare a questo fatto come se la stella si ritrovasse ad avere nuovo combustibile da bruciare: la vita media sulla Sequenza Principale si allungherà quindi di qualche milione di anni.

In ogni caso, il fattore principale che determina quanto a lungo una stella resta in Sequenza Principale è la sua massa. Possiamo esprimere questo concetto in poche parole: "Le stelle di piccola massa hanno una vita media molto più lunga di quella delle stelle massicce". La figura 3.10 illustra con chiarezza questo concetto.

Le stelle di massa elevata sono estremamente brillanti e la loro vita media è molto breve. Questo significa che esse dissipano le loro riserve di idrogeno nel nucleo a tassi elevatissimi. Così, anche se le stelle di tipo O o di tipo B sono molto più massicce, e quindi contengono molto più idrogeno che, diciamo, una stellina di tipo M, esse esauriranno il loro idrogeno parecchio tempo prima. Ad esempio, per stelle dei tipi O e B pochi milioni

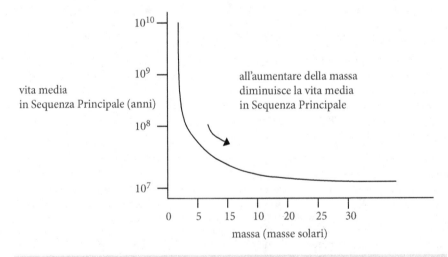

Figura 3.10. La vita media in Sequenza Principale per stelle di massa diversa.

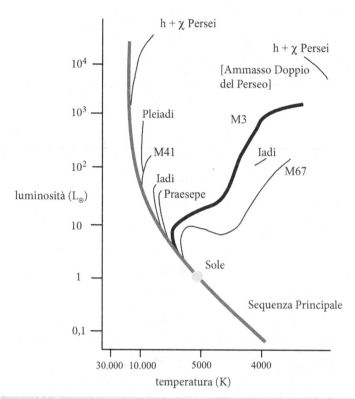

Figura 3.11. Diagrammi H-R di alcuni ammassi stellari di età differenti.

di anni saranno sufficienti per dar fondo alla loro dotazione d'idrogeno, mentre per le stelle di tipo M di piccola massa potrebbero occorrere addirittura centinaia di miliardi di anni: la vita media di una stella di tipo M può essere più lunga dell'età attuale dell'Universo![31]. La tabella 3.1 ci riassume in che modo la massa di una stella determina la sua temperatura, il tipo spettrale, la luminosità e la vita media in Sequenza Principale.

Il fatto che le stelle abbiano differenti vite medie può essere colto facilmente guardando un ammasso stellare. Le stelle massicce hanno vite medie più corte delle altre, di modo che il diagramma H-R di un ammasso stellare ci darà informazioni sull'evoluzione delle sue stelle: per esempio, il diagramma ci mostrerà una Sequenza Principale in cui mancano le stelle di tipo O, che sono le più massicce; con l'andare del tempo verranno a mancare anche le stelle di tipo A e così via a mano a mano che l'ammasso invecchia. La figura 3.11 ci mostra questa "erosione" delle stelle di Sequenza Principale mettendo a confronto i diagrammi H-R di differenti ammassi stellari. In ciascun caso, alcune delle stelle avranno già abbandonato la Sequenza Principale per diventare giganti rosse[32], oppure lo sono già stabilmente.

La temperatura e il tipo spettrale delle stelle più calde che si trovano sulla Sequenza Principale vengono utilizzati per determinare l'età dell'ammasso stellare. Supponiamo che la stella più calda sulla Sequenza Principale sia un astro di tipo A0, mentre le stelle ancora più calde e più massicce sono ormai già evolute a giganti rosse. Noi sappiamo che le stelle A0 hanno una vita media in Sequenza Principale di circa 100 milioni di anni, e allora potremo dire con ragionevole certezza che l'ammasso stellare è vecchio di circa 100 milioni di anni.

Generalmente, più una stella è massiccia, più veloce essa transita attraverso tutte le sue fasi evolutive, così noi abbiamo la fortuna di osservare con calma le stelle nella fase della Sequenza Principale, poiché questo è lo stadio più lungo nella vita di una stella. È facile stimare la vita media di una stella se ne conosciamo la massa.

Ci sono molte stelle di Sequenza Principale che possiamo osservare in cielo. Le più brillanti di esse sono già state menzionate nei paragrafi precedenti; per esempio, per citarne solo qualcuna: Regolo, Vega, Sirio A, Procione A, il Sole e la Stella di Barnard.

Tabella 3.1. Massa, tipo spettrale e vita media in Sequenza Principale.

massa (M☉)	temperatura (K)	tipo spettrale	luminosità (L☉)	vita media in Sequenza Principale (miliardi di anni)
25	35.000	O	80.000	0,003
15	30.000	B	10.000	0,011
3	11.000	A	60	0,64
1,5	7000	F	5	3,6
1	6000	G	1	10
0,75	5000	K	0,5	20
0,5	4000	M	0,03	57

Box3.3: La vita media in Sequenza Principale

Non è difficile calcolare per quanto tempo all'interno di una stella si sviluppano le fusioni dell'idrogeno. Esiste infatti una semplice relazione (approssimata) che lega la massa di una stella (M, espressa in masse solari) alla sua vita media (t) in Sequenza Principale:

$$t = 10 M^{-2,5} = 10 / M^{2,5} = 10 / M^2 \sqrt{M} \quad \text{miliardi di anni}$$

Il 10 si riferisce alla stima che gli astronomi fanno della durata di permanenza in Sequenza Principale del Sole, che è una tipica stella di 1 M☉.
Facciamo un esempio. La vita media in Sequenza Principale di Sirio, stella di 2,12 M☉, sarà:

$$10 / 2,12^{2,5} = 10 / 2,12^2 \sqrt{2,12} = 10 / 6,54 = 1,5 \text{ miliardi di anni}$$

Una stella di Sequenza Principale con una massa di 0,5 M☉ avrà invece una vita media di:

$$10 / 0,5^{2,5} = 10 / 0,5^2 \sqrt{0,5} = 10 / 0,177 = 57 \text{ miliardi di anni}$$

3.9 Le stelle giganti rosse

Benché vasta, la quantità d'idrogeno nel nucleo di una stella non è infinita e perciò, dopo un tempo lunghissimo, cesserà la produzione d'energia all'esaurimento delle riserve centrali di idrogeno. Per tutto il tempo in cui nella stella avvengono le fusioni nucleari, l'idrogeno viene trasformato in elio attraverso la catena protone-protone; senza questa sorgente d'energia, la stella deve rivolgersi alla contrazione gravitazionale per ricavare l'energia di cui necessita. Dunque, il nucleo comincerà a raffreddarsi, il che significa che anche la pressione diminuisce, con il risultato che gli strati più esterni della stella fanno sentire il loro peso sul nucleo e lo comprimono. Ciò ha l'effetto di causare di nuovo un aumento di temperatura nel nucleo e un flusso di calore in uscita. Si noti che, benché la quantità di calore che si sviluppa in questa fase sia notevolissima, essa non è dovuta alle reazioni nucleari, ma all'energia gravitazionale che viene convertita in energia termica.

In un tempo relativamente breve, sulla scala dei tempi astronomici, la regione attorno al nucleo della stella, ora svuotato d'idrogeno, diventerà abbastanza calda da innescare la fusione nucleare dell'idrogeno in elio all'interno di un guscio sottile in un processo che è detto *combustione dell'idrogeno nel guscio*. La situazione viene mostrata nella figura 3.12.

Il nucleo consisterà di elio, ma gli stati esterni sono ricchi d'idrogeno. Il guscio in cui avviene la produzione di energia è relativamente sottile.

Per una stella simile al Sole, questo guscio che consuma l'idrogeno si sviluppa praticamente subito nel momento in cui la fusione nucleare cessa nel nocciolo; in tal modo, la produzione di energia resta più o meno costante. Per le stelle massicce, invece, ci può essere un intervallo di alcune migliaia di anni, o forse anche di qualche milione di anni, tra la fine della fase del bruciamento nel nucleo e l'inizio della fase del bruciamento nel guscio.

Il nuovo rifornimento di energia, e quindi di calore, ha l'effetto di far crescere il tasso del bruciamento dell'idrogeno nel guscio: si comincia perciò a consumare l'idrogeno anche negli strati superiori vicini. L'elio, che è il sottoprodotto della fusione dell'idrogeno nel guscio, tende a cadere verso il centro della stella, dove, insieme all'elio che già vi si trova, si riscalda, mentre il nucleo continua a contrarsi e a incrementare la propria massa. Nel caso di una stella di 1 $M_\odot$, il nucleo finirà con l'essere compresso fino a circa un terzo delle sue dimensioni originarie. Risultato di tale compressione è un aumento della temperatura, da circa 15 a circa 100 milioni di gradi.

Ora, gran parte di ciò che è successo in questa fase della vita della stella ha avuto luogo al suo interno, rimanendo perciò invisibile ai nostri occhi. Non di meno, si possono avere effetti sulla struttura della stella, che può alterare drasticamente il suo aspetto. Gli strati esterni della stella, per esempio, si espandono mentre il nucleo si contrae. Con l'aumento del flusso di calore dal nucleo in contrazione e con il guscio in cui avvengono le fusioni

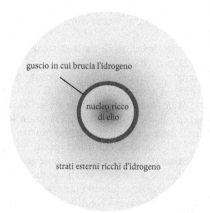

guscio in cui brucia l'idrogeno

nucleo ricco di elio

strati esterni ricchi d'idrogeno

Figura 3.12. Stella con un guscio in cui si sviluppa la combustione dell'idrogeno.

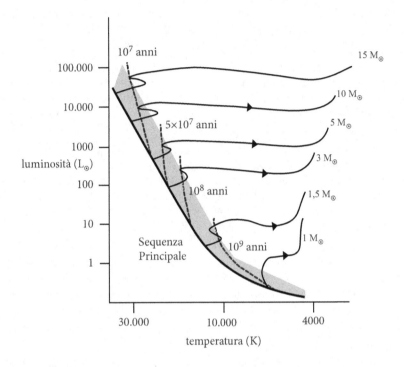

Figura 3.13. Tracce evolutive dalla Sequenza Principale alla fase di gigante rossa per stelle di masse differenti.

dell'idrogeno che si sta vieppiù espandendo, la luminosità della stella aumenta sostanzialmente. La pressione interna cresce e sollecita gli strati esterni a espandersi fino a occupare un volume molte volte più grande di quello originario. La tremenda espansione fa sì che gli strati esterni si raffreddino, anche se la temperatura della parte più interna del nucleo sia aumentata considerevolmente. Gli stati esterni, espansi e freddi, possono toccare temperature basse fino a 3500 K e perciò splenderanno di una luce rossastra, come ci viene spiegato dalla legge di Wien che abbiamo considerato in precedenza. Ora la stella è diventata una *gigante rossa*.

Abbiamo dunque capito che le giganti rosse sono ex-stelle di Sequenza Principale ora evolute in una nuova fase della loro vita.

A causa dell'enorme diametro e quindi della più debole gravità superficiale della gigante rossa, può succedere che si assista a una *perdita di massa* anche di notevoli proporzioni. Ciò significa che i gas possono sfuggire dalla superficie della gigante rossa e un tale effetto è relativamente semplice da osservare analizzando le righe d'assorbimento presenti nello spettro stellare. I calcoli e le misure hanno mostrato che una tipica gigante rossa può perdere anche 10^{-7} $M_\odot$/anno: si confronti questo valore con il misero 10^{-17} $M_\odot$/anno che rappresenta l'attuale perdita di massa del Sole attraverso il vento solare. Da ciò, possiamo vedere che mentre una stella evolve dalla Sequenza Principale fino allo stadio di gigante rossa, essa può perdere una quantità notevole della propria massa iniziale. Nella figura 3.13 vengono mostrate le tracce evolutive dalla Sequenza Principale alla fase di gigante rossa relative a stelle di masse differenti.

Le linee tratteggiate indicano scale temporali di 10, 50, 100 milioni e 1 miliardo di anni. Si può vedere che una stella di circa 15 masse solari abbandona la Sequenza

Principale (l'area ombreggiata) centinaia di volte in anticipo rispetto a una stella di 1,5 masse solari.

Ci sono numerose giganti rosse osservabili nel cielo notturno. Ne abbiamo già menzionate alcune nei paragrafi precedenti: Capella A, Arturo, Aldebaran, Polluce, Mirak, R Leporis e Mira Ceti. Ce ne sono tuttavia diverse altre, forse meno conosciute, che vale la pena di osservare.

3.9.1 Giganti rosse brillanti

RS Cyg	HD 192443	20h 13,3m	+38° 44'	Giu–**Lug**–Ago
8,1$_v$ m	(B–V) = 3,3	C5		**Cygnus**

Gigante rossa con una periodicità persistente, di 417,39 giorni, varia in magnitudine tra la 6,5 e la 9,5. È una stella strana, la cui curva di luce più variare apprezzabilmente, con il massimo che talvolta si presenta doppio a breve distanza di tempo. La colorazione è rosso vivace.

R Aqr	HD 222800	23h 43,8m	–15° 17'	Lug–**Ago**–Set
5,8$_v$ m	(B–V) = 1,5	M4 pe	2500	**Aquarius**

Si tratta di una stella doppia simbiotica, classificata come variabile tipo Z Andromedae. La R Aqr è una bella gigante rossa, accompagnata da una piccola compagna di colore azzurro. Per la sua natura di variabile, la magnitudine può salire fino a 11,5: la stella diventa così debole che talvolta è difficile da trovare. Si pensa che disti da noi circa 640 a.l.

R Cas	HD 224490	23h 58,4m	+51° 23'	Set–**Ott**–Nov
5,5$_v$ m	(B–V) = 1,5	M7 IIIe	2000	**Cassiopeia**

Variabile di tipo Mira con un intervallo di magnitudine piuttosto grande: va da 5,5 a 13,0. Si stima che disti 350 a.l. Gli astronomi dibattono sulla sua temperatura superficiale, che è di soli 2000 K.

R Leo	HD 84748	09h 47,6m	+11° 26'	Gen–**Feb**–Mar
6,02$_v$ m	(B–V) = 1,5	M8 IIIe	2000	**Leo**

Stella variabile di tipo Mira molto brillante, intensamente osservata dagli astrofili. Anche per questa, come per molte altre giganti rosse, la bassa temperatura (circa 2000 K) è oggetto di discussione e di dubbi. Il colore è rosso cupo. La stella viene spesso indicata come l'oggetto perfetto per chi vuole intraprendere l'attività di osservatore di variabili. È anche una stella AGB.

È da notare che mentre una stella invecchia e si muove dalla Sequenza Principale verso lo stadio di gigante rossa, anche il suo tipo spettrale può cambiare. Per esempio, il Sole, che attualmente è una stella di tipo G, gradualmente passerà al tipo spettrale K e in seguito al tipo M. Potrebbe diventare una M2 o una M3 con una temperatura che scende fino a circa 3200 K. Allo stesso modo, stelle di massa diversa da quella del Sole cambieranno il loro tipo spettrale. Per concludere questo paragrafo, vale la pena di menzionare il fatto che ci sono due fasi di gigante rossa. Quale delle due sarà toccata da una particolare stella dipenderà solo dalla sua massa; in taluni casi si produrrà anche una stella supergigante. Discuteremo questo argomento in un altro paragrafo.

3.10 La combustione dell'elio e l'*helium flash*

Molte delle stelle con una massa pari o superiore a quella del Sole alla fine diventano giganti rosse. Quanta energia viene prodotta in una stella dopo che essa ha raggiunto la fase di gigante rossa dipende dalla sua massa. Cominciamo con il considerare in che modo l'elio del nocciolo produce tale energia.

3.10.1 Il bruciamento dell'elio

L'elio può essere considerato come la "cenere" prodotta dalle reazioni che bruciano l'idrogeno e può essere utilizzato a sua volta in qualità di combustibile per un'altra reazione di fusione nucleare. Stiamo parlando della fase della *combustione dell'elio*. Quando una stella diventa una gigante rossa, la temperatura del suo nucleo è troppo bassa perché possa innescarsi il bruciamento dell'elio. Ma il guscio che circonda il nucleo di elio inerte, guscio nel quale sta bruciando l'idrogeno, aggiunge sempre più massa al nucleo, con il risultato che quest'ultimo si contrae ulteriormente, diventa più denso, e aumenta sostanzialmente la temperatura[33]. Ma succede dell'altro quando aumenta la temperatura: gli elettroni nel gas diventano *degeneri*. La degenerazione degli elettroni è un processo assai importante che viene spiegato in dettaglio in appendice. Quando gli elettroni diventano degeneri, riescono a resistere a ogni ulteriore contrazione del nucleo e la temperatura interna non ha più influenza sulla pressione.

Mentre il guscio d'idrogeno continua a bruciare, il nucleo degenere aumenta sempre di più la sua temperatura e quando raggiunge i 100 milioni di gradi e ha una massa di circa 0,6 $M_\odot$, inizia la *combustione dell'elio nel nucleo*, che converte l'elio in carbonio e sviluppa energia. In questo stadio della sua vita, una stella può avere un raggio di 150 milioni di chilometri (1 UA) ed essere mille volte più luminosa del Sole. A questo punto, la vecchia stella dispone nuovamente di una sorgente centrale di energia: è la prima volta da quando essa ha abbandonato la Sequenza Principale.

Il bruciamento dell'elio nel nocciolo fonde tre nuclei di elio per formare un nucleo di carbonio: è quello che viene detto *processo triplo-α*. Esso avviene in due tappe. Nella prima, due nuclei di elio si combinano per formare un isotopo del berillio:

$$^4\text{He} + {}^4\text{He} \rightarrow {}^8\text{Be}$$

Questo isotopo del berillio è molto instabile e ben presto si scinde in due nuclei di elio. Ma nelle condizioni estreme del nocciolo, un terzo nucleo di elio può collidere con il nucleo di ^8Be prima che questo abbia la possibilità di spezzarsi. Quando ciò avviene, si forma un isotopo stabile del carbonio e viene rilasciata energia sotto forma di un fotone gamma (γ):

$$^8\text{Be} + {}^4\text{He} \rightarrow {}^{12}\text{C} + \gamma$$

Il termine "triplo-α" si giustifica per il fatto che un nucleo di elio è anche detto *particella alfa*[34]. Il nucleo di carbonio che si forma in questo processo può a sua volta fondersi con un altro nucleo di elio, dando vita a un isotopo stabile dell'ossigeno, fornendo al contempo ulteriore energia:

$$^{12}\text{C} + {}^4\text{He} \rightarrow {}^{16}\text{O} + \gamma$$

In tal modo, le "ceneri" del bruciamento dell'elio sono il carbonio e l'ossigeno. Questo processo è molto interessante, poiché si sarà notato che entrambi questi isotopi rappresentano la forma più abbondante dell'ossigeno e del carbonio: di fatto, essi costituiscono la maggioranza degli atomi di carbonio presenti nei nostri corpi, così come dell'ossigeno che respiriamo. Esploreremo queste affascinanti informazioni in maggior dettaglio più avanti nel libro.

La formazione del carbonio e dell'ossigeno non solo fornisce più energia, ma soprattutto stabilisce di nuovo l'equilibrio termico nel nucleo della stella. Ciò impedisce al nucleo di contrarsi ulteriormente per l'effetto della forza di gravità. Il tempo nel quale una gigante rossa brucia l'elio nel suo nocciolo è circa il 20% del tempo in cui brucia l'idrogeno quando è sulla Sequenza Principale. Il Sole, per esempio, passerà soltanto 2 miliardi di anni nella fase del bruciamento dell'elio.

3.10.2 L'*helium flash*

Come si è già detto, è la massa di una stella a stabilire quando inizia il bruciamento dell'elio in una gigante rossa. In una stella di massa elevata (ossia di almeno 2-3 $M_\odot$) l'elio comincia a bruciare gradualmente quando la temperatura del nocciolo si avvicina ai 100 milioni di gradi. Inizia così il processo triplo-α, ma ciò prima che gli elettroni diventino degeneri. Al contrario, nelle stelle di piccola massa (ossia con una massa minore di 2-3 $M_\odot$), lo stadio del bruciamento dell'elio può avere inizio tutto d'un colpo, in un processo che è detto *helium flash*. Tale stadio avviene a causa delle condizioni meno usuali che si trovano nel nocciolo di una stella di piccola massa quand'essa diventa una gigante rossa.

L'energia prodotta dalla combustione dell'elio riscalda il nucleo della stella facendone aumentare di molto la temperatura. In circostanze normali, ciò provocherebbe un aumento della pressione, che innescherebbe un'espansione e il successivo raffreddamento del nucleo. Ciò spiega perché le reazioni nucleari generalmente non sono causa di un rapido incremento della temperatura centrale di una stella. Tuttavia, dobbiamo ricordare che il gas nel nocciolo di una gigante rossa di 1 $M_\odot$ si trova in condizioni ben lontane dalla normalità: è un gas di elettroni degeneri, il che significa che l'aumento della temperatura susseguente al bruciamento dell'elio, qualunque esso sia, non fa aumentare la pressione interna. Invece, tale aumento influenza fortemente il tasso di occorrenza del processo triplo-α. Se la temperatura raddoppia, il tasso di produzione triplo-α aumenta di circa 1 miliardo di volte! L'energia prodotta dal processo triplo-α riscalda il nocciolo e la sua temperatura comincia a crescere ancora di più: mentre aumenta la produzione dell'energia, la temperatura raggiunge i 300 milioni di gradi. Per effetto del rapido riscaldamento del nucleo avviene un consumo di elio quasi esplosivo e questo è l'*helium flash* di cui abbiamo parlato. Al picco dell'*helium flash*, il nocciolo della stella per un breve tempo conosce un'emissione di energia pari a $10^{11} - 10^{14}$ volte la luminosità solare. Ciò corrisponde a un tasso di produzione di energia che è cento volte maggiore di quello dell'intera Galassia (ma per un tempo brevissimo)!

Alla fine, la temperatura sale così tanto che nel nocciolo gli elettroni non possono più mantenersi nella condizione di degenerazione. Da quel momento, essi si comportano normalmente come gli elettroni in un gas, con il risultato che il nocciolo della stella si espande, il che pone fine all'*helium flash*. Questi eventi occorrono in un tempo brevissimo: l'*helium flash* dura una manciata di secondi; adesso il nocciolo della stella si stabilizza a un tasso costante di bruciamento dell'elio.

Un punto importante da sottolineare è che, indipendentemente dal fatto che si abbia l'*helium flash*, oppure no, l'innesco della combustione dell'elio comporta una riduzione della luminosità stellare. Ecco cosa capita: il nocciolo supercaldo si espande, il guscio in cui brucia l'idrogeno viene sospinto verso l'esterno, mentre la sua temperatura si abbassa e così il tasso di produzione delle reazioni nucleari. Il risultato è che, anche se la stella presenta simultaneamente la fusione dell'elio nel nocciolo e quella dell'idrogeno nel guscio che circonda il nucleo, la produzione totale di energia si riduce durante la fase di gigante rossa. La minore emissione di energia riduce la luminosità della stella e consente ai suoi strati esterni di contrarsi dai raggi smisurati che avevano toccato nella fase di gigante rossa. Mentre gli strati si contraggono, la temperatura superficiale della stella aumenta lievemente.

Il bruciamento dell'elio nel nocciolo dura un tempo relativamente breve; i calcoli teorici ci consentono di fare qualche stima: per una stella di massa paragonabile a quella del Sole, il periodo successivo all'*helium flash* può durare circa 100 milioni di anni, ovvero solo l'1% della vita media in Sequenza Principale.

3.11 Ammassi stellari, giganti rosse e diagramma H-R

A questo punto della nostra storia sull'evoluzione stellare, può essere una buona idea riassumere ciò che abbiamo imparato finora. Abbiamo discusso di come si formano le stelle prima del loro ingresso in Sequenza Principale. Abbiamo detto che la loro vita media sulla Sequenza Principale dipende dalla massa e che le stelle massicce vi restano per un tempo più breve. Segue la fase di gigante rossa, insieme a variazioni nel bruciamento dell'idrogeno e dell'elio nel nocciolo stellare. È utile tratteggiare un quadro coerente di tutto ciò, di modo che possiamo seguire come una stella si sviluppa dal momento della sua nascita; faremo tutto questo semplicemente analizzando il diagramma H-R relativo a stelle che hanno da poco iniziato la loro vita sulla Sequenza Principale e per quelle che sono nella fase di giganti rosse.

Le stelle che sono da poco emerse dallo stadio di protostella e sono sul punto di entrare nella Sequenza Principale, stanno bruciando stabilmente l'idrogeno e hanno raggiunto l'equilibrio idrostatico. Tali stelle sono dette *stelle di Sequenza Principale di età zero* e giacciono su una linea nel diagramma H-R che viene indicata con l'acronimo ZAMS. Lo si vede nel diagramma H-R della figura 3.14 (è la linea grigia). Nel corso del tempo, che può essere relativamente breve o eccezionalmente lungo, a seconda della massa della stella, l'idrogeno nel nocciolo viene convertito in elio e la luminosità aumenta. Tale fatto è accompagnato da un aumento del diametro della stella, di modo che la stella si muove sul diagramma H-R lontano dalla ZAMS. Il che spiega come mai la Sequenza Principale è una banda relativamente larga, piuttosto che una linea sottile. La linea grigia della figura 3.14 rappresenta quelle stelle nelle quali è stato esaurito l'idrogeno nel nocciolo e perciò le fusioni nucleari si sono bloccate. Come si può vedere, le stelle di massa elevata ($3\,M_\odot$, $5\,M_\odot$ e $10\,M_\odot$), si muovono rapidamente da sinistra (alte temperature) a destra (basse temperature) attraverso il diagramma H-R. Quel che succede è che la temperatura superficiale si riduce, ma l'estensione della superficie va aumentando, di modo che la luminosità complessiva resta praticamente costante (la linea corre all'incirca in orizzontale). In questa fase, il nocciolo si va contraendo e gli strati esterni si espandono mentre fluisce l'energia dal guscio in cui brucia l'idrogeno.

Le stelle di grande massa in cui si ha il bruciamento centrale dell'elio mostrano una curvatura improvvisa verso il basso nella regione delle giganti rosse. Le stelle di piccola massa hanno un *flash* dell'elio nei loro nuclei (in figura 3.14 sono rappresentate dal simbolo a forma di stella).

La traccia evolutiva delle stelle di grande massa a questo punto fa una rotazione verso l'alto puntando l'angolo destro del diagramma H-R. Ciò succede poco prima che inizi il bruciamento dell'elio nel nucleo. Dopo che la fusione dell'elio è iniziata, il nucleo si

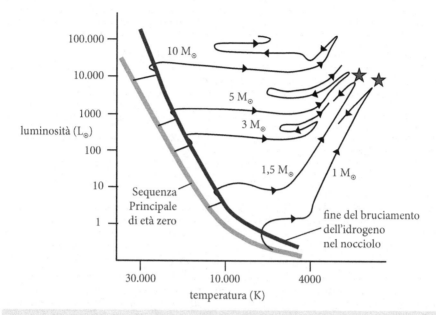

Figura 3.14. Tracce evolutive per stelle di post-Sequenza Principale di massa diversa.

espande, gli strati esterni si contraggono, e la traccia evolutiva della stella cade da queste luminosità molto elevate, benché solo temporanee. Da notare come le tracce si muovano avanti e indietro sul diagramma H-R. Ciò rappresenta le stelle che stanno riaggiustando la loro struttura interna per rispondere al rifornimento di nuova energia.

Le stelle di piccola massa (1 M$_\odot$ e 1,5 M$_\odot$) si comportano in un modo un po' differente. L'inizio del bruciamento dell'elio è contrassegnato dall'*helium flash* (indicato dal simbolo della stella). La stella si contrae e diventa meno luminosa dopo l'*helium flash*, benché la temperatura superficiale cresca (evidentemente la riduzione delle dimensioni è proporzionalmente più significativa dell'aumento della temperatura). Così, ora le tracce evolutive si muovono verso il basso (minore luminosità) e verso sinistra (temperatura maggiore) sul diagramma H-R.

Possiamo osservare l'evoluzione delle stelle dalla nascita al bruciamento dell'elio guardando i giovani ammassi stellari e facendo un confronto fra le osservazioni e i calcoli teorici. Esistono tuttavia altri raggruppamenti di stelle che contengono molte stelle antiche di post-Sequenza Principale, fino a milioni di astri, e sono gli ammassi globulari. Ci occuperemo di essi nel prossimo paragrafo.

3.12 Ammassi di stelle di post-Sequenza Principale: gli ammassi globulari

Esplorando con il telescopio il cielo notturno, possiamo imbatterci in aggregazioni di stelle molto compatte e di forma sferica: sono gli *ammassi globulari*. Le stelle che li compongono sono povere di metalli e gli ammassi si distribuiscono in un volume sferico attorno al centro galattico con un raggio di ben oltre 100 mila a.l. Il numero degli ammassi globulari aumenta significativamente quanto più ci si sposta verso il centro galattico. Questo significa che le costellazioni (come il Sagittario e lo Scorpione) che sono disposte nella direzione del rigonfiamento centrale della Galassia presentano la più alta concentrazione di ammassi globulari al loro interno.

L'origine e l'evoluzione di un ammasso globulare sono assai diverse da quelle di un ammasso aperto. Tutte le stelle di un globulare sono molto vecchie: di fatto, le stelle dei primi tipi spettrali (precedenti il tipo G o F) hanno ormai già abbandonato la Sequenza Principale e si sono trasferite verso la regione delle giganti rosse. La formazione stellare non ha più luogo negli ammassi globulari: questi oggetti si ritiene che siano le strutture più antiche della nostra Galassia; il più giovane degli ammassi globulari è infatti molto più vecchio del più evoluto degli ammassi aperti. Molto dibattuta fra gli astronomi è la questione dell'origine degli ammassi globulari: gli attuali modelli dicono che essi dovrebbero essersi formati nella nube proto-galattica progenitrice della Via Lattea.

Come già detto, gli ammassi globulari sono oggetti vecchi, poiché non contengono stelle di Sequenza Principale di massa elevata, come si può ben vedere su un tipo speciale di diagramma H-R che è detto *diagramma colore-magnitudine*. Su tale grafico, la brillantezza apparente viene confrontata con il colore di un gran numero di stelle di un ammasso (si veda la figura 3.15). Il colore di una stella (o il *rapporto di colore*, rappresentato sul grafico) ci dice qual è la temperatura superficiale e se noi assumiamo che tutte le stelle di un ammasso si trovino all'incirca alla stessa distanza da noi, i loro rapporti di brillantezza ci danno informazioni anche sui loro rapporti di luminosità.

Anche già un'occhiata fugace a un diagramma colore-magnitudine ci rivela che qualcosa di strano dev'essere accaduto nell'ammasso: vedremo infatti che la metà superiore della Sequenza Principale è come scomparsa. Ciò significa che già da molto tempo tutte le stelle di massa elevata del globulare sono evolute nella fase di gigante rossa e che ciò che resta sono solo le stelle di Sequenza Principale di piccola massa, destinate anch'esse a diventare giganti rosse, ma su tempi assai più lunghi.

Molto evidente sul diagramma è il raggruppamento dei punti rappresentativi delle stelle che stanno su una banda orizzontale nella parte in alto a sinistra del diagramma. Il raggruppamento è conosciuto come *ramo orizzontale*, e le stelle che vi appartengono sono dette *stelle di ramo orizzontale*. Si tratta di stelle di piccola massa, di una fase successiva all'*helium flash*, di circa 50 $L_\odot$, nelle quali si verificano sia la combustione dell'elio nel nocciolo sia quella dell'idrogeno nel guscio. In futuro, queste stelle ritorneranno verso la regione delle giganti rosse man mano che si esaurirà il combustibile nucleare.

I puntini neri rappresentano le stelle per le quali sono state misurate la temperatura superficiale e la magnitudine visuale. Tutte le stelle dell'ammasso globulare M3 si trovano all'incirca alla stessa distanza da noi (32 mila a.l.), e quindi le loro magnitudini apparenti sono anche indicative delle loro magnitudini assolute, ossia delle loro luminosità. Descriveremo in un prossimo paragrafo la fase del ramo asintotico delle giganti.

Uno degli usi pratici del diagramma H-R è la stima dell'età di un ammasso stellare. In un ammasso di stelle molto giovani, gran parte delle stelle, se non tutte, sta sulla Sequenza Principale, oppure lì nei pressi. Mano a mano che l'ammasso invecchia, le stelle si allontanano dalla Sequenza Principale: a diventare giganti rosse per prime sono le stelle di massa elevata e di alta luminosità. Allora, quanto più il tempo passa, tanto più corta diventerà la Sequenza Principale. Il suo punto estremo superiore, quello che resta dopo che è trascorso un determinato periodo di tempo, può essere sfruttato per ricavare l'età dell'ammasso e viene detto *punto di turnoff*. Le stelle che si trovano al punto di *turnoff* sono quelle che hanno appena esaurito l'idrogeno nel nocciolo: dunque la vita media di permanenza sulla Sequenza Principale risulta essere di fatto l'età dell'ammasso stellare. Nella figura 3.16 è riportato l'esempio di un diagramma H-R per alcuni ammassi aperti: sono ben evidenti i rispettivi punti di *turnoff*.

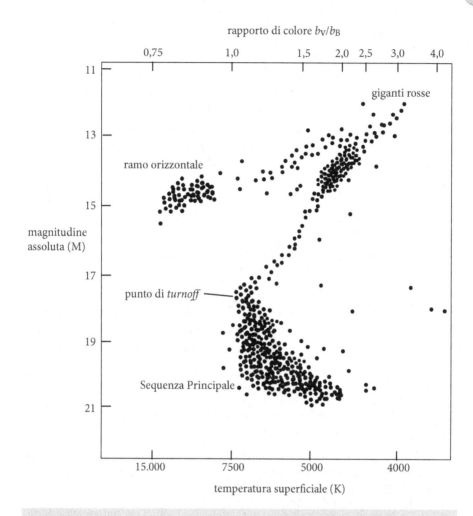

Figura 3.15. Diagramma colore-magnitudine per l'ammasso globulare M3.

Il tempo corrispondente al *turnoff* viene rappresentato da una linea grigia orizzontale. Per esempio, l'ammasso M41 ha il punto di *turnoff* vicino all'età di 10^8 anni: così, diremo che l'ammasso è vecchio di circa 100 milioni di anni.

Sotto il profilo osservativo, gli ammassi globulari rappresentano una sfida per l'astrofilo. Molti si rendono visibili dentro uno strumento ottico, dai binocoli ai telescopi, e solo pochissimi sono visibili a occhio nudo. Ci sono circa 150 ammassi globulari nella nostra Galassia, con dimensioni che vanno da 60 a 150 a.l. in diametro. Stanno tutti a grandissime distanze dal Sole, circa a 60 mila a.l. dal piano galattico. Gli ammassi globulari più vicini (per esempio, Caldwell 86 nella costellazione dell'Altare) distano da noi oltre 6 mila a.l.: gli ammassi sono oggetti difficili nei piccoli telescopi. Non vuol dire che non possono essere osservati, ma solo che è difficile da rilevare una qualunque struttura interna all'ammasso. Persino il più brillante e il più grosso dei globulari, richiederà un'apertura di almeno 15 cm affinché sia possibile risolvere le sue singole stelle. Se però usiamo telescopi di grande apertura, questi oggetti sono davvero spettacolari. Alcuni pre-

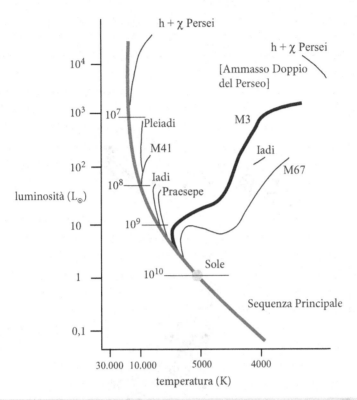

Figura 3.16. Diagramma H-R per alcuni ammassi stellari per i quali viene evidenziato il punto di *turnoff*.

sentano dense concentrazioni nei loro centri mentre altri, più dispersi, sono più simili ad ammassi aperti relativamente compatti. In taluni casi è difficile dire dove finisce l'ammasso globulare e dove inizia il fondo stellare.

Come nel caso degli ammassi aperti, esiste un sistema di classificazione, la *Classe di Concentrazione di Shapley-Sawyer*, dove quelli di Classe I sono i più concentrati e quelli di Classe XII i più dispersi. La possibilità per un astrofilo di risolvere le stelle in un ammasso globulare dipende da quanto sia concentrato l'ammasso: nella descrizione che faremo di questi oggetti riporteremo la classificazione di concentrazione, ma questa sarà utile solo per quegli astrofili che dispongono di strumenti di grande apertura. In ogni caso, l'osservazione di questi ammassi, che sono tra gli oggetti più antichi visibili per l'astrofilo, regalerà visioni mozzafiato, quasi tridimensionali.

Gli ammassi globulari di cui parleremo nel seguito sono solamente alcuni del centinaio che si possono osservare. Indicheremo con il simbolo ⊕ le dimensioni approssimative dell'ammasso.

3.12.1 Ammassi globulari brillanti

Messier 68	NGC 4590	12h 39,5m	−26° 45'	Mar-**Apr**-Mag
7,7 m	⊕ 12'		X	**Hydra**

Appare come un piccolo batuffolo luminoso nei binocoli, ma è un bell'ammasso nei telescopi, con un nucleo irregolare e un debole alone. Oggetto assai difficile per l'osservatore
a occhio nudo (si richiedono condizioni di *seeing* perfette): si usi la visione distolta e si
faccia in modo che gli occhi abbiano avuto il tempo di adattarsi al buio.

Messier 3	NGC 5272	13h 42,2m	+28° 23'	Mar-**Apr**-Mag
5,9 m	⊕ 16'		VI	**Canes Venatici**

Un buon test per l'occhio nudo. Si possono già risolvere alcune stelle se si usano binocoli
giganti sotto un cielo in condizioni perfette. Ammasso di grande impatto al telescopio,
rivaleggia con M13 in Ercole. Mostra qualche pallida sfumatura di colore: gli osservatori
riportano che vi siano presente il giallo, il blu e perfino il verde; in effetti, viene considerato come l'ammasso globulare più ricco di colore dell'emisfero nord. Vi si riconoscono
strutture e dettagli, comprese alcune piccole macchie misteriose e oscure. Molte delle sue
stelle sono variabili. Si tratta di uno dei tre più brillanti ammassi del cielo settentrionale
e si trova alla distanza di circa 35 mila a.l.

Messier 5	NGC 5904	15h 18,6m	+02° 05'	Apr-**Mag**-Giu
5,7 m	⊕ 17',4		V	**Serpens**

Al binocolo lo si vede facilmente come un disco nebuloso, ma con un grande telescopio la
visione è davvero spettacolare, quasi tridimensionale. Uno dei pochi globulari colorati, esso
presenta una regione esterna debole e giallina che circonda la parte interna azzurra. La visione
migliora ad alti ingrandimenti e le sue stelle si rendono ancor più appariscenti. Contiene più di
mezzo milione di stelle e c'è chi lo ritiene il più bell'ammasso dell'emisfero nord.

Messier 4	NGC 6121	16h 23,6m	−26° 32'	Apr-**Mag**-Giu
5,8 m	⊕ 26',3		IX	**Scorpius**

Oggetto superbo, è uno spettacolo in tutti gli strumenti ottici ed è visibile anche a occhio
nudo. Tuttavia, si trova nella direzione della stella Antares, la cui luminosità può ostaco-
larne l'osservazione. I telescopi di tutte le aperture riescono a evidenziare dettagli e strutture interne all'ammasso, specialmente se si usano alti ingrandimenti; notevole il
filamento brillante di stelle che corre attraverso il centro dell'ammasso. È tra i globulari
più vicini alla Terra (6500 a.l.) e ha un'età di circa 10 miliardi di anni.

Messier 13	NGC 6205	16h 41,7m	+36° 28'	Mag-**Giu**-Lug
5,7 m	⊕ 16',5		V	**Hercules**

Anche conosciuto come Ammasso di Ercole, è un oggetto splendido e il prototipo degli
ammassi dell'emisfero nord. Visibile a occhio nudo, ha un'apparenza nebulare nei binocoli, ma
è fantastico al telescopio, col suo nucleo denso circondato da una sfera di stelle che sembra una
manciata di polvere di diamante. Alcune bande oscure lo tagliano a metà, ma possono essere
osservate solo con telescopi di buon diametro. Ci appare brillante non solo perché è relativamente vicino, a soli 23 mila a.l., ma anche perché è intrinsecamente luminoso, 250 mila volte più
del Sole. Il diametro è di 140 a.l., cosicché le stelle sono parecchio addensate, con una densità di
parecchie stelle per anno luce cubico, che è 500 volte maggiore di quella nei dintorni del Sole.

| Messier 10 | NGC 6254 | 16h 57,1m | −04° 06' | Mag−**Giu**−Lug |
| 6,6 m | ⊕ 15' | | VII | Ophiuchus |

Simile a M12, ma un po' più brillante e concentrato, si trova vicino alla stella arancione 30 Ophiuchi (di magnitudine 5 e tipo spettrale K4): se riusciamo a localizzare questa stella, usando la visione distolta sarà facile riconoscere M10. Alcuni osservatori riportano che con strumenti di apertura media e con ingrandimenti non eccessivi si possono riconoscere diverse componenti colorate: una regione esterna azzurrina che circonda una debole area color rosa, con una stella gialla al centro dell'ammasso.

| Messier 19 | NGC 6273 | 17h 02,6m | −26° 16' | Mag−**Giu**−Lug |
| 6,7 m | ⊕ 13',5 | | VIII | Ophiuchus |

L'ammasso è bello, benché debole, quando osservato al telescopio. Difficilissimo da risolvere in stelle, è tuttavia un oggetto colorato, per il quale si riportano sfumature arancione chiaro e azzurre, mentre il colore complessivo dell'ammasso è tra il bianco e il crema.

| Messier 9 | NGC 6333 | 17h 19,2m | −18° 31' | Mag−**Giu**−Lug |
| 7,6 m | ⊕ 9',3 | | VII | Ophiuchus |

Visibile al binocolo, questo è un piccolo ammasso con un nucleo brillante. È uno dei più vicini al centro della nostra Galassia e si trova in una regine famosa per le sue nebulose oscure, tra le quali la famosa Barnard 64; può essere che l'intera regione sia immersa in una nube di polveri interstellari, la quale riduce la luminosità dell'ammasso, conferendogli un aspetto evanescente. Si trova a circa 19 mila a.l. di distanza.

| Messier 22 | NGC 6656 | 18h 36,4m | −23° 54' | Mag−**Giu**−Lug |
| 5,1 m | ⊕ 24' | | VII | Sagittarius |

Oggetto veramente spettacolare, visibile anche a occhio nudo in condizioni di cielo perfette, occorrono forti ingrandimenti per risolvere alcune stelle al telescopio, mentre a bassi ingrandimenti si mostra solo come una macchiolina di luce diffusa. Spesso trascurato dagli astrofili dell'emisfero nord a causa della sua bassa declinazione, dista solo 10 mila a.l., circa la metà della distanza di M13.

| Messier 92 | NGC 6341 | 17h 17,1m | +43° 08' | Mag−**Giu**−Lug |
| 6,4 m | ⊕ 11' | | IV | Hercules |

L'ammasso è bellissimo, ma spesso viene oscurato dalla fama del suo illustre vicino, M13. Al binocolo appare come una piccola nebulosa circolare, ma si rifà in un telescopio di 20 cm, ove mostra un nucleo brillante e assai concentrato. Anche M92 è contraddistinto da diverse bande oscure che lo attraversano. È un ammasso molto antico, distante 25 mila a.l.

| Messier 54 | NGC 6715 | 18h 55,1m | −30° 29' | Giu−**Lug**−Ago |
| 7,6 m | ⊕ 9',1 | | III | Sagittarius |

Oggetto colorato, con la regione esterna azzurrina e il nucleo interno giallo chiaro. Una recente ricerca ha stabilito che originariamente questo ammasso apparteneva alla Galassia Nana del Sagittario: l'attrazione gravitazionale della nostra Galassia ha rapito il globulare alla sua galassia d'origine. È uno tra i globulari più densi del *Catalogo di Messier* e anche uno dei più distanti.

Messier 15	NGC 7078	21h 30,0m	+12° 10'	Lug–**Ago**–Set
6,4 m	⊕ 12'		IV	**Pegasus**

Splendida visione al telescopio, ma può essere visto anche a occhio nudo. Con aperture e ingrandimenti medi mostra considerevoli dettagli, come bande oscure, archi di stelle e una marcata asimmetria. È uno dei pochi globulari che mostra una nebulosa planetaria al suo interno (denominata Pease-1), visibile solo in strumenti con diametro di almeno 30 cm. L'ammasso è anche sorgente di raggi X.

3.13 Stelle pulsanti

Abbiamo visto in precedenza che ci sono stelle molto più massicce del Sole che si contraggono e che si muovono orizzontalmente attraverso il diagramma H-R, mentre al tempo stesso diventano più calde, pur rimanendo a luminosità costanti. Mentre si muovono attraverso il diagramma H-R, esse possono anche diventare instabili e variare nelle dimensioni. Ci sono stelle che cambiano di diametro in misura notevole, comprimendosi ed espandendosi alternativamente mentre la loro superficie si muove all'esterno o verso l'interno. Quando varia in dimensione, una stella varia anche in luminosità: questi astri sono le *stelle variabili pulsanti*. Esistono diverse classi di variabili pulsanti, ma noi tratteremo solo i tipi principali: le *variabili di lungo periodo*, le *variabili Cefeidi* e le *stelle tipo RR Lyrae*. La figura 3.17 mostra dove si collocano queste stelle pulsanti sul diagramma H-R.

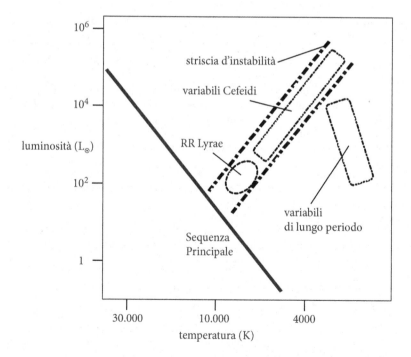

Figura 3.17. Stelle variabili sul diagramma H-R.

3.13.1 Perché pulsano le stelle?

Si potrebbe pensare che le pulsazioni di una stella siano causate da variazioni nel tasso di produzione di energia nel suo nucleo, ma non è così: in una stella pulsante la velocità con cui avvengono le fusioni nucleari resta costante. Invece, gli astronomi hanno ormai capito che questi fenomeni hanno la loro causa nella variazione dell'efficienza della dissipazione di energia da parte della stella. La spiegazione è sorprendentemente semplice, benché un po' circonvoluta: perciò passeremo in rassegna i vari stadi soffermandoci su di essi con un certo dettaglio.

Immaginiamo una stella normale, dove c'è un bilanciamento perfetto tra la forza di gravità che spinge verso il basso e la pressione che spinge verso l'esterno (ossia, la stella è in equilibrio idrostatico). Ora, immaginiamo una stella per la quale la pressione negli strati più esterni è più intensa della forza di gravità in quegli stessi strati. In un tale scenario, il guscio esterno della stella comincerà a espandersi (si veda la figura 3.18 che schematizza questo processo). Mentre la stella aumenta di dimensioni, la sua gravità superficiale tenderà a diminuire, ma anche la pressione diminuirà, e ancora più velocemente. Allora, dopo un certo tempo, si creeranno le condizioni in cui regnerà di nuovo l'equilibrio idrostatico, con la stella che avrà assunto dimensioni maggiori. Ciò, tuttavia, non implica che la stella smetta di espandersi, perché l'inerzia degli strati superficiali lanciati verso l'esterno porterà l'espansione al di là del punto d'equilibrio. Nel momento in cui la gravità sarà riuscita a fermare il moto espansivo, la pressione sarà così bassa da non riuscire a bilanciare la forza attrattiva della gravità, di modo che gli strati esterni della stella cominceranno a cadere verso l'interno. A questo punto di nuovo crescerà la forza di gravità, ma meno di quanto cresca contemporaneamente la pressione. Gli strati superficiali cadranno al di sotto del punto d'equilibrio fintantoché la pressione sarà cresciuta così tanto da impedire ogni ulteriore caduta; ogni moto si ferma, ma solo per un istante, perché poi la spinta verso l'esterno prevarrà e le pulsazioni riprenderanno da capo.

Si può pensare che una stella pulsante si comporti proprio come un elastico a cui è stato attaccato un pesetto. Se tiriamo in basso il peso e poi lo lasciamo andare, l'elastico oscillerà attorno al punto in cui la forza di gravità e la tensione del filo si fanno equilibrio. Dopo qualche tempo, tuttavia, gli attriti interni al filo smorzeranno le oscillazioni, a meno che non si diano piccole spintarelle al peso ogni qualvolta esso raggiunge il fondo dell'oscillazione. Anche in una stella pulsante, affinché le pulsazioni possano continuare senza smorzarsi, occorre che ci sia una spintarella verso l'esterno ad ogni contrazione. Scoprire cosa potesse causare questa spinta ha rappresentato una sfida teorica per gli astronomi del XX secolo.

Il primo a immaginare cosa stesse occorrendo fu, nel 1914, l'astronomo inglese Arthur Eddington il quale suggerì che una stella (nel caso specifico, una variabile Cefeide) pulsa perché la sua opacità è maggiore quando il gas è compresso di quando è espanso. Se una stella è compressa, la maggiore opacità trattiene il calore intrappolato negli strati esterni e ciò fa aumentare la pressione, che, a sua volta, determina una spinta verso l'esterno degli strati superficiali. Mentre la stella si espande, l'opacità cala, il calore sfuggirà più efficacemente e così crolla la pressione interna: ora la superficie della stella può ricadere verso il basso.

Nel 1960, l'astronomo americano John Cox sviluppò ulteriormente l'idea fino a dimostrare che un ruolo centrale nella pulsazione di una Cefeide lo gioca l'elio. Quando una stella si contrae, il gas sotto la sua superficie si riscalda, ma questo extra di calore non fa aumentare la temperatura, bensì ionizza l'elio. L'elio ionizzato assorbe la radiazione molto efficacemente; in altre parole, diventa più opaco, capace di assorbire il flusso di energia radiativa diretto verso l'esterno. Il calore intrappolato fa espandere la stella. È questo che fornisce la spinta capace di catapultare gli strati superficiali della stella di nuovo verso l'alto. Nel corso dell'espansione, gli ioni dell'elio e gli elettroni si ricombi-

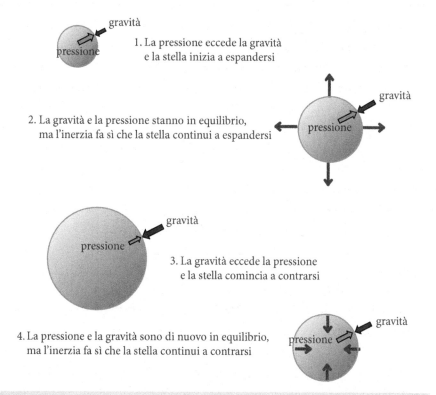

Figura 3.18. Comportamento di gravità e pressione durante il ciclo di pulsazione di una stella.

nano, con la conseguenza che il gas ora è più trasparente (l'opacità scende e l'energia immagazzinata può fuggire).

Per pulsare una stella deve possedere al di sotto della superficie uno strato nel quale l'elio sia parzialmente ionizzato. L'esistenza di tale strato dipenderà non solo dalle dimensioni e dalla massa della stella, ma anche dalla sua temperatura superficiale, che, in molti casi, cadrà nell'intervallo tra 5000 e 8000 K. C'è una precisa regione sul diagramma H-R che presenta tali condizioni: è la regione delle stelle pulsanti conosciuta come *striscia di instabilità*. In questa regione troviamo le variabili Cefeidi e le RR Lyrae.

3.13.2 Le variabili Cefeidi e la relazione periodo-luminosità

Le variabili Cefeidi prendono il nome dalla δ Cephei che fu la prima stella di questo tipo a essere scoperta. È un gigante gialla che varia in luminosità di un fattore 2 nel corso di 5,5 giorni[35]. La figura 3.19 mostra le variazioni della δ Cephei nella luminosità, nelle dimensioni e nella temperatura.

Si può notare immediatamente che la luminosità e la temperatura toccano il massimo valore quando le dimensioni della stella sono al minimo e, viceversa, le dimensioni sono massime quando luminosità e temperatura sono al minimo. Le Cefeidi sono oggetti molto importanti in astronomia per due ragioni. Anzitutto possono essere viste anche a

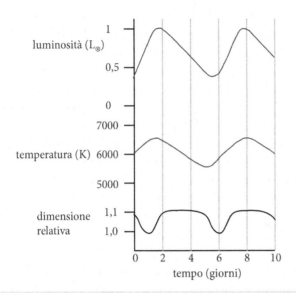

Figura 3.19. Dimensione, temperatura e luminosità della δ Cephei nel corso di un periodo.

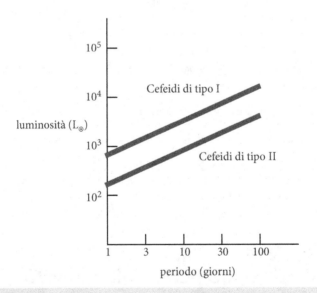

Figura 3.20. La relazione periodo-luminosità per i due tipi di variabile Cefeide.

grandissime distanze, dell'ordine di diversi milioni di anni luce: questo perché sono stelle molto luminose, da alcune centinaia ad alcune decine di migliaia di volte la luminosità solare (da 100 $L_\odot$ a 10 mila $L_\odot$). In secondo luogo, esiste un'importante relazione tra il periodo di una Cefeide e la sua luminosità media. Le Cefeidi più deboli (che sono tuttavia centinaia di volte più luminose del Sole) pulsano con un periodo di soli 1 o 2 giorni mentre le più brillanti (fino a 30 mila volte la luminosità del Sole) hanno un periodo molto più lungo, dell'ordine di 100 giorni. La correlazione tra il periodo di pulsazione e la luminosità è detta *relazione periodo-luminosità*. Se una stella può essere identificata come una Cefeide e se il suo periodo può essere misurato, allora è subito fatto determinare la sua magnitudine assoluta, ovvero la sua luminosità. Questo può essere sfruttato, con la misura della magnitudine apparente, per determinare la sua distanza.

A stabilire in che modo una Cefeide pulsa è la quantità di metalli presente negli strati superficiali della stella. L'effetto è dovuto al fatto che i metalli determinano l'opacità del gas. Le Cefeidi possono essere classificate in funzione del loro contenuto metallico: se è una stella di Popolazione I [36] ricca di metalli, viene detta *Cefeide di tipo I*, se invece è una stella di Popolazione II povera di metalli, viene detta *Cefeide di tipo II*. La figura 3.20 mostra la relazione periodo-luminosità per le due famiglie di Cefeidi. L'astronomo deve dapprima determinare quale tipo di Cefeide egli stia osservando e solo dopo può applicare alla stella la relazione periodo-luminosità.

3.13.3 Cefeidi: temperatura e massa

La relazione periodo-luminosità discende dal fatto che le stelle più massicce sono anche le più luminose quando avviene la combustione dell'elio nel nocciolo. Queste stelle massicce sono anche più grandi in dimensioni e hanno una densità più bassa in questa fase della loro vita, mentre il periodo secondo il quale una stella pulsa è tanto più lungo quanto minori sono le densità; ecco perché le stelle pulsanti massicce mostrano luminosità più elevate e periodi più lunghi. Lo si vede nella figura 3.21.

Abbiamo visto che le stelle vecchie di alta massa hanno tracce evolutive che corrono

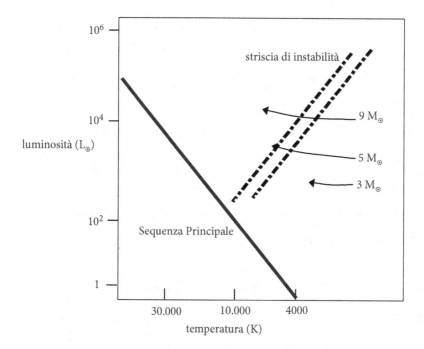

Figura 3.21. La striscia di instabilità con le tracce evolutive per stelle di massa diversa.

avanti e indietro nel diagramma H-R; così facendo finiranno con l'intercettare la parte superiore della striscia di instabilità. Queste stelle diventano Cefeidi quando il loro elio si ionizza alla profondità giusta per innescare e controllare le pulsazioni. Le stelle che stanno sulla parte sinistra (di più alta temperatura) della striscia di instabilità avranno la ionizzazione dell'elio che si produce troppo vicina alla superficie e quindi riguarderà solo una piccola frazione della massa stellare. Le stelle sulla parte destra (di bassa temperatura) avranno la convezione che agisce negli strati esterni e ciò impedirà che ci sia l'accumulo di calore necessario per far partire le pulsazioni. Si capisce dunque che le variabili Cefeidi possono esistere solo entro un intervallo molto stretto di temperature.

3.13.4 Le RR Lyrae e le variabili di lungo periodo

Le stelle più deboli e più calde che stanno sulla striscia d'instabilità sono le *variabili RR Lyrae*. La loro massa è molto minore di quella delle Cefeidi. Dopo che si ha l'*helium flash*, le loro tracce evolutive passano attraverso la parte bassa della striscia d'instabilità mentre esse si muovono lungo il ramo orizzontale del diagramma H-R. Le RR Lyrae, che prendono il nome dal prototipo nella costellazione della Lira, hanno tutte periodi che sono più corti di quelli delle Cefeidi, essendo compresi tra circa 1,5 ore e 1 giorno. Nei confronti delle Cefeidi sono stelle piccole e di maggiore densità, pur essendo comunque dieci volte più grandi e cento volte più luminose del Sole. La regione delle RR Lyrae sulla striscia d'instabilità è di fatto un segmento del ramo orizzontale. Sono tutte stelle povere di metalli di Popolazione II, tant'è che le troviamo numerose negli ammassi globulari.

Le *variabili di lungo periodo* sono fredde giganti rosse che possono variare anche di un fattore 100 in un periodo di mesi o anche di anni. Molte hanno temperature superficiali di circa 3500 K e luminosità medie nell'intervallo tra 10 e 10.000 $L_\odot$. Si trovano circa a metà altezza nella parte destra del diagramma H-R. Molte sono periodiche, ma ne esistono anche alcune che non lo sono. Un famoso esempio di variabile periodica di lungo periodo è la Mira (o Ceti), nella costellazione della Balena. Un esempio di variabile di lungo periodo non periodica è invece Betelgeuse (α Orionis). Attualmente ancora non sappiamo bene come mai alcune giganti rosse fredde abbiano a diventare variabili di lungo periodo.

Sono molte le stelle pulsanti che possono essere osservate dagli astrofili ed esistono in varie parti del mondo diverse organizzazioni dedicate specificamente a queste attività[37]. Qui descriveremo solo i membri più brillanti di ciascuna delle tre classi che abbiamo menzionato: le Cefeidi, le RR Lyrae e le variabili di lungo periodo. Per osservare queste stelle occorre soltanto un certo grado di pazienza, visto che le variazioni di magnitudine possono avvenire nell'arco di pochi giorni, ma finanche in diverse centinaia di giorni; serve naturalmente anche un cielo buio. La nomenclatura che usiamo in questa lista è la stessa utilizzata in precedenza, con solo qualche piccola variazione: viene dato l'intervallo di variabilità (in magnitudini apparenti), oltre che il periodo (in giorni).

3.13.5 Variabili Cefeidi brillanti

δ Cephei	HD 213306	22h 29,1m	+58° 25'	Lug–Ago–Set
3,48–4,37 m	–3,32 M	5,37 giorni	F3–G3	Cepheus

La stella è il prototipo delle variabili pulsanti classiche di breve periodo conosciute come Cefeidi. Fu scoperta nel 1784 dall'astrofilo inglese John Goodricke. Molto osservata dagli astrofili, anche perché diverse stelle brillanti stanno nei suoi dintorni: la ε Persei (magnitudine 4,2), la ζ Persei (magnitudine 3,4), la ζ Cephei (magnitudine 3,35) e la η Cephei (magnitudine 3,43). Il comportamento della stella è il seguente: va aumentando di splendore per circa 1,5 giorni e poi si indebolisce per 4 giorni, con un periodo di 5 giorni 8 ore e 48,2 minuti. La δ Cephei è anche una famosa stella doppia, con la stella secondaria (magnitudine 6,3) di colore bianco che contrasta deliziosamente con la primaria giallina.

η Aquilae	HD 187929	19h 52,5m	+01° 00'	Giu–**Lug**–Ago
3,48–4,39 m	–3,91 M	7,17 giorni	F6–G4	Aquila

Bella Cefeide da osservare: la sua variabilità può essere apprezzata anche a occhio nudo. La salita al massimo dura 2 giorni e la discesa è più lenta. Spesso viene usata come stella di paragone la vicina β Aquilae (magnitudine 3,71). Dopo la δ Cephei e la Stella Polare è la terza Cefeide in ordine di magnitudine apparente. Il periodo attuale è di 7 giorni, 4 ore, 14 minuti e 23 secondi.

RT Aurigae	HD 45412	06h 28,6m	+30° 29'	Nov–Dic–Gen
5,29–6,6 m	–2,65 M	3,73 giorni	F5–G0	Auriga

Conosciuta anche come 48 Aurigae, questa stella fu scoperta come variabile, nel 1905, da T. Astbury, che era membro della British Astronomical Association. La salita al massimo dura 1,5 giorni, la discesa 2,5 giorni. Facile da osservare al binocolo, si colloca circa a metà strada tra la ε Geminorum (magnitudine 3,06) e la θ Aurigae (magnitudine 2,65). Il periodo è stato misurato con una precisione stupefacente: 3,728261 giorni.

α UMi	ADS 1477	02h 31,8m	+89° 16'	Set–**Ott**–Nov
1,92–2,07 m	–3,64 M	3,97 giorni	F7:Iib–Iiv	Ursa Minor

Forse la più famosa stella del cielo, la Stella Polare si trova a meno di 1° di distanza dal polo nord celeste ed è una Cefeide di tipo II (tali Cefeidi sono note anche come *variabili tipo W Virginis*). La variazione di magnitudine è molto piccola e perciò non è facilmente rivelabile a occhio nudo. La Polare è anche un sistema doppio, con la primaria di color giallo e una debole secondaria azzurra di magnitudine 8,2. Il sistema può essere risolto chiaramente con un telescopio di almeno 6 cm di diametro. La primaria è anche una binaria spettroscopica. La Polare toccherà il punto di massima vicinanza al polo nel 2102.

Altre variabili Cefeidi che possono essere osservate con strumentazione amatoriale sono la U Aquilae, la Y Ophiuchi, la W Sagittae, la SU Cassiopeiae, la T Monocerotis e la T Vulpeculae.

3.13.6   Variabili RR Lyrae brillanti

RR Lyrae	HD 182989	19h 25,3m	+42° 47'	Giu–**Lug**–Ago
7,06–8,12 m	1,13 M	0,567 giorni		Lyra

Si tratta del prototipo delle variabili RR Lyrae, per l'appunto. Queste stelle sono simili alle Cefeidi, ma sono caratterizzate da periodi più brevi e da luminosità più basse. Non si conoscono membri di questa classe di variabili che siano visibili a occhio nudo: la RR Lyrae è la stella più brillante. La salita al massimo di luce è molto rapida, con la luminosità che raddoppia in meno di 30 minuti; la discesa al minimo è molto più lenta. Per l'osservatore si tratta di una bella stella bianca, nella quale misure accurate hanno mostrato che il colore vira all'azzurro man mano che aumenta la luminosità. C'è un dibattito serrato tra gli astronomi al riguardo delle variazioni di tipo spettrale che accompagnano la variabilità di questa stella: c'è chi dice che lo spettro vari da A8 a F7 e c'è chi dice da A2 a F1. C'è anche qualche indicazione dell'esistenza di un altro periodo di variabilità, di circa 41 giorni, sovrapposto all'altro periodo più breve. Tra le altre variabili RR Lyrae sono da menzionare la RV Arietis, la RW Arietis e la V 467 Sagittarii; in ogni caso, queste stelle sono tutte molto deboli e rappresentano una notevole sfida osservativa per l'astrofilo.

3.13.7 Variabili di lungo periodo

Mira	o Cet	02h 19,3m	–02° 59′	Set–Ott–Nov
2,00–10 m	–3,54 M	331,96 giorni	M9–M6e	Cetus

Si tratta di una stella importante, anche perché fu probabilmente la prima variabile a essere stata rivelata come tale. Abbiamo registrazioni scritte che la riguardano fin dal 1596. Prototipo delle variabili di lungo periodo, essa varia tra le magnitudini 3 e 10 con un periodo di 332 giorni ed è la stella ideale per l'osservatore di variabili alle prime armi. Al minimo, il colore è un rosso scuro e la temperatura scende fino a 1900 K. Il periodo è comunque soggetto a qualche irregolarità, così come le magnitudini estreme che essa tocca: può essere un po' più lungo o un po' più corto dei 332 giorni. Talvolta, sono stati rilevati massimi fino alla prima magnitudine, quando la stella rivaleggiava con Aldebaran. Una delle stranezze relative a Mira è che la variazione del tipo spettrale non avviene esattamente nell'istante del massimo, ma alcuni giorni dopo. Altra stranezza è il fatto che quando Mira è più debole essa tocca anche le massime dimensioni: naturalmente, verrebbe da pensare il contrario. La ragione di questo comportamento è stata compresa solo di recente: la stella produce ossido di titanio in atmosfera mentre si raffredda e si espande. Tale composto agisce come un filtro, e ne blocca la luce. Il nome Mira viene dal latino "meravigliosa".

Altre stelle tipo Mira sono la R Leonis e la R Leporis, entrambe già descritte in precedenti paragrafi.

3.14 La morte delle stelle

Le stelle vivono per milioni, per miliardi e anche per centinaia di miliardi di anni[38]: così, vi chiederete in che modo noi qui sulla Terra possiamo sapere come muore una stella. Dopotutto, noi siamo sempre rimasti su questo pianeta che è vecchio di 4,5 miliardi di anni e ci interessiamo di astronomia da non più di qualche migliaio di anni. Per nostra fortuna, è tuttavia possibile osservare i molti modi diversi nei quali una stella può concludere la propria esistenza.

Ancora una volta, è la massa di una stella che determina in che modo l'astro porrà termine ai suoi giorni, e il risultato è spettacolare e talvolta anche molto strano. Le stelle di piccola massa generalmente muoiono in una maniera relativamente tranquilla, formando delle strutture delicate che noi chiamiamo *nebulose planetarie*, prima di diventare piccole nane bianche destinate a raffreddarsi. All'altro estremo della scala, le stelle di grande massa concludono le loro vite in un modo di gran lunga più spettacolare esplodendo come *supernovae*.

Cominceremo considerando le stelle di piccola massa.

3.15 Il ramo asintotico delle giganti

Ricordiamo brevemente come si comporta una stella di piccola massa (e per piccola massa qui si intende meno di 4 $M_\odot$) dopo aver abbandonato la Sequenza Principale.

Quando nel nocciolo si conclude la combustione dell'idrogeno, il nucleo si comprime e ciò scalda l'idrogeno degli strati circostanti, al punto che ha inizio il bruciamento dell'idrogeno nel guscio. Gli strati esterni della stella si espandono ma al contempo si raffreddano, cosicché la stella diventa una gigante rossa. La stella di post-Sequenza Principale si muoverà verso l'alto e verso destra sul diagramma H-R poiché la sua luminosità aumenta mentre la temperatura diminuisce. Ora la stella giace sul *ramo delle giganti rosse* sul diagramma H-R. Lo stadio successivo riguarda l'inizio della fusione dell'elio nel nocciolo. Se una stella è di grande massa (maggiore di circa 2-3 $M_\odot$), l'innesco delle reazioni è graduale, ma se la stella è di piccola massa, questa fase inizia di colpo in ciò che chiamiamo *helium flash*. Indipendentemente dal modo come inizia, il risultato della combustione dell'elio è che il nucleo tende a raffreddarsi, con un risultante leggero declino di luminosità. Gli strati esterni della stella si contraggono un poco, riscaldandosi, e dunque la traccia evolutiva della gigante rossa ora si muove a sinistra attraverso il diagramma H-R. La luminosità nel corso di questa fase rimane più o meno costante, di modo che la traccia corre praticamente in orizzontale: essa disegna la regione che è detta *ramo orizzontale*. Sul ramo orizzontale stanno le stelle nelle quali sta avvenendo la combustione dell'elio nel nocciolo, che è circondato da un guscio ove fonde l'ossigeno. Molte di queste stelle vengono spesso trovate negli ammassi globulari.

Guardiamo ora qual è lo stadio successivo nella vita di una stella. Ricordiamo dal paragrafo 3.10.1 che sottoprodotti del processo triplo-α sono il carbonio e l'ossigeno. Così dopo un periodo di tempo abbastanza lungo, diciamo 100 milioni di anni, possiamo aspettarci che tutto l'elio del nucleo sia stato ormai convertito in carbonio e ossigeno. Questo significa che la combustione dell'elio nel nucleo viene a cessare. A questo punto inizia un processo simile a quello che abbiamo spiegato nel paragrafo 3.10.2. L'assenza di fusioni nucleari comporta una contrazione del nucleo poiché non c'è più una sorgente d'energia che alimenti la pressione interna necessaria per equilibrare la forza di gravità. Tuttavia, la contrazione viene bloccata dalla pressione degli elettroni degeneri, qualcosa che abbiamo già incontrato in precedenza. Risultato della contrazione del nucleo è il rilascio di calore nell'elio che circonda il nucleo stesso, di modo che inizia la combustione dell'elio in un guscio sottile che circonda il nocciolo ormai fatto di carbonio e di ossigeno. Questo processo è detto *combustione dell'elio nel guscio*.

Ora avviene un fatto straordinario: la stella entra in una seconda fase di gigante rossa. È come se la storia si ripetesse. Le stelle diventano giganti rosse al termine della loro vita in Sequenza Principale. La fase del bruciamento dell'idrogeno nel guscio fornisce l'energia che causa l'espansione e il raffreddamento degli strati superficiali della stella. In modo analogo, anche l'energia derivante dalla combustione dell'elio nel guscio produce l'espansione degli strati esterni, e così la stella di piccola massa sale per la seconda volta nella regione del diagramma H-R delle giganti rosse. Ma questa volta essa ha una luminosità ancora maggiore.

Questa fase della vita di una stella viene chiamata fase di *ramo asintotico delle giganti* (AGB, acronimo di *Asymptotic Giant Branch*).

La struttura di una stella AGB viene mostrata in figura 3.22. La sua regione centrale è costituita da una miscela di carbonio-ossigeno degenere circondata da un guscio ove brucia l'elio, che a sua volta è circondato da un guscio ricco di elio. Anche questo è avvolto da un guscio dove brucia l'idrogeno. Il tutto sta all'interno di uno strato che è ricco d'idrogeno. Il dato più rimarchevole di questi oggetti è il loro diametro. La regione del nucleo ha circa le dimensioni della Terra, mentre l'inviluppo di idrogeno è immenso, potendo essere esteso quanto l'orbita della Terra! Quando la stella invecchia, gli strati esterni, che si stanno espandendo causano un'espansione anche del guscio in cui brucia l'idrogeno, che perciò si raffredda e determina lo spegnimento, almeno temporaneo, delle reazioni nucleari che avvengono in esso.

La luminosità di queste stelle può essere davvero elevatissima. Per esempio, una stella AGB di una massa solare può raggiungere una luminosità di 10 mila $L_\odot$. Questo valore

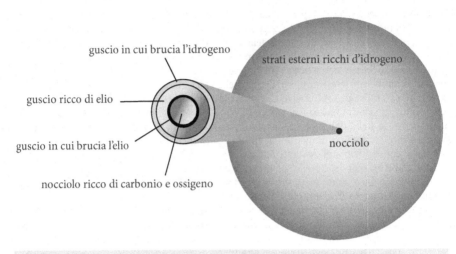

guscio in cui brucia l'idrogeno

strati esterni ricchi d'idrogeno

guscio ricco di elio

guscio in cui brucia l'elio

nocciolo

nocciolo ricco di carbonio e ossigeno

Figura 3.22. La struttura di una stella AGB.

è da confrontare con la luminosità di solo 1000 $L_\odot$ che la stella tocca nella fase dell'*helium flash* e con la misera 1 $L_\odot$ di quando essa sta sulla Sequenza Principale. C'è da pensare a quello che succederà quando il Sole diventerà una stella AGB, tra diversi miliardi di anni.

Ci sono molte stelle AGB osservabili dagli astrofili, e infatti ne abbiamo già menzionate e descritte diverse: la stella prototipo tipo AGB è Mira (o Ceti); altre sono la R Leonis, la R Leporis, la R Aquarii e la R Cassiopeiae. Inoltre, ce ne sono poche altre, benché piuttosto deboli, come la χ Cigni, la W Hydrae, la S Pegasi e la TT Monocerotis.

3.16 Dragare materia

Abbiamo visto che energia e calore vengono trasportati dal nucleo di una stella alla superficie attraverso due metodi: la convezione e l'irraggiamento. La convezione è il moto dei gas della stella che si sollevano verso la superficie e che lì si raffreddano, rituffandosi verso l'interno. Questo metodo di trasporto dell'energia è importantissimo nelle stelle giganti. L'irraggiamento, o *diffusione radiativa* come talvolta è chiamata, è il trasferimento di energia attraverso la radiazione elettromagnetica ed è importante solo qualora i gas dentro una stella siano trasparenti (l'opacità deve essere bassa). Quando una stella invecchia e abbandona la Sequenza Principale, la zona convettiva può aumentare considerevolmente le sue dimensioni, talvolta estendendosi proprio fino al nucleo stellare. Questo significa che gli elementi pesanti che vengono sintetizzati nel nocciolo possono essere trasportati fino alla superficie della stella dalla convezione. Questo processo viene chiamato con il termine poco accattivante di *dragaggio*. Il primo dragaggio inizia quando una stella diventa una gigante rossa per la prima volta (ovvero quando termina la fase della combustione dell'idrogeno nel nocciolo). I sottoprodotti del ciclo CNO [39] vengono trasportati in superficie poiché ora la zona convettiva si estende fino alla regione nucleare.

Un secondo dragaggio inizia quando ha termine la fase della combustine dell'elio. In seguito, si ha un terzo dragaggio durante la fase AGB, ma solo se la massa della stella è maggiore di 2 $M_\odot$, quando una gran quantità di carbonio formatasi da poco viene portata alla superficie della stella. Lo spettro di una stella che ha una superficie sostanzialmente arricchita di carbonio presenta bande d'assorbimento molto intense dei composti del carbonio, come il C_2, il CH e il CN. Le stelle che sono andate soggette al terzo dragaggio spesso vengono chiamate *stelle al carbonio*.

3.17 Perdita di massa e venti stellari

Mentre una stella continua a risalire il ramo asintotico delle giganti, aumenta sia la propria luminosità che le dimensioni e, di conseguenza, sviluppa fortissimi venti stellari. In tal modo, gli strati più esterni vengono dispersi nello spazio interstellare, e l'astro va soggetto a una sostanziale perdita di massa in questa fase, con un tasso che può raggiungere le 10^{-4} $M_\odot$ all'anno (un tasso che è circa mille volte maggiore di quello delle giganti rosse, e circa 10 miliardi di volte maggiore dell'attuale perdita di massa del nostro Sole). È ancora problematico individuare la causa di questi venti stellari estremi, benché si sappia che la gravità superficiale delle stelle AGB è molto bassa a seguito dell'espansione del corpo stellare; in ogni caso, qualunque tipo di disturbo che interessi la superficie della stella finisce con l'espellere materiale nello spazio. Lo strato superiore della stella viene emesso alla velocità di 10 km/s (circa il 2% della velocità del vento solare) e mentre si allontana si raffredda. Nel gas più freddo che ora circonda la stella possono formarsi particelle di polvere a partire dalle molecole ricche di carbonio che sono state disperse nello spazio. In effetti, si pensa che in questo ambiente si formi un pulviscolo fuligginoso. Diverse stelle al carbonio vengono osservate avvolte da gusci di materiale gassoso ricco di carbonio. In taluni casi, la nube di polveri è così spessa che può oscurare completamente la stella, assorbendone tutta la radiazione emessa. Allora la polvere si riscalda e riemette l'energia, ma questa volta alle lunghezze d'onda infrarosse.

3.18 Stelle infrarosse

È abbastanza sorprendente considerare come le stelle AGB, che pure possono avere luminosità 10 mila volte maggiori di quella del Sole, fossero poco o punto conosciute fino agli anni Sessanta del secolo scorso. La ragione è semplice: la polvere che circonda la stella e che riemette la radiazione è così fredda che l'energia viene irradiata quasi interamente nella regione infrarossa dello spettro, la quale risulta invisibile all'occhio nudo ed è stata esplorata in dettaglio solo negli ultimi trent'anni. Come si vede nella figura 3.23 queste stelle sono molto deboli o sono perfino invisibili nella banda visuale dello spettro, pro-

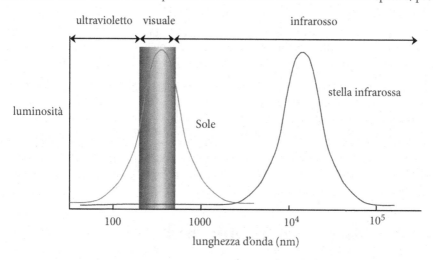

Figura 3.23. Lo spettro di una stella infrarossa comparato con quello del Sole.

prio il contrario del Sole, che è assai brillante nel visuale ed estremamente debole nell'infrarosso. La superficie di una stella infrarossa si può pensare che inizi allo strato superficiale più esterno della nube polverosa e, per qualche stella AGB, tale strato può avere un raggio persino di 500 UA, ossia esteso circa quanto dieci volte le dimensioni del Sistema Solare. Questi strati esterni della stella sono estremamente tenui e rappresentano solo una frazione della massa totale. La gran parte della massa sta nel nucleo di carbonio-ossigeno e nei gusci che lo circondano, ove avviene la produzione di energia. In tal modo, possiamo immaginarci una stella infrarossa come un astro che ha una parte centrale molto piccola e densa e un inviluppo esterno enorme, ma di bassa densità.

La gran parte dell'energia emessa dal Sole cade nella banda visuale dello spettro. Al contrario, praticamente tutta l'energia emessa dalle polveri che circondano una stella infrarossa risulta invisibile all'occhio nudo.

3.19 La fine di una stella AGB

Mentre invecchia, una stella AGB continua ad aumentare di dimensioni e di luminosità; al contempo, aumenta il tasso con il quale essa perde materia. Come abbiamo già detto, la perdita di massa può essere di 10^{-4} $M_\odot$ all'anno: se il Sole dovesse andare soggetto a un fenomeno di tale portata sopravvivrebbe solo 10 mila anni. Dal che si capisce che neppure una stella gigante può continuare a perdere materia a questi tassi per tempi troppo lunghi. Se una stella ha una massa minore di circa 8 $M_\odot$, un vento stellare così forte la spoglierà ben presto dei suoi strati esterni giù giù fin quasi al nucleo degenere. Di conseguenza, la perdita degli strati esterni segnalerebbe la fine della fase AGB. Per le stelle che sono più massicce di 8 $M_\odot$ il termine della fase AGB viene segnalato da un evento molto più spettacolare, quello di supernova, che tratteremo in un prossimo paragrafo.

Vorrei concludere questo paragrafo sulle stelle AGB con una considerazione sorprendente e interessante. Le stelle al carbonio arricchiscono il mezzo interstellare non solo di carbonio, ma anche di azoto e ossigeno. In effetti, il carbonio può essere sintetizzato solo dal processo triplo-α, che si realizza nella combustione dell'elio, mentre le stelle al carbonio sono lo strumento principale attraverso il quale il carbonio viene disperso nel mezzo interstellare. Una cosa che non finisce mai di sorprendermi è la considerazione che il carbonio del mio corpo, e quello di ogni altro essere vivente sulla Terra, è stato formato molti miliardi di anni fa all'interno di una stella gigante nella quale avveniva il processo triplo-α. Poi ci fu il dragaggio fino alla superficie della stella e infine l'espulsione nello spazio. Successivamente, in qualche modo, quel carbonio andò a costituire il materiale da cui si formò tutto il Sistema Solare, dal Sole ai pianeti, e tutte le forme viventi sulla Terra.

Noi siamo fatti di polvere di stelle!

Sotto il profilo osservativo, sono diverse le pur rare stelle al carbonio che si rendono visibili nel cielo notturno dentro strumenti amatoriali. Abbiamo già incontrato alcune di queste: la RR Leporis, la RS Cygni e la 19 Piscium. Ce ne sono comunque diverse altre che vale senz'altro la pena di cercare: sono quelle presenti nella lista delle prossime pagine. Il primo aspetto che colpirà immediatamente l'osservatore è il colore di queste stelle: tutte hanno una colorazione rosso cupo. In effetti, sono le stelle più rosse osservabili dall'astrofilo.

3.19.1 Stelle al carbonio brillanti

X Cnc	HD 76221	08h 55,4m	+17° 14'	Gen–Feb–Mar
6,12$_v$ m	B–V : 2,97	C6		Cancer

Stella di colore arancione, questa variabile semi-regolare classificata come SRB ha un periodo che va da 180 a 195 giorni e varia in magnitudine tra la 5,6 e la 7,5.

| **La Superba** | **Y CVn** | **12h 45,1m** | **+45° 26'** | Mar–**Apr**–Mag |
| **5,4$_v$ m** | **B–V : 2,9** | **C7** | | **Canes Venatici** |

Il colore rosso di questa stella viene percepito meglio attraverso il binocolo o un piccolo telescopio. Con un periodo di 159 giorni, con variazioni di magnitudine tra la 4,9 e la 6,0, questa gigante rossa ha un diametro di 400 milioni di chilometri.

| **V Pav** | **HD 160435** | **17h 43,3m** | **–57° 43'** | Mag–**Giu**–Lug |
| **6,65$_v$ m** | **B–V : 2,45** | **C5** | | **Pavo** |

Si tratta di una variabile gigante rossa, classificata come SRB, con variazioni di luminosità tra la magnitudine 6,3 e la 8,2, con un periodo di 225,4 giorni. È anche presente un periodo secondario di circa 3735 giorni. Il colore è rosso cupo.

| **V Aql** | **HD 177336** | **19h 04,4m** | **–05° 41'** | Giu–**Lug**–Ago |
| **7,5$_v$ m** | **B–V : 5,46** | **C5** | | **Aquila** |

Variabile semi-regolare con un periodo di circa 350 giorni; l'escursione in magnitudine è tra la 6,6 e la 8,1; il colore, anche in questo caso, è un rosso molto acceso.

| **S Cephei** | **HD 206362** | **21h 35,2m** | **+78° 37'** | Lug–**Ago**–Set |
| **7,9$_v$ m** | **B–V : 2,7** | **C6** | | **Cepheus** |

Con una magnitudine che varia tra la 7 e la 12, questa è una stella relativamente difficile da osservare; si tratta di una delle stelle più rosse presenti in cielo, se non addirittura della più rossa in assoluto. La colorazione colpisce l'osservatore e, una volta vista, non può essere dimenticata.

| **R Scl** | **HD 8879** | **01h 26,9m** | **–32° 33'** | Set–**Ott**–Nov |
| **5,79$_v$ m** | **B–V : 1,4** | **C6** | | **Sculptor** |

Variabile semi-regolare, con un periodo che va da 140 a 146 giorni e con un'escursione in magnitudine tra la 5,0 e la 6,5.

| **U Cam** | | **03h 41,8m** | **+62° 39'** | Ott–**Nov**–Dic |
| **8,3$_v$ m** | **B–V : 4,9** | **N7** | | **Camelopardalis** |

Il colore è rosso cupo e la stella è una variabile semi-regolare con un periodo di 412 giorni; la magnitudine varia da 7,7 a 9,5.

| **W Ori** | **HD 32736** | **05h 0,4m** | **+01° 11'** | Nov–**Dic**–Gen |
| **6,3$_v$ m** | **B–V : 3,33** | **N5** | | **Orion** |

Variabile gigante rossa, classificata come SRB, ha un periodo di 212 giorni ma si pensa che sovrapposto ci sia un periodo secondario di 2450 giorni. La variazione in magnitudine va dalla 5,5 alla 7,7 e il colore è un rosso intenso.

| **R CrB** | **HD 141527** | **15h 48,6m** | **+28° 09'** | Apr–**Mag**–Giu |
| **5,89$_v$ m** | **B–V : 0,608** | **G0Iab:pe** | | **Corona Borealis** |

Benché non sia strettamente una stella al carbonio, è giusto menzionare in questo paragrafo anche la R Coronae Borealis, che è il prototipo delle variabili della classe RCB. Ciò che rende questa stella così speciale è che si tratta di una variabile irregolare, che normalmente si trova al massimo della luminosità, ma che all'improvviso scende giù fino alla dodicesima magnitudine, ove resta per diverse settimane, mesi e persino fino a un anno[40]. In modo altrettanto brusco essa ritorna poi alla sua normale brillantezza. La ragione per questo strano comportamento è che i grani di carbonio condensano nell'atmosfera della stella, bloccandone in tal modo la luce. La radiazione causa poi la dissipazione dei grani, di modo che la stella ritorna alla sua magnitudine di sempre. Il ciclo riprende con l'accumulo dei grani di polvere con l'andare del tempo. Altre stelle che mostrano simile comportamento sono la RY Sagittarii (magnitudine 6,5), la SU Tauri (magnitudine 10) e la S Apodis (magnitudine 10).

3.20 Le nebulose planetarie

Alla fine della fase AGB tutto ciò che rimane di una stella è il nucleo degenere di carbonio e ossigeno, circondato da un guscio sottile nel quale prosegue la combustione dell'idrogeno. La polvere emessa nella fase AGB si starà muovendo in allontanamento dalla stella a velocità di qualche decina di chilometri al secondo. A mano a mano che queste polveri si allontanano, si rende visibile il nucleo caldo, denso e piccolo della stella. La stella che sta invecchiando andrà anche soggetta a una serie di soprassalti di luminosità e durante ciascuno di questi *burst* rilascerà un guscio di materia nello spazio interstellare. La stella ora inizia a spostarsi rapidamente verso la parte sinistra del diagramma H-R, mantenendo grosso modo costante la luminosità, ma aumentando la temperatura. Occorreranno solo poche migliaia di anni affinché la temperatura in superficie raggiunga i 30 mila gradi; talune stelle, tuttavia, toccano persino i 100 mila gradi. A queste elevate temperature, il nucleo della stella, ora esposto al vuoto dello spazio, emetterà quantità prodigiose di radiazioni ultraviolette che saranno in grado di eccitare e ionizzare il guscio di gas in espansione. Tale guscio incomincerà allora a brillare e darà vita a quella che è detta una *nebulosa planetaria*.

Sappiamo già che quando finisce l'elio dentro il guscio in cui sta bruciando, allora tende a diminuire la pressione che sostiene il guscio soprastante, ove non procedono le fusioni dell'idrogeno. Il guscio di idrogeno si contrae e si riscalda, riattivando le reazioni dell'idrogeno. Queste reazioni producono elio, che cade verso il basso raggiungendo il guscio dell'elio temporaneamente inattivo. Quando la temperatura del guscio raggiunge un certo valore specifico, ecco che di nuovo ripartono le fusioni in quello che è detto *flash del guscio di elio*, qualcosa che assomiglia (benché sia molto meno intenso) all'*helium flash* che abbiamo già incontrato parlando dell'evoluzione delle stelle di piccola massa. L'energia che così si crea sospinge il guscio in cui fonde l'idrogeno verso l'esterno e lo raffredda, con il risultato che le fusioni hanno termine e il guscio diviene ancora una volta inattivo. Il processo riparte poi daccapo.

La luminosità della stella AGB aumenta sostanzialmente quando si produce il *flash* del guscio di elio, benché questa fase duri un tempo relativamente breve. Questo *burst* di breve durata viene detto *impulso termico*. Quando capita un impulso termico, la stella assume di nuovo il suo precedente aspetto finché non si accumula abbastanza elio da innescare un successivo impulso termico. A seguito di ciascuno di tali episodi, andrà via via aumentando la massa del nucleo degenere, che consiste di carbonio e di ossigeno. Per le stelle più massicce l'impulso termico si genera nell'interno profondo e produce solo un leggero e temporaneo cambiamento di luminosità. Per una stella di 1 $M_\odot$, l'impulso termico avverrà abbastanza vicino alla superficie da causare un aumento di luminosità di un fattore 10 e da durare circa 100 anni. Il tempo che trascorre tra due impulsi termici varia in dipendenza della massa della stella, ma i calcoli predicono che essi dovrebbero occorrere a intervalli sempre più stretti, tra 100 mila e 300 mila anni, mentre la luminosità della stella dovrebbe lentamente aumentare.

Nel corso degli impulsi termici potrebbero anche avvenire significative perdite di massa. Gli strati superficiali di una stella potrebbero separarsi del tutto dal nucleo ricco di carbonio e ossigeno e, mentre il materiale emesso si disperde nello spazio, all'interno dei gas che si vanno raffreddando potrebbero condensarsi grani di polvere. La radiazione proveniente dal nucleo caldissimo può sospingere lontano tali grani di polvere, di modo che la stella disperde completamente i suoi strati esterni. Attraverso questi processi, una stella di massa pari a quella del Sole può perdere circa il 40% della propria massa; ancora di più è la frazione perduta dalle stelle massicce. Mentre la stella morente perde il suo inviluppo esterno, il nucleo caldo si trova esposto e illumina le nubi circostanti di gas e di polveri.

L'evoluzione del nucleo è interessante di per sé e procede rapidamente verso il suo stadio finale. Ci sono due fattori che possono influenzare la velocità alla quale il nucleo evolve. In primo luogo, per effetto della luminosità estrema della stella (che può toccare le 100 mila $L_\odot$), l'idrogeno viene consumato a tassi elevatissimi. In secondo luogo, resta pochissimo idrogeno nel guscio sottile che circonda il nucleo degenere e nel quale si ha la combustione dell'idrogeno, di modo che viene a mancare il combustibile da bruciare. Le stelle centrali di alcune nebulose planetarie contengono solo pochi milionesimi di massa solare di idrogeno disponibile per ulteriori fusioni, e perciò esse si indeboliscono molto rapidamente. In effetti, per alcune la luminosità potrebbe diminuire perfino del 90% anche solo in un centinaio di anni, mentre altre stelle potrebbero richiedere tempi più lunghi, forse alcune migliaia di anni. Poiché la sorgente dei fotoni ionizzanti va indebolendosi nel tempo, le nebulose planetarie tendono a ridurre progressivamente la propria luminosità fino a sparire del tutto alla vista.

Le nebulose planetarie[41] sono tra gli oggetti più interessanti e più belli del cielo e hanno molto da offrire all'astrofilo osservatore. Esse si prestano a ottime visioni dentro qualunque strumento che stia nell'armamentario dell'astrofilo: alcune sono facili da ritrovare anche nei binocoli, mentre altre richiedono grandi diametri, molta pazienza e forse anche filtri specifici per farle risaltare sopra il fondo stellare. Questi piccoli gusci gassosi, un tempo atmosfere stellari, si presentano in una varietà di forme, dimensioni e luminosità. Molte hanno una stellina calda al centro della nebulosa, che è visibile anche negli strumenti amatoriali e che è la sorgente dell'energia che fa brillare il gas.

Diverse nebulose appaiono sotto forma di gusci multipli e ciò si ritiene sia dovuto al fatto che la gigante rossa è andata soggetta a successivi periodi di pulsazione nel corso dei quali ha perso materia. Si pensa anche che i forti venti stellari e i campi magnetici siano responsabili per le forme esotiche che si osservano in queste nebulose. Le planetarie sono strutture effimere della nostra Galassia: dopo solo qualche decina di migliaia di anni esse si diluiscono nello spazio interstellare e cessano d'esistere. Di fatto, le nebulose planetarie che osserviamo oggigiorno non possono essere più vecchie di circa 60 mila anni. Tuttavia, questa fase dell'evoluzione di una stella deve essere molto comune, se si pensa che ci sono più di 1400 nebulose planetarie che si rendono visibili nella nostra parte di Galassia.

Visualmente le planetarie sono tra i pochi oggetti del profondo cielo che appaiono ricchi di colore. Circa il 90% della loro luce è costituito dal doppietto dell'ossigeno doppiamente ionizzato (OIII) alle lunghezze d'onda di 495,9 nm e di 500,7 nm. Sono righe che cadono nella banda del blu-verde, casualmente il colore al quale è maggiormente sensibile l'occhio adattato all'oscurità. Taluni filtri stretti sono di estrema utilità nell'osservazione delle planetarie, poiché isolano in particolare le righe dell'OIII, incrementando il contrasto fra le nebulose e il fondo cielo, migliorandone quindi la visibilità.

È così ampia la varietà di forme e di dimensioni delle planetarie che questi oggetti hanno qualcosa da offrire a tutte le categorie di osservatori. Ce ne sono di così piccole che continueranno ad apparire praticamente puntiformi anche ai più alti ingrandimenti, usando telescopi di buon diametro. Altre, invece, sono molto più estese. Per esempio, la Helix Nebula misura quanto metà della Luna Piena e può essere osservata solo a bassi ingrandimenti, meglio se nei binocoli, poiché gli elevati ingrandimenti ridurrebbero il contrasto al punto da farla sparire alla vista. Molte nebulose, come la M27 (Dumbbell Nebula) nella Volpetta, mostrano un aspetto bipolare. Altre ancora si presentano in forma di anello, come la famosa M57 (Ring Nebula), nella Lira. Un aspetto interessante è la possibilità di osservare le stelle centrali delle planetarie, che sono piccolissime nane o subnane. In qualche modo sono simili alle stelle di Sequenza Principale dei tipi O e B, ma, poiché le reazioni nucleari vanno spegnendosi, o in qualche caso hanno già cessato di produrre energia, sono conseguentemente più piccole e più deboli. Queste due caratteristiche rendono le osservazioni molto difficili. La stella centrale più brillante è forse quella della NGC 1514 nel Toro, che ha una magnitudine di 9,4; le altre hanno magnitudini più deboli della 10.

C'è un sistema di classificazione usato per descrivere l'aspetto di una planetaria che è detto *sistema di classificazione di Vorontsov-Velyaminov*. Benché sia di uso limitato, noi lo adotteremo nel seguito.

Tipi morfologici di nebulose planetarie

1 Aspetto stellare

2 Aspetto di disco regolare
> a) brillante verso il centro
> b) luminosità uniforme
> c) possibile struttura debole ad anello

3 Aspetto di disco irregolare
> a) distribuzione irregolare della luminosità
> b) possibile struttura debole ad anello

4 Struttura ad anello ben definita

5 Forma irregolare

6 Forma non classificabile*

*Può anche essere una combinazione di due classificazioni (per esempio 4+3, anello più disco irregolare)

Per ciascuno degli oggetti vengono fornite le usuali informazioni, con l'aggiunta della classe morfologica ◉ e della brillantezza della stella centrale ✱. La magnitudine riportata è quella che la nebulosa planetaria avrebbe se fosse una sorgente puntiforme. Quest'ultimo parametro può indurre confusione, di modo che se una nebulosa viene riportata di magnitudine 8, in realtà può essere molto più debole di così e, conseguentemente, difficile da trovare.

3.20.1 Nebulose planetarie brillanti

Caldwell 39	NGC 2392	07h 29,2m	+20° 55'	Dic–Gen–Feb
8,6 m	⊕ 15"	◉ 3b+3b	✱9,8	Gemini

Conosciuta anche come Eskimo Nebula, è una piccola e famosa nebulosa planetaria che può essere scorta come un puntino azzurro in un telescopio di 10 cm, mentre al binocolo può essere confusa con la componente meridionale di una stella doppia. Ad alti ingrandimenti sarà possibile risolvere la stella centrale e le fattezze del suo caratteristico "viso da esquimese", o anche "viso da clown". Con diametri superiori ai 20 cm si rende visibile il disco azzurro. Le ricerche suggeriscono che stiamo guardando la nebulosa planetaria dalla parte del polo, anche se ciò non è del tutto certo. Anche la distanza è incerta, con valori stimati che vanno da 1600 a 7500 anni luce.

| Caldwell 59 | NGC 3242 | 10h 24,8m | −18° 38' | Gen–Feb–Mar |
| 8,4 m | ⊕ 16" | ◎ 4+3b | ✱12,1 | Hydra |

Conosciuta anche come il Fantasma di Giove, è una delle nebulose planetarie più brillanti nel cielo primaverile per gli osservatori settentrionali; bell'oggetto per piccoli telescopi. Nei binocoli è visibile come un disco azzurrino. Il colore si fa più pronunciato, insieme al disco, con strumenti di almeno 10 cm: il disco ha dimensioni apparenti grosso modo simili a quelle di Giove quando viene osservato in strumenti di quelle dimensioni. La stella centrale viene riportata come un astro caldissimo con una temperatura di circa 100 mila gradi.

| Messier 97 | NGC 3587 | 11h 14,8m | +55° 01' | Feb–**Mar**–Apr |
| 9,9 m | ⊕ 194" | ◎ 3a | ✱16 | Ursa Major |

Conosciuta anche come Nebulosa Gufo, non è visibile nei binocoli a causa della bassa luminosità superficiale: occorrono aperture di almeno 20 cm per riuscire a scorgere gli "occhi" della nebulosa. Con strumenti di 10 cm, la nebulosa apparirà come un disco circolare di un azzurrino chiaro, benché il vero colore di questa particolare planetaria sia argomento di discussione tra gli astrofili.

| Caldwell 6 | NGC 6543 | 17h 58,6m | +66° 38' | Mag–**Giu**–Lug |
| 8,3 m | ⊕ 18\|350" | ◎ 3a+2 | ✱11 | Draco |

È conosciuta anche come Nebulosa Occhio di Gatto. Appare come una planetaria ovale brillante con un bel colore verde-azzurro ed è diventata particolarmente famosa dopo la pubblicazione della sua immagine presa con l'HST. È già visibile in un telescopio di 10 cm, ma uno strumento di diametro almeno doppio comincerà a mostrare qualche debole struttura, mentre la stella centrale richiede almeno un 40 cm. L'incredibile bellezza e la struttura complessa si pensa siano il risultato di un sistema binario, con la stella centrale classificata come stella di Wolf-Rayet.

| Messier 57 | NGC 6720 | 18h 53,6m | +33° 02' | Giu–**Lug**–Ago |
| 8,8 m | ⊕ 71" | ◎ 4+3 | ✱15,3 | Lyra |

È la Nebulosa Anello, la più famosa di tutte le nebulose planetarie, sorprendentemente visibile già in un binocolo. Naturalmente, non basterà però il binocolo a risolvere la sua ben nota forma ad "anelli di fumo" che compare nelle fotografie a colori; invece, sembrerà piuttosto una stella sfocata. Viene risolta in telescopi di 10 cm di apertura e gli anelli di fumo compariranno soltanto con strumenti dai 20 cm in su. Con strumenti di grosso diametro e ad alti ingrandimenti, la Nebulosa Anello è davvero spettacolare: si vedrà la regione interna debolmente soffusa, mentre sono richieste larghe aperture e condizioni perfette del cielo per riuscire a scorgere la stella centrale.

Caldwell 15	NGC 6826	19h 44,8m	+50° 31'	Giu–**Lug**–Ago
8,8 m	⊕ 25"	◎ 3a+2	✳11	Cygnus

È difficile localizzare questa nebulosa, nota anche con il nome di Blinking Planetary, ma vale senz'altro la pena di cercarla. Il *blinking* (brillare a intermittenza, in inglese) è un effetto dovuto unicamente alla struttura fisiologica del nostro occhio. Se puntiamo per un certo tempo la stella centrale, adagio adagio ci accorgeremo che la nebulosa planetaria sembra sparire alla vista. A questo punto, se provate a muovere lo sguardo dalla stella centrale, vi accorgerete che la nebulosa planetaria ricomparirà alla vista nella regione periferica del campo visivo. Benché non siano visibili in telescopi amatoriali, due sono le componenti della nebulosa: la prima è una regione interna che consiste di un guscio brillante e di due *ansae*, ossia di due delicate protuberanze sui lati opposti, e l'altra è un alone dalla struttura delicata e un guscio brillante.

Messier 27	NGC 6853	19h 59,6m	+22° 43'	Giu–**Lug**–Ago
7,3 m	⊕ 348"	◎ 3+2	✳13,8	Vulpecula

Questa famosissima planetaria, chiamata anche Nebulosa Dumbbell (o Nebulosa Manubrio) può essere scorta in piccoli binocoli come una macchia nebulare a forma di scatola: per molti astrofili essa è la più bella delle nebulose planetarie. La classica forma a manubrio compare solo in strumenti di almeno 20 cm, con le parti più brillanti che si mostrano come due spicchi che fuoriescono dal centro nelle direzioni nord e sud; si può scorgere anche la stella centrale.

Herschel 16	NGC 6905	20h 22,4m	+20° 05'	Giu–**Lug**–Ago
11,1 m	⊕ 40"	◎ 3+3	✳15,5	Delphinus

La vera natura di questa planetaria, conosciuta anche come Blue Flash Nebula, si rivela a partire da strumenti di almeno 20 cm di diametro, quando compare anche il bel colore azzurrino. La stella centrale può essere scorta solo sotto buone condizioni del *seeing*.

Caldwell 55	NGC 7009	21h 04,2m	–11° 22'	Lug–**Ago**–Set
8,3 m	⊕ 25"	◎ 4+6	✳12,78	Aquarius

È la Nebulosa Saturno, che può essere già vista con piccoli strumenti, ma che richiede un telescopio di almeno 25 cm affinché possa mettere in luce la morfologia caratteristica che le conferisce quel nome. Ci sono infatti due estensioni, o *ansae*, sui lati opposti del disco, nella direzione est-ovest, che si rendono visibili sotto condizioni perfette del *seeing*. In questo caso, vale la pena di spingere al massimo gli ingrandimenti. Un recente modello predice l'esistenza di una compagna della stella centrale come causa possibile di quella forma peculiare.

Caldwell 63	NGC 7293	22h 29,6m	–20° 48'	Lug–**Ago**–Set
6,3 m	⊕ 770"	◎ 4+3	✳13,5	Aquarius

Si pensa che sia la nebulosa planetaria più vicina alla Terra, distandone circa 450 anni luce, e ha dimensioni angolari di circa un quarto di grado, la metà della Luna Piena: è la Nebulosa Elica. L'oggetto ha una luminosità superficiale assai bassa e perciò è assai difficile da localizzare. Con strumenti del diametro di 10 cm sono necessari bassi ingrandimenti, ed è consigliabile la visione distolta per riuscire a vedere la stella centrale. L'aspetto dell'oggetto migliorerà drasticamente grazie all'uso di un filtro OIII.

Caldwell 22	NGC 7662	23h 25,9m	+42° 33'	Ago–**Set**–Ott
8,6 m	⊕ 12"	◎ 4+3	✳13,2	Andromeda

Conosciuta anche come Palla di Neve Blu, questa nebulosa planetaria si rende visibile al binocolo a causa della sua colorazione azzurra, ma comunque apparirà con un aspetto stellare. Le ricerche indicano che la planetaria abbia una struttura simile a quella che si può vedere nelle belle immagini HST della Nebulosa Elica, che mostrano le cosiddette *Flirs* (*Fast Low-Ionization Emission Regions*, regioni veloci d'emissione di materia a bassa ionizzazione): si tratta di aggregazioni di gas con una densità superiore alla media che vennero emesse dalla stella centrale prima che questa desse origine alla nebulosa planetaria.

Messier 76	NGC 650	01h 42,4m	+51° 34'	Set–**Ott**–Nov
10,1 m	⊕ 65"	◎ 3+6	✱15,9	Perseus

Piccola nebulosa planetaria che mostra una forma chiaramente non simmetrica. È conosciuta anche come la Piccola Nebulosa Manubrio. In telescopi di 10 cm d'apertura, con la visione distolta, si possono scorgere due distinte protuberanze. Con aperture intorno ai 30 cm, la planetaria apparirà come due piccoli dischi brillanti in contatto tra loro. Telescopi ancora di maggiori dimensioni metteranno in luce molti più dettagli.

Herschel 53	NGC 1501	04h 07,0m	+60° 55'	Ott–**Nov**–Dic
11,5 m	⊕ 52"	◎ 3	✱14,5	Camelopardalis

Facilmente visibile in telescopi di 20 cm, ma già intuibile con strumenti di 10 cm, la Oyster Nebula è una nebulosa planetaria blu. Ad aperture maggiori compaiono alcune strutture e molti osservatori ritengono che questa nebulosa sia simile alla Eskimo.

3.21 Le nane bianche

Consideriamo ora il punto finale dell'evoluzione delle stelle di piccola massa. È un modo davvero strano di finire. Abbiamo visto che stelle con una massa minore di 4 $M_\odot$ non riescono mai nel corso della loro esistenza a sviluppare una pressione e una temperatura centrale sufficiente a innescare la combustione del carbonio e dell'ossigeno nel nocciolo. Invece, quello che accade è l'espulsione degli strati più esterni della stella, che si lasciano alle spalle il nocciolo nudo, caldissimo e ricco di carbonio-ossigeno. In tale scenario, il nucleo della stella ha smesso di produrre energia attraverso le reazioni di fusione e dunque va semplicemente raffreddandosi nel corso di un tempo lunghissimo. Questo resto in fase di raffreddamento è ciò che si indica con il nome di *nana bianca*. Generalmente queste stelle non sono più grandi della Terra.

3.21.1 La degenerazione elettronica

L'esperienza ci dice che se la massa di un oggetto va aumentando, normalmente altrettanto fanno le sue dimensioni: questa regola vale per molti oggetti astronomici, come le stelle sulla Sequenza Principale. Invece, per le nane bianche vale il contrario. Quanto più una nana bianca è massiccia, tanto più è piccola. Questo strano comportamento trova una spiegazione nella struttura elettronica della materia che costituisce la nana bianca. L'aumento della densità di un oggetto porta a un aumento della pressione, come si osserva nelle stelle di Sequenza Principale, ma la pressione in una nana bianca (che, lo ricordiamo ancora, è il nucleo di una stella un tempo assai più grande) viene prodotta dagli elettroni degeneri[42]. Tale pressione è quella che sostiene il peso della stella. Un aumento della densità, tuttavia, conduce anche a un incremento della forza di gravità. Nelle nane bianche, l'aumento della gravità eccede l'aumento della pressione, e così la stella comincerà a contrarsi. Quando diventa più piccola, la gravità e la pressione andranno di nuovo incrementando e raggiungeranno a un certo punto uno stato di equilibrio, ma con la nana bianca divenuta più piccola. Ecco perché più una nana bianca è piccola tanto più è massiccia. Per fare un esempio, una nana bianca di 0,5 $M_\odot$ è grande circa il 90% più della Terra, mentre una nana bianca di 1 $M_\odot$ lo è solo del 50%. Se poi la nana bianca è di 1,3 $M_\odot$, allora è solo il 40% più grande della Terra.

3.21.2 Il limite di Chandrasekhar

Le nane bianche presentano una relazione massa-raggio davvero inusuale, come mostra la figura 3.24. Come si può vedere, quanta più materia degenere si ritrova dentro una nana bianca, tanto più piccola si riduce a essere la stella. Tuttavia, non si può procedere in questo modo all'infinito, poiché c'è un limite superiore alla massa possibile di una nana bianca. Tale massa-limite, che è di circa 1,4 $M_\odot$, è detta *limite di Chandrasekhar*, dal nome dello scienziato indiano che per primo studiò il comportamento delle nane bianche. Si tratta della massa per la quale la relazione massa-raggio cade a zero: una nana bianca che abbia una massa uguale al limite di Chandrasekhar si comprimerà a dimensioni piccolissime. Ma non c'è stella con una massa più grande di 1,4 $M_\odot$ che possa essere sostenuta nella sua struttura contro la compressione della gravità grazie alla pressione degli elettroni degeneri. Questo significa che le stelle di Sequenza Principale dei tipo O, B e A, che hanno masse ben maggiori del limite di Chandrasekhar, hanno la necessità di disperdere gran parte della loro massa nello spazio se vogliono diventare alla fine nane bianche. Tali stelle fanno proprio questo quando diventano stelle AGB, come abbiamo visto in precedenza. Ma non tutte le stelle riescono a dissipare tali frazioni della loro massa e, nei casi in cui la contrazione non può essere frenata dagli elettroni degeneri, le stelle collassano ulteriormente fino a diventare stelle di neutroni e forse anche buchi neri.

Nella figura 3.24 il raggio della stella viene riportato in unità di raggi terrestri e ricordiamo che quanto più la nana bianca è massiccia, tanto più è piccola. Notiamo anche sul grafico che la dimensione di una nana bianca cade a zero se la massa vale 1,4 $M_\odot$.

Una domanda che spesso ci si pone è: "di cosa è fatta una nana bianca?". La risposta è

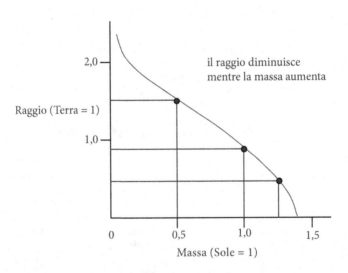

Figura 3.24. Relazione massa-raggio per le nane bianche.

sorprendente. La materia che costituisce una nana bianca è per lo più ossigeno ionizzato e atomi di carbonio che fluttuano in un mare di elettroni degeneri di alta velocità. Mentre la stella continua a raffreddarsi, le particelle di questa materia rallentano e ciò comporta il sorgere di forze elettriche tra gli ioni che iniziano a dominare i moti termici casuali che essi avrebbero potuto avere in origine. Questi ioni non si muovono più liberamente attraverso la nana bianca ma vengono ad allinearsi in righe ordinate, in un modo che richiama un gigantesco reticolo cristallino. È corretto pensare alla nana bianca come a un qualcosa di "solido", con gli elettroni degeneri che ancora si muovono liberamente nel reticolo cristallino, proprio come gli elettroni si muovono in un filo di rame. Altro punto interessante da sottolineare è che un diamante è un insieme di atomi di carbonio organizzati in un reticolo cristallino, cosicché possiamo pensare a una nana bianca in raffreddamento come a una sorta di gigantesco diamante sferico. La densità in una nana bianca è immensa, tipicamente dell'ordine di 10^9 kg/m^3, ovvero circa 1 milione di volte la densità dell'acqua. Un cucchiaino da tè della materia di una nana bianca pesa dunque circa 5,5 tonnellate, giusto il peso di un elefante: naturalmente, a patto che si possa portare sulla Terra un cucchiaino di materia di nana bianca.

3.21.3 L'evoluzione di una nana bianca

Quando una nana bianca si comprime fino a raggiungere le sue dimensioni finali, non troverà altro combustibile a disposizione per mantenere attive le reazioni di fusione. Tuttavia, avrà ancora un nucleo molto caldo e un'immensa riserva di calore residuo. Per esempio, la temperatura superficiale di una famosa nana bianca come Sirio B è di circa 30 mila gradi. Man mano che trascorre il tempo, la nana bianca si raffredderà e irraggerà il suo calore nello spazio. Così facendo diverrà sempre più debole, come mostrato nella figura 3.25 dove sono riportati i grafici relativi a nane bianche di massa differente disegnati su un diagramma H-R. Sappiamo che le nane bianche più massicce hanno un'area superficiale più ridotta e ciò significa che esse sono, a parità di temperatura, meno luminose delle nane bianche di più piccola massa: le loro tracce evolutive si troveranno quindi un po' più in basso.

Sono stati calcolati i modelli teorici di evoluzione delle nane bianche ed essi mostrano che una nana con una massa di 0,6 $M_\odot$ si ridurrà a emettere una potenza di 0,1 $L_\odot$ in circa 20 milioni di anni. Ulteriori riduzioni di luminosità richiederanno tempi progressivamente maggiori. Per esempio, occorreranno 300 milioni di anni perché la luminosità scenda a 0,01 $L_\odot$, un miliardo di anni per giungere 0,001 $L_\odot$ e circa 6 miliardi di anni per toccare il valore di 0,0001 $L_\odot$. A questo punto, la nana bianca si ritroverà ad avere la stessa temperatura e lo stesso colore del Sole, ma sarà così debole, per via delle sue dimensioni contenute, che sarà praticamente invisibile al telescopio, a meno che non si trovi a pochi anni luce dalla Terra. Le nane bianche con masse maggiori di 0,6 $M_\odot$ hanno una cospicua riserva di calore interno e impiegheranno tempi ancora più lunghi per raffreddarsi.

Nel caso del Sole, assisteremo all'emissione della gran parte della sua massa nello spazio e alla fine la nostra stella raggiungerà all'incirca le stesse dimensioni della Terra, ma la sua luminosità varierà notevolmente, scendendo forse solo a un decimo del valore che ha attualmente. Con l'andare del tempo, il Sole continuerà a indebolirsi e quando saranno trascorsi 5 miliardi di anni la sua luminosità sarà probabilmente solo un millesimo di quella attuale. Fra molti miliardi di anni esso scomparirà alla vista di ogni osservatore! Poiché le nane bianche si raffreddano e si indeboliscono in luminosità, sul diagramma H-R i loro punti rappresentativi si muovono verso il basso e verso destra. Più una nana bianca è massiccia, più piccola e debole sarà: ecco perché la traccia evolutiva della stella di 1 $M_\odot$ è quella che si trova più in basso di tutte. Si noti che, benché una nana

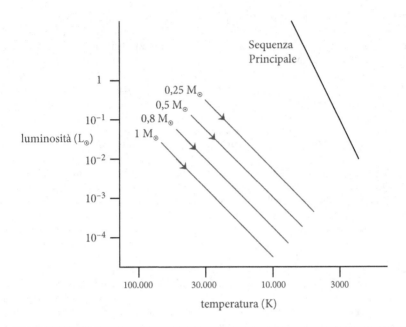

Figura 3.25. Tracce evolutive di nane bianche di diversa massa.

bianca possa avere la stessa temperatura di una stella di Sequenza Principale, non di meno sarà enormemente più debole a causa della sua ridotta area superficiale.

3.21.4 Le origini delle nane bianche

Si pensa che le nane bianche evolvano direttamente a partire dalle stelle centrali delle nebulose planetarie, che, a loro volta, sono i noccioli di quelle che un tempo erano stelle AGB. Abbiamo visto in precedenza che durante la fase AGB una stella perde la gran parte della sua massa attraverso un vento stellare freddo. Se una stella perde abbastanza materia tanto da portare il nucleo al di sotto del limite di Chandrasekhar, allora il risultato sarà un nucleo ricco di carbonio-ossigeno circondato da uno straterello sottile di gas, principalmente elio. La stella centrale e il gas espulso costituiscono ora una nebulosa planetaria: al momento terminano le fusioni nucleari e nasce una nana bianca[43]. Benché la teoria sembri accordarsi abbastanza bene con le osservazioni, esistono ancora incertezze riguardo alla massa che la stella avrebbe dovuto avere in origine per perdere massa sufficiente così da diventare una nana bianca. Le idee correnti suggeriscono un limite di 8 $M_\odot$: le stelle di Sequenza Principale con un massa compresa tra 2 e 8 $M_\odot$ produrrebbero quindi nane bianche di massa compresa tra 0,7 e 1,4 $M_\odot$, mentre le stelle di Sequenza Principale con meno di 2 $M_\odot$ darebbero vita a nane bianche di 0,6–0,7 $M_\odot$. Se una nana bianca ha una massa minore di 0,6 $M_\odot$, allora la stella progenitrice di Sequenza Principale avrà una massa minore di 1 $M_\odot$. L'aspetto incredibile di queste stelline di piccola massa è che la loro vita media in Sequenza Principale è così lunga che l'Universo non è ancora abbastanza vecchio da aver potuto assistere alla loro evoluzione in una nana bianca. Ciò significa che non esistono nane bianche con una massa minore di circa 0,6

$M_\odot$. Invece, il tempo richiesto per il passaggio da stella gigante a nana bianca può essere dell'ordine di soli 10–100 mila anni.

Per via della loro debolezza e delle piccole dimensioni, le nane bianche rappresentano una sfida per l'osservatore. Naturalmente ce ne sono numerose sulla volta celeste e gli astrofili che dispongono di un telescopio con un'apertura maggiore di 25 cm non hanno problemi a localizzarle e osservarle. D'altra parte, ce n'è una manciata che, sotto buone condizioni del cielo, può essere alla portata di strumenti anche più modesti: sono le nane bianche che menzionerò nel seguito. Il simbolo $\oplus$ sta a indicare che le dimensioni della nana bianca sono espresse in unità terrestri (per esempio, $0,5_\oplus$ significa che la stella ha metà delle dimensioni della Terra).

3.21.5 Nane bianche brillanti

Sirio B		06h 45,1m	−16° 43'	Dic–Gen–Feb
8,4 m	11,2 M	$0,92_\oplus$	27.000 K	Canis Majoris

La compagna della stella più brillante del cielo, Sirio, è una nana bianca, la prima a essere stata scoperta. È comunque abbastanza difficile, benché non impossibile, osservarla per due ragioni principali. La prima è che viene surclassata in luminosità dalla primaria, di modo che spesso è necessario bloccare con particolari dispositivi la luce che proviene da Sirio. In effetti, se Sirio B non fosse la compagna di Sirio, sarebbe facilmente visibile in un binocolo. In secondo luogo, la sua orbita ha un periodo di 50 anni e questo comporta che in talune circostanze Sirio B si trova così vicina alla primaria da non poter essere risolta da questa con strumenti amatoriali. La prossima volta in cui si troverà alla massima separazione sarà nel 2025.

Procione B	α Canis Minoris	07h 39,3m	+05° 13'	Dic–Gen–Feb
10,9 m	13,2 M	$1,05_\oplus$	8700 K	Canis Minoris

Questa nana bianca non è facilmente osservabile in piccoli telescopi amatoriali, avendo una magnitudine di 10,8 e una separazione media dalla primaria di 5 secondi d'arco. Da notare la sua temperatura molto più bassa rispetto a quella di altre nane bianche. Procione B è la seconda nana bianca in ordine di distanza dalla Terra.

o^2 Eridani	40 Eridani B	04h 15,2m	−07° 39'	Ott–Nov–Dic
9,5 m	11,0 M	$1,48_\oplus$	14.000 K	Eridanus

Benché sia difficile da risolvere al binocolo, questa è tuttavia la nana bianca più facile da osservare. La stella si trova in una posizione estremamente favorevole, relativamente alla sua luminosa primaria, per i prossimi cinquant'anni. Ciò che rende questo sistema così interessante è il fatto che la secondaria è la nana bianca più brillante visibile dalla Terra. In aggiunta, ad alti ingrandimenti si scopre che anche la nana bianca ha una sua compagna, una nana rossa. Nel complesso è un bel sistema triplo.

Stella di Van Maanen	Wolf 28	00h 49,1m	+05° 25'	Ago–Set–Ott
12,3 m	14,1 M	$0,9(?)_\oplus$	6000 K	Pisces

Trovandosi vicina alla Terra, a soli 13,8 anni luce di distanza, è una delle poche nane bianche che si rendono visibili in strumenti amatoriali. Si trova 2° a sud della δ Piscium e fu scoperta nel 1917 da A. Van Maanen, che fu incuriosito dal suo notevole moto proprio di 2,98 secondi d'arco per anno.

3.22 Le stelle di grande massa e la combustione nucleare

Rivolgiamo ora la nostra attenzione alle stelle di grande massa. Come è facile immaginare, l'atto finale dell'esistenza di queste stelle è molto diverso e molto più spettacolare rispetto a quello delle stelle di piccola massa.

Nel corso dell'intera vita di una stella di piccola massa (ossia di quelle con meno di 4 $M_\odot$) avvengono soltanto due reazioni nucleari: la combustione dell'idrogeno e quella dell'elio; i soli elementi oltre all'idrogeno e all'elio che vengono formati sono il carbonio e l'ossigeno. Le stelle che hanno una massa di età zero maggiore di 4 $M_\odot$ iniziano la loro esistenza in un modo simile, ma la teoria prevede che siano altre le reazioni nucleari che si sviluppano, a causa della maggiore massa e perciò delle temperature più alte che si sviluppano. La pressione tremenda della gravità è così potente che non c'è pressione di degenerazione in grado di entrare in gioco per contrastarla. Il nucleo di carbonio-ossigeno è più massiccio del limite di Chandrasekhar di 1,4 $M_\odot$, e così la pressione di degenerazione non è in grado di frenare la contrazione del nucleo, né il suo riscaldamento.

Le reazioni nucleari che si producono nelle fasi finali della vita di una stella sono molto complesse e se ne producono molte differenti simultaneamente. La sequenza di fusione più semplice riguarda ciò che viene detto *cattura dell'elio*: si tratta della fusione dell'elio in elementi progressivamente più pesanti[44]. Il nocciolo continua a collassare accompagnato da un aumento della temperatura fino a circa 600 milioni di gradi, quando la cattura dell'elio può dar luogo alla *combustione del carbonio*, con il carbonio che viene fuso in elementi più pesanti. Si producono infatti l'ossigeno, il neon, il sodio e il magnesio. La fusione del carbonio fornisce una nuova sorgente di energia, la quale, per quanto temporaneamente, ristabilisce l'equilibrio fra la pressione e la gravità. Se però la stella ha una massa maggiore di 8 $M_\odot$, allora possono occorrere altre reazioni ancora. In questa fase, la combustione del carbonio può durare solo pochi secoli. Mentre il nocciolo si contrae ulteriormente, la sua temperatura raggiunge il miliardo di gradi e inizia la *combustione del neon*. In tal modo, il neon prodotto dalle reazioni di fusione del carbonio ora viene usato come combustibile, ma, al tempo stesso, si assiste a un incremento della quantità di ossigeno e magnesio. Questa reazione è velocissima: può durare anche meno di un anno. Come si può immaginare, a ciascuno stadio della combustione dei vari elementi, vengono raggiunte temperature sempre più alte e si sviluppano sempre nuove reazioni; la *combustione dell'ossigeno* si innesca quando il nocciolo tocca una temperatura di 1,5 miliardi di gradi, con la produzione di zolfo. Nel nocciolo può anche svilupparsi la *combustione del silicio* quando la temperatura tocca i 2,7 miliardi di gradi: tale reazione produce diversi nuclei, dallo zolfo al ferro.

Nonostante che gli eventi che si producono all'interno della stella di grande massa siano così vistosi, l'aspetto esteriore varia poco e assai lentamente. Quando finisce ciascuno stadio delle fusioni nucleari nel nocciolo, il guscio circostante si ingrossa e perciò tende a gonfiare gli strati esterni della stella. Allora, ogni volta che il nocciolo si accende di nuovo e dà origine a ulteriori reazioni, gli strati esterni potrebbero contrarsi leggermente. Questi strani comportamenti danno origine a una traccia evolutiva della stella che procede a zig zag nella parte alta del diagramma H-R.

Alcune delle reazioni rilasciano anche neutroni, che sono particelle simili ai protoni, ma senza carica elettrica. Il fatto di essere particelle neutre comporta che essi possono facilmente collidere con nuclei carichi positivamente e combinarsi con essi. L'assorbimento dei neutroni da parte dei nuclei è detto *processo di cattura neutronica*. Attraverso questo processo prendono corpo molti degli elementi e degli isotopi che non vengono prodotti direttamente nelle reazioni di fusione.

Ciascuno stadio durante questa fase di vita di una stella di grande massa facilita l'avvio della fase successiva. Come ciascuna fase termina, avendo la stella dato fondo a tutto il combustibile specifico presente nel nocciolo, la gravità farà sì che il nucleo si contragga a una densità e a una temperatura sempre più elevate, il che si rende responsabile dell'avvio della fase successiva della combustione nucleare. In effetti, si può pensare che in ciascuno stadio vengano bruciate le "ceneri" prodotte in quello precedente. È interessante sottolineare a questo punto come noi si sia portati a pensare che gli eventi astronomici abbiano luogo nel corso di molti milioni di anni. Invece, i calcoli teorici ci assicurano che, quando abbiamo a che fare con stelle di grande massa, gli eventi possono succedersi molto rapidamente e che ogni successivo stadio della combustione nucleare possa prodursi a velocità sempre più elevate. È stato realizzato il calcolo di dettaglio relativo a una stella di età zero di 20-25 $M_\odot$ e i risultati sono davvero sorprendenti. La combustione del carbonio può durare circa 600 anni, mentre lo stadio di bruciamento del neon può essere più breve di un anno. In seguito, gli eventi si susseguono frenetici: il bruciamento dell'ossigeno dura sei mesi e quello del silicio solo un giorno!

A ogni successiva fase della combustione nucleare viene a formarsi un nuovo guscio di materia attorno al nocciolo della stella di grande massa e, dopo che si sono completati diversi di questi stadi, diciamo per una stella massiccia di 20-25 $M_\odot$, la struttura interna dell'astro assomiglia a una cipolla (si veda la figura 3.26). Le reazioni nucleari stanno avendo luogo simultaneamente in gusci differenti e l'energia viene rilasciata a tassi così rapidi che gli strati esterni della stella possono espandersi fino a occupare volumi immensi. Ora la stella è detta *supergigante* e la luminosità e la temperatura di tali stelle sono molto maggiori di quelle di una semplice stella gigante.

Molte delle stelle più brillanti del cielo notturno sono supergiganti: tra queste Rigel e Betelgeuse, in Orione, e Antares nello Scorpione. Rigel ha una temperatura di 11 mila K, Betelgeuse solo di 3700 K: quest'ultima è un esempio di supergigante rossa. Dunque, essendo più fredda, Betelgeuse deve essere corrispondentemente molto più grande di Rigel per essere altrettanto luminosa. Le supergiganti rosse sono rare, forse perfino più rare delle stelle di tipo O. Le stime correnti indicano che dovrebbe esistere una sola supergigante rossa per ogni milione di stelle nella Via Lattea: per ora ne abbiamo studiate solamente 200.

Queste stelle hanno caratteristiche straordinarie soprattutto per le loro immense dimensioni. Il raggio di Betelgeuse è stato misurato essere circa 700 volte quello del Sole, ciò che corrisponde a 3,6 UA. Si può meglio apprezzare questo dato immaginando che se noi collocassimo Betelgeuse al centro del Sistema Solare la stella si estenderebbe al di là della Fascia degli Asteroidi fino a circa metà strada tra le orbite di Marte e di Giove. Antares si estenderebbe fino quasi a Giove! La α Herculis, invece, ha un raggio di 2 UA. Il record va alla VV Cephei, che è una binaria a eclisse con un raggio 1900 volte quello

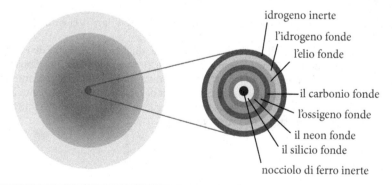

idrogeno inerte
l'idrogeno fonde
l'elio fonde
il carbonio fonde
l'ossigeno fonde
il neon fonde
il silicio fonde
nocciolo di ferro inerte

Figura 3.26. La struttura a gusci annidati di una stella evoluta di grande massa.

del Sole, corrispondente a 8,8 UA: nel nostro Sistema Solare si estenderebbe fino a Saturno.

Come detto in precedenza, le stelle supergiganti sono piuttosto rare, ma ce ne sono alcune che, per nostra fortuna, possiamo vedere persino a occhio nudo. Le elenchiamo di seguito.

3.22.1 Stelle supergiganti brillanti

CE Tauri	HD 36389	05h 32,2m	+18° 35'	Nov–**Dic**–Gen
4,38 m	–6 M	M2 Iab		**Taurus**

Conosciuta anche come 119 Tauri, questa stella ha un raggio di 2,9 UA e dista circa 2000 anni luce da noi. Essa viene classificata sia come stella variabile semiregolare sia come variabile irregolare: ciò significa che il suo periodo è difficile da prevedere con sicurezza. Si colloca in un campo stellare ricco di stelle di pari brillantezza, ciò che rende abbastanza difficile la sua localizzazione, a meno che non si abbia sotto mano un buon atlante stellare.

μ Geminorum	HD 44478	06h 12,3m	+22° 54'	Nov–**Dic**–Gen
6,51 m	–4,09 M	M2 Iab		**Gemini**

Parte dell'associazione stellare Gem OB1, questa stella si trova al limite della visibilità a occhio nudo se la si osserva sotto cieli cittadini. Dista da noi 4900 anni luce.

Altre stelle che sono supergiganti e che abbiamo menzionato nei paragrafi precedenti sono: Rigel, Betelgeuse, Antares, μ Cephei, η Persei, ψ^1 Aurigae e la VV Cephei.

Prima di lasciare le supergiganti, occorre menzionare una classe di stelle a esse simili: le *stelle di Wolf-Rayet*. Si tratta di supergiganti molto calde e molto luminose, simili alle stelle di tipo O; ma caratterizzate da spettri parecchio strani nei quali compaiono solo righe d'emissione e, stranamente, nessuna riga dell'idrogeno. Le stelle di Wolf-Rayet si pensa che siano le progenitrici della formazione di nebulose planetarie. Sono astri assai rari: ce n'è forse solo un migliaio in tutta la Galassia. La perdita di massa da queste stelle è imponente e le immagini prese con i più grandi telescopi le mostrano circondate da dense nubi di materiale espulso. Fortunatamente per l'astrofilo, c'è un esemplare assai brillante che può essere facilmente osservato.

γ^2 Vel	HD 68273	08h 09,5m	–47° 20'	Dic–**Gen**–Feb
1,99ᵥ m	0,05 M	WC 8		**Vela**

La più brillante e la più vicina di tutte le stelle di Wolf-Rayet, la γ^2 Vel è una facile doppia di colore bianco e verdino.

Questo aspetto della vita di una supergigante, nella quale sono presenti diversi strati in cui si produce la combustione nucleare, così da far sembrare la stella una cipolla, non può proseguire indefinitamente, poiché c'è una quantità finita di materia che può essere combusta. Allora ci sarà un momento in cui la stella di grande massa va soggetta ancora a un'altra variazione, che questa volta avrà conseguenze catastrofiche. Si tratta della morte spettacolare di una stella, una *supernova*.

3.23 Il ferro, le supernovae e la formazione degli elementi

Quando nel nocciolo stellare i nuclei collidono e si fondono, viene emessa energia: è questa energia che, fluendo dal centro attraverso i gusci ove avvengono le reazioni nucleari, contrasta il peso tremendo della materia stellare. L'energia è una conseguenza dell'*interazione nucleare forte*, una forza di attrazione che si fa sentire tra i neutroni e i protoni, o *nucleoni*, come talvolta vengono chiamati. Dobbiamo tuttavia ricordare che i protoni tendono anche a respingersi reciprocamente a causa della debole forza elettrica e ciò ha profonde conseguenze sulla vita di una stella di grande massa.

Fino a ora, nelle reazioni di fusione viene sempre rilasciata dell'energia; ma se cerchiamo di aggiungere altri protoni ai nuclei più massicci di quello del ferro, che ha già di per sé 26 protoni, allora, a causa degli effetti fortemente repulsivi che si sviluppano, non solo non si ricava energia dalla reazione, ma addirittura la si deve fornire al sistema. Questo significa che non ci sarà alcun nuclei più massiccio del ferro capace di rilasciare energia a seguito delle reazioni di fusione. I vari stadi di combustione nucleare si concludono dunque con la formazione del silicio; in seguito, si può formare anche il ferro, ma non ci sarà più alcun rilascio di energia. Il risultato sarà un nocciolo ricco di ferro inerte, ossia non più sede di reazioni nucleari.

Naturalmente, attorno a questo nucleo inerte di ferro si disporranno vari gusci in cui avvengono le reazioni nucleari[45]. La situazione, tuttavia, non può continuare molto a lungo.

Gli astronomi usano tutta una varietà di tecniche per indagare come procede la vita di una stella. Vengono fatte osservazioni e poi vengono calcolati modelli teorici in modo tale che si accordino con le osservazioni. Nel caso delle supernovae, si può ben dire che praticamente tutto quello che noi sappiamo proviene da calcoli teorici e matematici. Dopotutto, non è per niente facile vedere cosa sta succedendo nelle regione centrali di una stella! Fra poco parleremo di densità, pressioni e velocità con valori così elevati da sfidare la nostra comprensione. La descrizione che ci prepariamo a fare degli eventi che si succedono in una stella di grande massa sono solo previsioni teoriche, non lo dimentichiamo, benché siano tali da accordarsi piuttosto bene con le osservazioni[46].

Nel corso dei giorni finali di una stella, il nocciolo di ferro inerte, nel quale non avvengono reazioni nucleari, è circondato da gusci di silicio, neon, ossigeno, carbonio, elio e idrogeno. Il nocciolo, al quale si può pensare come a una nana bianca avvolta dagli strati esterni di una gigante rossa, è sostenuto dalla pressione dei suoi elettroni degeneri. C'è però un limite superiore alla massa possibile di una nana bianca – il limite di Chandrasekhar – e quando il nucleo supera tale limite il suo peso diventa insostenibile per la pressione degli elettroni degeneri, di modo che collassa.

Conseguenza della contrazione del nocciolo è un aumento della densità, che a sua volta dà luogo a un processo che è detto *neutronizzazione*. Si tratta di un fenomeno in cui gli elettroni (e^-) reagiscono con i protoni (p^+) nel nucleo di ferro per formare neutroni (n), secondo la reazione:

$$e^- + p^+ \rightarrow n + \nu$$

Ciascuna reazione di neutronizzazione produce anche un neutrino (ν). Ora succede che sempre più elettroni reagiscono con i protoni e dunque ce n'è sempre meno a sostenere il peso del nocciolo e a resistere alla compressione. Il risultato di ciò è un'accelerazione nella contrazione che può ormai ben essere chiamata per quello che è: l'inarrestabile collasso del nocciolo. Occorre soltanto 1 secondo perché il nucleo abbia a collassare da un raggio di alcune migliaia di chilometri a circa 50 km. Poi, in soli pochi secondi, si riduce a un raggio di 5 km. La temperatura del nocciolo in questo breve lasso di tempo cresce fino a circa 500 milioni di gradi. L'energia gravitazionale rilasciata nel collasso è pari a quella che il Sole disperde in diversi miliardi di anni. Gran parte di tale energia si libera sotto forma di neutrini, e parte è sotto forma di raggi gamma, che vengono creati nella temperatura estremamente elevata del nucleo. Questi fotoni gamma hanno, a loro volta, così tanta energia da riuscire a distruggere i nuclei di ferro quando vi collidono: i nuclei si rompono in particelle α (che sono nuclei dell'^{4}He). Questo processo è detto *foto-disintegrazione.*

Dopo un tempo brevissimo, che si pensa sia dell'ordine di 0,25 secondi, la parte in collasso del nucleo centrale, che comprende tra 0,6 e 0,8 $M_\odot$, toccherà una densità paragonabile a quella dei nuclei atomici, ossia qualcosa come 4×10^{27} kg/m^3. A questo punto, i neutroni diventano degeneri e resistono con forza a ogni ulteriore tentativo di compressione. Per avere un'idea di cosa significhi questa densità, si pensi che la Terra sarebbe altrettanto densa se venisse compressa in una sfera di 300 m di diametro! Ora il nocciolo della stella può essere considerato a tutti gli effetti come una stella di neutroni, e la sua parte più interna diventa improvvisamente rigida, con la contrazione che termina di colpo. In effetti, la parte interna rimbalza verso l'esterno e sospinge indietro il restante nucleo in caduta, soffiandolo via radialmente in un'imponente onda di pressione. Questo processo è detto *rimbalzo del nocciolo* ed è illustrato nella figura 3.27.

Il nocciolo in questa fase si raffredda, e ciò è causa di un calo significativo della pressione nelle regioni che lo circondano. Come senz'altro ricorderemo, ci dev'essere un equilibrio tra la pressione che spinge verso l'esterno e la gravità che comprime verso l'interno: conseguenza della ridotta pressione è che ora la materia che circonda il nocciolo precipita a una velocità prossima al 15% della velocità della luce. Questa materia che si muove verso il basso incontra l'onda di pressione che procede in senso opposto (che, incidentalmente, può muoversi a un sesto della velocità della luce) e, in una frazione di secondo, succede che il materiale in caduta ora viene sospinto all'esterno verso la superficie della stella.

È sorprendente pensare che l'onda di pressione si esaurirebbe ben presto, molto prima di aver raggiunto la superficie stellare: se non che, a sostenerla c'è quell'immenso esercito di neutrini che stanno cercando di sfuggire dal nocciolo della stella. L'onda di pressione aumenta notevolmente la sua velocità quando incontra le regioni meno dense della stella, al punto che può superare la velocità del suono nei gusci stellari superficiali. L'onda di pressione ora si comporta proprio come un'onda d'urto.

Mentre i neutrini sfuggono dalla stella in pochi secondi, occorrono alcune ore affinché l'onda d'urto giunga fino in superficie. Gran parte della materia stellare è sospinta via da questa onda d'urto e viene espulsa dalla stella alla velocità di molte migliaia di chilometri al secondo. L'energia rilasciata nell'evento è dell'ordine di 10^{46} joule, che è circa 100 volte più dell'intero rilascio energetico del Sole nel corso degli ultimi 4,6 miliardi di anni. È sorprendente sapere che la luce che noi osserviamo provenire da una supernova rappresenta solo circa l'1% dell'energia totale rilasciata nell'esplosione.

Studi recenti propongono che possa finire espulso nel mezzo interstellare fino al 96% della materia che costituisce la stella: tali composti, naturalmente, verranno usati per costituire le generazioni future di stelle. Ma, prima che sia rilasciata nello spazio, questa materia viene compressa in tale misura che al suo interno possono prodursi nuove reazioni nucleari: sono proprio queste reazioni che formano tutti gli elementi più pesanti del ferro. Vengono prodotti, per esempio, elementi come lo stagno, lo zinco, l'oro, il mercurio, il piombo e l'uranio, solo per citarne alcuni: tutto ciò ha profonde implicazioni, poiché significa che la materia prima che costituisce il Sistema Solare, la Terra e noi stessi, si formò tanto tempo fa in una supernova.

L'espansione della superficie stellare dovuta all'onda d'urto è causa del poderoso incremento di luminosità che noi osserviamo; tuttavia, dopo alcuni mesi, la superficie si sarà raffreddata e anche la luminosità sarà ridotta. Nel corso di quest'ultimo stadio, la sorgente principale della luce della supernova è il decadimento radioattivo dei nuclei di

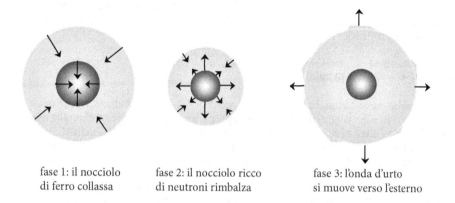

fase 1: il nocciolo
di ferro collassa

fase 2: il nocciolo ricco
di neutroni rimbalza

fase 3: l'onda d'urto
si muove verso l'esterno

Figura 3.27. Evoluzione dell'esplosione di una supernova.

nichel e di cobalto, che vengono prodotti nel corso dell'esplosione. Il decadimento di tali nuclei è in grado di mantenere la supernova luminosa per diversi anni.

Come astrofili, sarebbe bello se potessimo uscire la notte e osservare quella supernova o quell'altra a nostro piacimento: ma non è così. Statisticamente parlando, potrebbero prodursi una manciata di supernovae ogni anno nella nostra Galassia, e così voi potreste pensare che la probabilità sia abbastanza buona di osservarne almeno una. Invece, si tenga presente che la supernova brillante più recente, la SN 1987A, si trovava in realtà in un'altra galassia – la Grande Nube di Magellano – e che l'ultima supernova brillante della nostra Galassia è stata osservata diversi secoli addietro. Come mai tutto ciò? La risposta è semplice. Come abbiamo già visto nei paragrafi precedenti, la nostra Galassia è disseminata di polveri e di gas, ed è questa materia diffusa che blocca ed estingue la luce proveniente da una lontana supernova esplosa nel disco galattico. Ciò non significa che non saremo mai in grado di vedere una supernova, anzi. Significa solo che non possiamo prevedere con sicurezza quando ciò accadrà, benché ci siano alcune stelle che dovremmo tenere costantemente sott'occhio, per esempio Betelgeuse ed η Carinae.

Possiamo però consolarci osservando ciò che rimane dopo l'esplosione di una stella, quel che è detto *resto di supernova*.

3.23.1 Resti di supernova

I resti di supernova (usualmente abbreviati con la sigla SNR) rappresentano le ceneri dell'esplosione, gli strati della stella che sono stati scaraventati nello spazio, oltre che il resto del nocciolo che ora sarà diventato una *stella di neutroni*. L'effettiva visibilità del resto dipende da diversi fattori: la sua età, il fatto che esista o meno una sorgente d'energia che continui a farlo risplendere, il tipo di supernova esplosa.

Mentre il resto invecchia, la sua velocità diminuisce generalmente da 10 mila km/s fino a un misero 200 km/s. Naturalmente, in questa fase il resto si indebolirà. Pochi SNR hanno una stella di neutroni nel loro centro che provvede a rifornire di energia la materia espansa. Il classico prototipo degli SNR alimentati da una stella di neutroni è la Nebulosa Granchio (M1) nel Toro. Ciò che noi vediamo è la radiazione prodotta dagli elettroni che viaggiano quasi alla velocità della luce ruotando attorno alle linee del campo magnetico. Tale radiazione è detta *radiazione di sincrotrone* ed è il debole chiarore bianco perlaceo che osserviamo puntandovi il telescopio. Alcuni SNR rifulgono per il fatto che la materia in veloce espansione va a impattare i grani di polvere e gli atomi dello spazio interstellare, mentre altri emettono radiazione come conseguenza dell'imponente quantità di energia cinetica del materiale liberato dall'esplosione.

| Caldwell 34 | NGC 6960 | 20h 45,7m | +30° 43' | Lug–**Ago**–Set |
| • 3–5 | ⊕ 70\|6' | | | **Cygnus** |

Nota anche come Nebulosa Velo (settore occidentale), si tratta della porzione ovest del Grande Anello del Cigno, il resto di una supernova che esplose circa trentamila anni fa. È facile da localizzare perché è vicina alla stella 52 Cygni: la luminosità della stella, tuttavia. rende difficoltosa la sua visione. La nebulosità che osserviamo è il risultato dell'onda d'urto innescata dall'esplosione della supernova che ora sta impattando il mezzo interstellare, molto più denso. Il resto stellare non è stato ancora rivelato.

| Caldwell 33 | NGC 6992 | 20h 56,4m | +31° 43' | Lug–**Ago**–Set |
| • 2–5 | ⊕ 60\|8' | | | **Cygnus** |

È la Nebulosa Velo (settore orientale), un oggetto spettacolare quando lo si guarda sotto buone condizioni di cielo. È la sola porzione dell'Anello del Cigno che può essere visto al binocolo e qualcuno l'ha descritto di forma somigliante a un amo da pesca. Se si usa il telescopio, diventa chiaro come mai la nebulosa sia stata chiamata "filamentosa", poiché si evidenziano delicate striature che disegnano un merletto. Tuttavia, si paga uno scotto: il SNR è notoriamente difficile da individuare. Potremo essere aiutati da un buon atlante stellare, da un cielo sereno e se avremo molta pazienza. Quando finalmente si riuscirà a individuarlo, esso si rivelerà un'opera d'arte nel cielo estivo.

| – | IC 2118 | 05h 06,9m | –07° 13' | Nov–**Dic**–Gen |
| • 3–5 | ⊕ 180\|60' | | | **Orion** |

Questo resto è conosciuto anche come Nebulosa Testa di Strega ed è una debole regione nebulosa, che ha tutta l'apparenza di essere l'ultimo rimasuglio di un vecchissimo resto di supernova. Assomiglia a una lunga fettuccia di materia e può essere scorto anche con un binocolo: rifulge per il fatto che riflette la luce della vicina Rigel. Nelle guide osservative per astrofili viene menzionato raramente.

| Messier 1 | NGC 1952 | 05h 34,5m | +22° 01' | Nov–**Dic**–Gen |
| • 1–5 | ⊕ 6\|4' | | | **Taurus** |

È la Nebulosa Granchio, il più famoso resto di supernova di tutto il cielo che può essere visto al binocolo come un ovale luminoso di aspetto omogeneo. Con telescopi di almeno 20 cm diventa una macchia di luce grigia spettrale. Nel 1968, nel suo centro venne scoperta la Crab pulsar, che è la sorgente responsabile dell'emissione energetica: si tratta di una stella di neutroni in veloce rotazione su se stessa che è anche stata rivelata in ottico. La Nebulosa Granchio è un tipo di resto di supernova che è detto *plerione*, una tipologia tutt'altro che comune tra i resti di supernova.

| Sharpless 2–276 | | 05h 56,0m | –02° 00' | Nov–**Dic**–Gen |
| • 6,5 ? | ⊕ 600' | | | **Orion** |

È anche conosciuto come Anello di Barnard e pare trattarsi del resto di una vecchissima supernova. Spesso menzionato nei libri, ma osservato molto raramente, è un anello enorme arcuato di gas posto sul lato orientale della costellazione di Orione: circonda sia la "cintura" che la "spada" di Orione e se fosse un cerchio completo misurerebbe circa 10°

di diametro. La parte orientale dell'anello è ben definita, mentre quella occidentale è difficilissima da localizzare e, per quello che ne so, non è stata mai osservata visualmente. Non è il caso di dire che cieli molto scuri e in condizioni perfette sono indispensabili per aumentare la probabilità di rivelarlo.

3.23.2 Tipi di supernova

Prima di lasciare le supernovae e di abbandonare l'argomento delle fasi finali della vita di una stella, è opportuno menzionare brevemente il fatto che ci sono almeno due tipi diversi di supernovae. Il sistema di classificazione che viene usato per distinguere tra i due tipi non è semplicissimo per l'astrofilo, poiché si basa sulla circostanza che la supernova abbia, oppure no, le righe in emissione dell'idrogeno nel suo spettro. Le supernovae cosiddette di *tipo I* non presentano tali righe, al contrario delle supernovae di *tipo II*. La supernova che abbiamo discusso in precedenza è un classico esemplare di tipo II, che è il risultato finale dell'evoluzione di una stella massiccia. Queste stelle, come abbiamo visto, hanno una gran quantità di idrogeno nei loro strati più esterni: da qui le righe e la classificazione come tipo II. Le supernovae di tipo I, d'altra parte, non presentano le righe d'emissione dell'idrogeno e vengono ulteriormente suddivise nei tipi Ia, Ib e Ic. Le tipo Ia hanno righe d'assorbimento del silicio ionizzato, le quali mancano nei tipi Ib e Ic. La differenza tra questi due ultimi tipi è ancora una volta di natura spettroscopica: il primo ha righe d'assorbimento dell'elio, mentre il secondo no.

Ma c'è ancora altro da raccontare. Mentre le supernovae tipo Ib, Ic e II derivano da stelle massicce, le tipo Ia hanno disperso in passato i loro strati superficiali attraverso un forte vento stellare, oppure per l'azione di una stella vicina (la progenitrice della supernova fa parte evidentemente di un sistema binario), con la massa che viene trasferita da una componente all'altra. In aggiunta, le supernovae dei tipi Ib, Ic e II vengono generalmente trovate all'interno di regioni di formazione stellare, come del resto ci si deve aspettare, poiché sappiamo che le stelle massicce hanno vita breve e dunque non riescono ad allontanarsi troppo dalla regione in cui sono nate.

Le supernovae tipo Ia sono del tutto differenti. Normalmente (ma non sempre) le troviamo in galassie in cui è minima l'attività di formazione stellare, quando non addirittura è ormai cessata del tutto. Questo fatto ci fa comprendere che esse non sono il frutto delle fasi finali di una stella massiccia, ma piuttosto derivano da qualche altro evento. In effetti, in un precedente paragrafo abbiamo già discusso delle stelle progenitrici delle supernovae tipo Ia: sono le nane bianche che esplodono a causa delle reazioni termonucleari. A questo punto, il lettore penserà che ciò è in contraddizione con quanto si è scritto in precedenza, laddove dicevamo che le nane bianche non ospitano al loro interno alcuna reazione nucleare. Il che è vero, ma in questo caso la nana bianca ricca di carbonio è parte di un sistema binario in cui l'altra stella è una gigante rossa.

Ricordiamo che, quando una gigante rossa evolve, i suoi strati superiori si espandono e possono superare quello che è detto il *lobo di Roche*, che è la regione che circonda una stella dentro la quale è dominante la gravità stellare. Ogni materia che si trovi all'interno del lobo di Roche risulta essere gravitazionalmente legata alla stella, ma quando il lobo è pieno allora la materia può vincere l'attrazione gravitazionale della stella e può liberarsi, sfuggendo via oppure essendo trasferita a una stella compagna[47]. Questo materiale cade dunque sulla nana bianca e l'immediata conseguenza è che sulla stella viene raggiunto il limite di Chandrasekhar: l'aumento della pressione sarà causa dell'innesco della combustione del carbonio nel profondo interno stellare. Ciò, naturalmente, verrà accompagnato da un aumento della temperatura.

Normalmente, questo incremento di temperatura implicherebbe un ulteriore aumento della pressione, che dovrebbe portare all'espansione della nana bianca e in seguito al raffreddamento della stessa, fino alla cessazione del bruciamento del carbonio.

Ma, come abbiamo visto, le nane bianche non sono stelle normali; sono fatte di materia degenere, il che significa che l'aumento della temperatura ha come risultato un aumento sempre crescente della velocità con cui si producono le reazioni che bruciano il carbonio, un processo che richiama da vicino l'*helium flash* di cui abbiamo trattato parlando delle stelle di piccola massa. La temperatura ben presto raggiunge picchi tali che gli elettroni della nana bianca diventano non-degeneri e, per dirla in modo semplice, la nana bianca esplode distruggendosi completamente.

Dunque, le supernovae di tipo Ia sono alimentate da processi nucleari ed emettono una maggiore quantità di energia sotto forma di radiazioni elettromagnetiche[48], mentre l'energia rilasciata dalle tipo II è di natura gravitazionale e contemporaneamente viene liberato un numero enorme di neutrini.

Tutto ciò, naturalmente, potrebbe non interessare quell'astrofilo il quale desideri solo osservare una supernova: conoscere tutti questi processi non lo aiuterà certo a scoprirne una! Tuttavia, queste informazioni devono essere conosciute nel caso in cui si legga su una rivista o sul *web* che l'ultima supernova scoperta è del tipo Ib (o Ia...).

Ora però portiamoci a considerare la fase finale della vita di una stella, ossia l'esito di milioni o miliardi di anni di evoluzione stellare, la fine di un lungo viaggio.

3.24 L'esito dell'evoluzione delle stelle di grande massa: pulsar, stelle di neutroni e buchi neri

3.24.1 Pulsar e stelle di neutroni

Ci stiamo avvicinando a considerare la fine della vita di una stella: benché gli oggetti di cui parleremo sono probabilmente al di là delle possibilità osservative dell'astrofilo, è importante che ne trattiamo, fosse solo per amore di completezza. Questi oggetti sono o molto piccoli (una decina di chilometri di raggio) o invisibili e quindi non sono assolutamente osservabili con strumentazione amatoriale[49]. Essi rappresentano la conclusione dell'evoluzione stellare e soltanto fino a pochi decenni fa non erano mai stati visti, bensì solo previsti dalle teorie. Le proprietà affascinanti di questi oggetti potrebbero da sole riempire un volume: allora io descriverò brevemente solo quelle che hanno una certa rilevanza con la loro storia evolutiva.

Ricordiamo che in una supernova di tipo II le 0,6 $M_\odot$ centrali del nocciolo che sta collassando hanno una densità pari a quella del nucleo atomico e che i neutroni divengono degeneri. Questa regione centrale del nocciolo si è trasformata in una *stella di neutroni*. In effetti, dopo che l'esplosione di una supernova ha scagliato via lontano gli strati esterni della stella, ciò che normalmente resta è proprio solo la parte centrale del nocciolo. Le stelle di neutroni furono predette teoricamente già nel 1939 da Robert Oppenheimer e da George Volkoff, i quali calcolarono le proprietà di una stella composta interamente di neutroni.

La struttura della stella non è completamente nota, ma esistono diversi modelli teorici che descrivono accuratamente le osservazioni. Molte delle proprietà della stella di neutroni sono simili a quelle delle nane bianche. Per esempio, un aumento della massa di una stella di neutroni ha come risultato la diminuzione del raggio (generalmente compreso tra 10 e 15 chilometri). La massa di una stella di neutroni può essere compresa tra 1,5 e 2,7 $M_\odot$, ma naturalmente questi numeri dipendono dai calcoli che sono stati usati nei decenni scorsi. Tuttavia, essi bastano a dare un'idea di come sia una stella di neutroni.

Vogliamo qui descrivere due delle proprietà più importanti, vale a dire la sua rotazione e il campo magnetico. Una stella di neutroni ruota con una velocità rapidissima, per esempio molte centinaia o anche migliaia di volte al secondo. Lo fa in omaggio a una legge fisica che è detta *conservazione del momento angolare*, una legge abbastanza complicata, ma relativamente facile da intuire. Immaginate una pattinatrice su ghiaccio che sta piroettando su se stessa: quando essa richiama al corpo le sue braccia, automaticamente gira più velocemente. Lo stesso accade con la stella di neutroni. Il Sole completa una rotazione in circa 30 giorni, ma se venisse compresso alle dimensioni di una stella di neutroni avrebbe una frequenza di rotazione di mille giri al secondo. Sappiamo anche che tutte le stelle hanno un campo magnetico, ma ora immaginiamo di comprimere quel campo magnetico alle dimensioni di una stella di neutroni, conservandone il flusso: il risultato sarà che il campo si porterà a valori enormi. Ancora, usando il Sole come esempio, il suo campo magnetico aumenterebbe di 10 miliardi di volte qualora la nostra stella venisse ridotta alle dimensioni di una stella di neutroni. L'intensità del campo di una tipica stella è di circa 1 tesla, mentre in una stella di neutroni può essere dell'ordine di 100 milioni di tesla.

Si pensa che alcune stelle di neutroni si trovino in un sistema binario e che la materia possa essere trasferita dalla stella compagna fin sulle regioni dei poli magnetici della stella di neutroni, con il gas che cade circa a metà della velocità della luce.

La materia impatta violentemente sulla stella e produce una "macchia calda", ossia una regione nella quale la temperatura può raggiungere i 100 milioni di gradi e che perciò si rende responsabile dell'emissione di raggi X. In effetti, la quantità di raggi X emessi è grandiosa: la luminosità X totale può essere dell'ordine di 10^{31} watt, vale a dire circa 100 mila volte maggiore della luminosità del nostro Sole a tutte le lunghezze d'onda! Questi *X-ray burster*, come vengono chiamati, durano tipicamente da poche ore a pochi giorni: i singoli brillamenti (*burst*) durano una manciata di secondi, prima di calare velocemente in energia e in luminosità. Questi sistemi binari sono detti *sistemi binari a raggi X*: due esempi sono le sorgenti Hercules X-1 e Centaurus X-3.

Tutto ciò ci porta a parlare delle *pulsar*. Nel 1967 una giovane studentessa da poca laureata a Cambridge, Jocelyn Bell, scoprì una sorgente di impulsi radio regolarmente separati nel tempo. Il periodo degli impulsi era di 1,337 secondi e si rivelò costante almeno fino alla settima cifra decimale. L'oggetto designato come PSR 1919+21 fu la prima pulsar a essere scoperta. Il problema era cercare di spiegare che oggetto fosse. Alcune teorie predicevano l'esistenza di stelle di neutroni che pulsavano in un modo simile a quello delle variabili Cefeidi, le cui dimensioni variano nel tempo. Addirittura ci fu chi suggerì che queste onde radio pulsate fossero messaggi in codice inviati da una civiltà aliena. Quest'ultima idea non prese piede. Un altro modello fu quello di una nana bianca rotante. Ebbene, tutte queste spiegazioni più o meno plausibili alla fine vennero scartate e fu scelta la sola interpretazione corretta.

Il modello generalmente accettato per una pulsar è quello nel quale l'asse magnetico di una stella di neutroni si trova a essere disallineato rispetto all'asse di rotazione. Particelle di altissima energia si muovono attraverso le linee del campo magnetico e vengono scaraventate fuori in fasci sottili dalla regione dei poli magnetici. Mentre la stella di neutroni ruota attorno al proprio asse, il fascio di radiazione può investire la Terra e quindi viene rivelato un impulso nelle onde radio (o nell'ottico, o nei raggi X). In qualche caso, è possibile osservare due impulsi per ogni rotazione, quando entrambi i poli magnetici inviano fasci che investono la Terra. Con l'andare del tempo, il periodo di una pulsar va aumentando. Per esempio, una pulsar che ha un periodo di 1 secondo rallenterà fino a raddoppiarlo (2 secondi) in circa 30 milioni di anni. Un punto da sottolineare è che, benché ormai si conoscano moltissime pulsar, non ce n'è alcuna che abbia un periodo più lungo diciamo di una mezza dozzina di secondi; questo probabilmente significa che il meccanismo che crea l'impulso tende a smorzarsi dopo un certo periodo di tempo. In definitiva, le stelle di neutroni esistono come pulsar per le prime decine di milioni di anni dopo l'esplosione della supernova.

Abbiamo ricordato prima che le stelle di neutroni sono i resti di un'esplosione stellare e che le pulsar sono stelle di neutroni rotanti. Dato tutto questo, ci aspetteremmo di trovare una pulsar al centro di ciascun resto di supernova. In realtà, finora conosciamo soltanto tre SNR che siano sicuramente associati con una pulsar. Sono due le ragioni di questo fatto strano. La prima è che per scoprire una pulsar il fascio deve essere proprio diretto verso la Terra: se non lo è, non possiamo rilevarla in altro modo. In secondo luogo, il resto di supernova si rende visibile per un tempo relativamente breve, diciamo centomila anni, prima che si diluisca nel mezzo interstellare e sparisca alla vista. Al contrario, una pulsar sopravvive per milioni di anni, cosicché molte delle pulsar che osserviamo sono oggetti vecchi, il cui resto gassoso si è ormai disperso nello spazio.

Un esempio di una pulsar al centro di un SNR, probabilmente il più famoso tra tutti, è quello della Nebulosa Granchio, designata con la sigla PSR 0531−21. Di fatto, l'energia rilasciata dalla pulsar è responsabile dell'aspetto luminoso della nebulosa: il meccanismo è la radiazione di sincrotrone emessa dagli elettroni in moto a spirale ad alta velocità attorno alle linee del campo magnetico. Un SNR che ha l'aspetto di un oggetto pieno di materia anche all'interno, e non soltanto di un guscio vuoto, viene detto *plerione*.

Abbiamo già detto nel paragrafo sulle nane bianche che esiste un limite superiore alla massa di una nana bianca (limite di Chandrasekhar) al di là del quale la stella non è in grado di sopportare il proprio peso. Dunque non dovrebbe destare sorpresa il fatto che esiste anche un limite superiore per la massa di una stella di neutroni: le stime più recenti pongono questo limite intorno a 2-3 $M_\odot$. In alcune supernovae, gli strati esterni più massicci potrebbero non essere finiti dispersi nello spazio dopo l'esplosione e la materia potrebbe anche ricadere sul nocciolo denso. Questo extra di materia in caduta potrebbe portare il nocciolo della stella di neutroni al di sopra della massa limite e a quel punto la pressione dei neutroni degeneri non sarebbe più in grado di contrastare l'intensa forza di gravità.

Il nucleo continuerebbe a collassare in modo catastrofico e neppure l'aumento di temperatura e di pressione potrebbe opporsi all'inevitabile risultato. In effetti, in omaggio alla famosa equazione di Einstein $E = mc^2$, l'energia equivale alla massa: in tal modo, l'energia associata con i valori incredibilmente elevati di pressione e di temperatura, concentrata com'è nel piccolissimo nucleo, agisce come una massa addizionale che accelera ulteriormente il collasso. Per quel che ne sappiamo, non c'è nulla che possa opporsi a questo punto alla forza devastante della gravità. Il nucleo procede nel collasso formando un *buco nero*. Siamo così giunti alla fine della vita di una stella.

3.24.2 I buchi neri

Discuteremo ora di un oggetto di cui molti hanno sentito parlare, ma di cui non tutti conoscono bene la natura: il buco nero. È uno di quegli oggetti che ha catturato l'immaginazione del grande pubblico, sia per l'idea che se ne ha di un pozzo gravitazionale in cui si cade e da cui non si può uscire, sia per l'uso possibile come strumento di trasporto da un punto all'altro dell'Universo. In effetti, può essere una sorpresa per molti dei lettori sapere che, benché una descrizione rigorosa di cosa sia un buco nero richiederebbe un'approfondita conoscenza del calcolo tensoriale e della relatività generale, la spiegazione della natura di un oggetto così esotico è relativamente semplice e che è facile calcolare alcune delle sue caratteristiche di base. Dunque, cominciamo.

Proseguendo la descrizione che abbiamo dato nel paragrafo precedente della formazione di una stella di neutroni e della conseguente supernova, se il nucleo della stella contiene circa 3 $M_\odot$, o qualcosa di più, nulla potrà impedire e fermare il collasso anche al di là dello stadio della degenerazione neutronica. Di fatto, il nucleo collasserà in un oggetto con raggio zero! Si consideri questa frase con attenzione: qualcosa che ha raggio zero non ha dimensioni fisiche; non parliamo di un oggetto piccolo o anche molto molto piccolo, ma di un oggetto che proprio non ha dimensioni.

Il nocciolo collassa e perciò aumenta la propria densità e la propria gravità superficiale. Se collassa fino ad annullare le proprie dimensioni, allora la gravità diventa infinita: questa entità, che non ha dimensioni fisiche eppure è circondata da un campo gravitazionale di intensità infinita, è una *singolarità*.

Prima di proseguire, abbiamo la necessità di introdurre e discutere il concetto di *velocità di fuga*. Questa è la velocità che un oggetto deve avere se vuole riuscire a sfuggire dalla morsa gravitazionale di un corpo celeste. Per esempio, una navicella spaziale deve muoversi almeno a circa 11 km/s per abbandonare per sempre la superficie della Terra. Il valore della velocità di fuga dipende da due parametri: dalla massa del corpo celeste considerato e dalla distanza a cui l'oggetto si trova dal centro del corpo celeste. Se tale corpo è molto massiccio, oppure se è molto piccolo, allora la velocità di fuga sarà parecchio elevata. Continuando di questo passo, se il corpo è sempre più massiccio e/o sempre più piccolo, si può raggiungere la situazione in cui neppure la luce, che pure è ciò che si muove più velocemente nell'Universo, potrebbe superare la velocità di fuga, e quindi neppure essa potrebbe sfuggire dal corpo celeste, il quale resterebbe perciò invisibile per tutti gli osservatori[50].

Ma ritorniamo alla singolarità. Esisterà un'area spaziale (generalmente di forma sferica) che circonda la singolarità sulla quale la velocità di fuga sarà così elevata che neppure la luce può sfuggire via. Questa sfera all'interno della quale la velocità di fuga è uguale o maggiore della velocità della luce è ciò che è detto *buco nero*[51].

Dunque, all'interno di un buco nero dovremmo riuscire ad andare più veloci della luce per vincere la morsa della gravità; all'esterno del buco nero, invece, la velocità di fuga sarebbe minore di quella della luce. Il confine tra queste due regioni è detto *orizzonte degli eventi*; ciascun evento che avviene all'interno dell'orizzonte resterà per sempre invisibile a un osservatore esterno.

Capire bene il come e il perché esistano i buchi neri va al di là degli scopi di questo libro: limitiamoci a dire che tutto nasce dall'opera del grande fisico Albert Einstein e dalla sua teoria della relatività generale. Einstein fu il primo fisico a combinare lo spazio e il tempo in una singola entità, lo *spaziotempo*: le sue equazioni ci dicono che la gravità può essere descritta come una curvatura dello spaziotempo. Fu l'astronomo Karl Schwarzschild a risolvere le equazioni di Einstein per fornire la prima descrizione di un buco nero in termini di relatività generale. Noi oggi chiamiamo quelle soluzioni *buchi neri di Schwarzschild*: esse riguardano buchi neri elettricamente neutri e non rotanti, da distinguere da quelli dotati di rotazione e di carica elettrica.

Schwarzschild dimostrò che, sotto opportune condizioni (diciamo se la materia è compressa in un volume spaziale sufficientemente piccolo), allora lo spaziotempo può curvarsi su se stesso. Ciò significa che un oggetto (o la stessa luce) può seguire un qualunque cammino (conosciuto con il termine di *geodetica*) nello spazio al di fuori di un buco nero, ma che all'interno del buco nero il raggio di curvatura dello spaziotempo è così piccolo che non esiste una geodetica che sbocchi all'esterno. Una volta dentro, dentro si resta per sempre!

L'orizzonte degli eventi è il confine tra il nostro Universo e la regione di estrema curvatura spaziotemporale[52], isolata per sempre, che è appunto un buco nero. Il raggio di un buco nero, ovvero la distanza dalla singolarità all'orizzonte degli eventi, è detto *raggio di Schwarzschild* (R_{Sch}).

Ora abbiamo una completa descrizione di un buco nero: la singolarità, il raggio di Schwarzschild e l'orizzonte degli eventi.

Un punto da sottolineare è che molta gente ritiene erroneamente che i buchi neri possano risucchiarci al loro interno indipendentemente dalla distanza a cui ci troviamo da essi. È sbagliato. Per esempio, se il Sole dovesse trasformarsi di colpo in un buco nero, di 3 km di raggio, le orbite dei pianeti non subirebbero alcuna variazione. Diventerebbe tutto freddo e buio, è vero, ma la forza di gravità rimarrebbe esattamente la stessa. Gli effetti gravitazionali di un buco nero si fanno sentire in modo estremo solo se ci si avvicina moltissimo ad esso. Se però restiamo a una ragionevole distanza, non c'è nulla che abbia davvero a preoccuparci[53].

Resta comunque un piccolo problema: se i buchi neri sono per definizione invisibili, com'è che possiamo rivelarli?

Lo facciamo studiando gli effetti che essi producono sugli oggetti a loro vicini. In primo luogo, cercheremo una stella il cui moto, determinato dalla misura dello spostamento Doppler nel suo spettro, ci rivela che essa fa parte di un sistema binario. (Lo spostamento Doppler è la variazione della lunghezza d'onda della luce proveniente da un oggetto che si sta allontanando o avvicinando a un osservatore.) Se è possibile vedere entrambe le stelle, allora lasciamo perdere questo sistema. Cerchiamo invece un sistema binario in cui una delle componenti è invisibile, indipendentemente da quanto potente sia il telescopio usato; anche così, però, la semplice invisibilità non ne fa automaticamente un candidato buco nero: in realtà, potremmo non vederla solo perché è una stella molto debole, oppure il chiarore della compagna potrebbe soverchiare la sua luce. Infine, potrebbe essere una stella di neutroni.

Dunque, abbiamo bisogno di ulteriori prove per determinare se la compagna invisibile ha una massa maggiore di quella massima ammissibile per una stella di neutroni. A questo punto si useranno le leggi di Keplero per determinare se l'oggetto invisibile ha una massa maggiore di 3 $M_\odot$. Se così fosse, allora sì che potrebbe essere un buco nero. Non ci accontenteremo comunque di questa semplice misura e andremo alla ricerca di ulteriori informazioni, che potrebbero presentarsi sotto forma di un intenso flusso di raggi X provenienti sia dalla materia che fluisce dalla stella normale verso l'oggetto oscuro, oppure dal disco di accrescimento che si stabilisce attorno al buco nero. In ogni caso, la presenza di una forte emissioni di raggi X è un ottimo indicatore del fatto che il compagno invisibile sia proprio un buco nero.

Naturalmente, le misure sono un po' più complicate di quanto non appaia nel nostro ragionamento. Per esempio, si sa che anche una stella di neutroni può emettere raggi X ed essere circondata da un disco di accrescimento. Perciò sono necessarie attente analisi dei dati. In ogni caso, ormai conosciamo diversi buoni candidati a buco nero, e uno di questi è persino visibile con strumenti amatoriali... o forse sarebbe meglio dire che è visibile la stella compagna del buco nero.

Box 3.4 Le dimensioni di un buco nero

Per determinare approssimativamente il raggio di un buco nero, più precisamente il suo *raggio di Schwarzschild* (R_{Sch}), occorre solo conoscere la massa del buco nero, M, misurata in unità di masse solari, $M_\odot$.
Allora il raggio è dato da questa formula molto semplice:

$$R_{Sch} = 3\,M$$

con il risultato espresso in chilometri.

Esempio

Betelgeuse, nella costellazione d'Orione, ha una massa di circa 20 M$_\odot$. Determinare il raggio che avrebbe un buco nero di tale massa.

$R_{Sch} = 3\ M = 3 \times 20 = 60$ km

Così, un buco nero di 20 M$_\odot$ ha un raggio di Schwarzschild di soli 60 km.

Quando la gravità newtoniana non vale più

Se stiamo a grande distanza da un buco nero, questo esercita una forza gravitazionale che è ben descritta dalla legge della gravitazione universale di Newton. Se però ci avviciniamo troppo ad esso, allora la legge di Newton non vale più e gli effetti gravitazionali risultano meglio espressi dalla relatività generale di Einstein. La distanza dal buco nero a cui questo succede è approssimativamente attorno a 3 volte il raggio di Schwarzschild.

Esempio

Se Betelgeuse collassasse di colpo, potrebbe formare un buco nero con un raggio di Schwarzschild di circa 60 km. In questo caso, qualora desiderassimo descrivere gli effetti gravitazionali, non potremmo più usare le leggi di Newton a meno di (3 × 60) = 180 km dal centro del buco nero. Da quella distanza in poi, andando sempre più vicino al buco nero, la forza di gravità aumenta assai più considerevolmente di quanto predica la legge di Newton.

| Cygnus X-1 | HDE 226868 | 19h 58,4m | 35° 12' | Giu–**Lug**–Ago |

Questa è una delle più forti sorgenti di raggi X del cielo e probabilmente è il miglior candidato a buco nero. La posizione della sorgente X coincide con quella della stella HDE 226868, che è una supergigante tipo B0Ib di magnitudine 9, posta circa 0°,5 a est-nord-est di η Cygni. È una stella molto calda, di circa 30 mila gradi, e le analisi indicano che è un sistema binario con un periodo di circa 5,6 giorni. Le osservazioni da satellite hanno rivelato variazioni nell'emissione X su scale temporali inferiori a 50 millisecondi. La massa stimata del buco nero compagno della stella va tra 6 e 15 M$_\odot$. Ciò significa che il diametro massimo dovrebbe essere attorno a 45 chilometri.

Altri sistemi binari contenenti buchi neri sono:

stella	tipo	periodo orbitale (giorni)	massa stimata del buco nero (M$_\odot$)
LMC X-3	B Sequenza Principale	1,7	da 4 a 11
V616 Mon	K Sequenza Principale	7,8	da 4 a 15
V404 Cyg	K Sequenza Principale	6,5	maggiore di 6
Nova Sco 1994	F Sequenza Principale	2,4	da 4 a 15
Nova Velorum	M stella nana	0,29	da 4 a 8

Note

1. Discuteremo la catena protone-protone in maggior dettaglio nei paragrafi che riguardano il Sole e le stelle di Sequenza Principale.

2. Nel paragrafo sul Sole discuteremo in modo più completo l'equilibrio gravitazionale.

3. Quando gli astronomi parlano di una stella che segue una sua traccia evolutiva, o che si muove su un diagramma H-R, ciò che essi intendono dire è che varia la luminosità e/o la temperatura della stella: in tal modo cambierà anche la posizione della stella sul diagramma H-R.

4. I calcoli teorici sono stati sviluppati dall'astrofisico giapponese C. Hayashi, e la fase che la protostella attraversa prima dell'ingresso in Sequenza Principale è nota come *fase di Hayashi*.

5. Sono pochi gli esempi di nebulose nelle quali si stanno formando protostelle e che si rendono visibili come nebulose a emissione. Tuttavia, anche in questo caso, non vedremo le protostelle, ma piuttosto la regione dentro la quale esse si trovano.

6. Vedremo più avanti perché il Sole è opaco.

7. Ricordiamo che la luminosità è proporzionale al quadrato del raggio e alla quarta potenza della temperatura superficiale.

8. Non c'è un'analoga relazione massa-luminosità per le nane bianche, per le stelle giganti o le supergiganti.

9. Questo valore equivale a circa 80 volte la massa di Giove.

10. Per "ordinaria", qui si intende materia composta da atomi, per distinguerla dalla "materia oscura", in particolare dalla sua componente non barionica.

11. Vale la pena di osservare le stelle tipo FU Orionis, la cui attività oggi si pensa sia in qualche modo correlata con quella delle variabili T Tauri. La variabilità di queste ultime potrebbe aver origine da instabilità interne e da interazioni con il disco di accrescimento che le circonda. L'attività delle FU Orionis è causata da instabilità a seguito della caduta di grandi quantità di materia sulla stella. Molti astronomi ritengono che tutte le stelle tipo T Tauri sono destinate a esibire almeno una volta il comportamento tipo FU Orionis.

12. Le più recenti ricerche suggeriscono che talune stelle nascano effettivamente da sole, ma si tratta di eccezioni.

13. Ricordiamo che il bruciamento dell'idrogeno è caratteristico delle stelle sulla Sequenza Principale.

14. Si veda il prossimo paragrafo.

15. Nel Sagittario sono numerosi gli ammassi aperti. La nostra lista comprende solo i più brillanti.

16. Si veda il prossimo paragrafo per la definizione di associazione stellare.

17. Stiamo parlando qui delle galassie spirali e non delle ellittiche. Si pensa che le ellittiche siano il risultato della fusione di due galassie spirali; in esse, il tasso di formazione stellare è praticamente pari a zero. Per ulteriori dettagli si veda il capitolo 4.

18. Questo oggetto non è per nulla una nube; Nube è il nome proprio che gli antichi astronomi diedero a questa galassia prima di conoscerne la vera natura.

19. Ciò, naturalmente è un'esagerazione, perché solo da una decina d'anni, per esempio, gli astronomi hanno (forse) risolto il problema dei neutrini solari, come vedremo in un paragrafo successivo.

20. Ci sono molti libri eccellenti dedicati esclusivamente al Sole.

21. Un plasma è un insieme di ioni positivi e di elettroni liberi.

22. Nelle stelle più massicce del Sole, la fusione dell'elio avviene attraverso una serie differente di reazioni, che sono dette *ciclo del CNO*. Lo discuteremo in seguito.

23. Tenendo conto della lunghezza del raggio solare e del tempo impiegato per attraversarlo, è come se un fotone viaggiasse in media alla velocità di 0,5 metri all'ora, più lento di una lumaca.

24. Su tutti i libri e gli almanacchi scritti per gli astrofili si possono trovare lunghe liste di stelle doppie e multiple.

25. Questo, indipendentemente dal fatto che il sistema binario sia visuale, spettroscopico, a eclisse o astrometrico.

26. Esistono migliaia di sistemi stellari doppi, tripli e multipli in cielo, tutti potenzialmente osservabili dagli astrofili. La lista che proponiamo fornisce solo un assaggio di ciò che attende l'osservatore. Se manca la vostra stella favorita, me ne scuso, ma sarebbe stato impossibile includerle tutte.

27. L'angolo di posizione e la separazione riportate nella lista sono relative all'epoca 2000.0. Nel caso di stelle doppie di breve periodo, questi numeri possono cambiare apprezzabilmente.

28. Il semiasse maggiore è un termine che si applica alle orbite ellittiche (quasi tutte lo sono): è definito come la metà dell'asse maggiore di un'ellisse.

29. Questa stessa oscillazione viene sfruttata per rivelare i pianeti attorno alle stelle.

30. Si noti che la somma $(a_A + a_B)$ dà come risultato proprio il semiasse maggiore (a) che si utilizza nella legge di Keplero.

31. Discuteremo questo fatto notevole in un prossimo paragrafo.

32. Si veda il prossimo paragrafo per una discussione sulle giganti rosse.

33. Ricordiamo che l'innesco dell'idrogeno richiede una temperatura di 10 milioni di gradi, mentre quella dell'elio un valore dieci volte maggiore, 100 milioni di gradi.

34. È il termine preferito dai fisici delle particelle.

35. Si chiama *periodo* il tempo che la stella impiega per completare un ciclo di variazione di luminosità. Per la δ Cephei il periodo è di 5,5 giorni.

36. Le stelle di *Popolazione I* sono supergiganti luminose, stelle di Sequenza Principale di alta luminosità, come sono le stelle di tipo O e B, e membri di giovani ammassi aperti. Normalmente queste stelle si trovano localizzate nel disco di una galassia e concentrate nei bracci di spirale, ove seguono orbite quasi sempre circolari. La Popolazione I include le stelle che possono avere tutte le età, fino a 10 miliardi di anni. Al contrario, le stelle di *Popolazione II* sono generalmente stelle vecchie. Esempi sono le RR Lyrae e le stelle centrali delle nebulose planetarie. Questo tipo di stelle non ha correlazione con la posizione dei bracci di spirale; le si trova anche negli ammassi globulari, che stanno nell'alone, e nel rigonfiamento centrale della Galassia.

37. Pagine Web e indirizzi si trovano facilmente in Internet.

38. Le teorie ci dicono che una stella di tipo M di piccola massa può stare sulla Sequenza Principale per migliaia di miliardi di anni!

39. Nelle stelle che sono più calde e più massicce del Sole, la catena di reazioni che porta alla fusione dell'idrogeno è detta ciclo CNO, dove C, N e O sono i simboli del carbonio, dell'azoto e dell'ossigeno. La quantità di energia prodotta in queste reazioni è esattamente la stessa che si libera nella reazione protone-protone che abbiamo già discusso; la differenza è che il ciclo CNO occorre a un tasso molto più elevato.

40. In un'occasione essa restò al minimo per ben dieci anni!

41. La denominazione di "nebulosa planetaria" la si deve a Herschel, che aveva colto la somiglianza di queste nebulose con Giove quando lo si osserva al telescopio.

42. Si veda l'Appendice Uno per un'estesa spiegazione della degenerazione.

43. Osservazioni recenti hanno rivelato una stella (la V4334 Sagittarii) che si trova in procinto di divenire una nana bianca essendo andata soggetta all'*helium flash* finale, essendo cresciuta ancora una volta a dimensioni di gigante rossa e avendo perso ulteriore gas. Un'altra stella che ha mostrato un comportamento simile è la V605 Aquilae.

44. Qualche nucleo di elio in effetti resta nel nocciolo della stella, ma comunque in quantità insufficiente per innescare un significativo bruciamento dell'elio.

45. Ora la regione che produce energia nella stella è contenuta in un volume che ha le dimensioni della Terra, ossia si trova entro un raggio un milione di volte più piccolo di quello della stella.

46. Non si pensi che gli astronomi sappiano tutto riguardo alle supernovae. Prima che comparisse la famosa supernova del 1987 (la SN 1987A), gli astronomi credevano che solo le supergiganti rosse potessero essere progenitrici di supernovae e restarono interdetti quando scoprirono che la stella progenitrice della SN 1987A era una supergigante blu!

47. La trattazione matematica dei lobi di Roche è piuttosto complessa e gli eventi a essi associati potrebbero da soli riempire un libro.

48. Poiché non c'è il collasso del nocciolo nelle supernovae tipo Ia, non ci sarà emissione di neutrini.

49. Senza dubbio verrà presto corretta questa mia affermazione, e sarà quando un astrofilo riuscirà a prendere un'immagine della Crab pulsar. È solo questione di tempo!

50. Nel 1783, il rev. John Mitchell, astronomo inglese, lavorando con la legge di gravitazione newtoniana, comprese che un oggetto che avesse la stessa densità del Sole, ma un raggio 500 volte maggiore, avrebbe una velocità di fuga maggiore di quella della luce. Senza saperlo, stava parlando di un buco nero.

51. In taluni casi, un resto di supernova non ha una pulsar o una stella di neutroni nel suo centro, ma ha un buco nero.

52. Alcuni relativisti sostengono che in un futuro inimmaginabilmente lontano i buchi neri potrebbero "evaporare". La cosa non dovrebbe preoccuparci: saremo già spariti da lungo tempo dalla faccia della Terra.

53. Cioè se noi ignoriamo la quantità immensa di radiazione che si forma attorno a un buco nero e i resti della stella che sono stati scagliati nello spazio.

CAPITOLO QUATTRO

Le galassie

4.1 Introduzione

Discuteremo ora di oggetti che gli astrofili non mancano mai di osservare coi loro telescopi: le *galassie*[1].

Tuttavia, per la maggioranza degli astrofili, le galassie tendono a rimanere oggetti deboli ed elusivi e non credo di sbagliarmi se dico che forse il 99% degli astrofili osserva normalmente non più di 10-20 galassie. Può essere sorprendente sapere che, con il sistema ottico appropriato, sotto condizioni di *seeing* ottimali (e con una copia di questo libro fra le mani), sono molte decine le galassie che sono alla portata anche dei più piccoli telescopi o dei binocoli. In effetti, talune sono persino visibili a occhio nudo se si sa bene dove guardare.

Le galassie sono vaste, immense aggregazioni di stelle, gas e polveri. Sono le genitrici delle stelle: le stelle non nascono al di fuori delle galassie[2]. Il numero delle stelle che costituiscono le galassie varia considerevolmente; per esempio, in alcune galassie giganti possono esistere anche mille miliardi (10^{12}) di stelle, un numero che fa girare la testa. All'altro estremo, nelle galassie nane più piccole, come è Leo I, ci possono essere anche soltanto poche centinaia di migliaia di stelle.

4.2 Tipi di galassie

Le galassie si presentano con un'ampia varietà di forme e di dimensioni, ma la grande maggioranza può essere catalogata in pochi tipi ben distinti. Quando gli astronomi cominciarono a studiare le galassie, la caratteristica più ovvia che si presentò ai loro occhi era per l'appunto la loro forma. Le galassie possono essere classificate in base alla loro morfologia in tre categorie principali.

Le *galassie spirali* appaiono come dischi bianchi e piatti con un rigonfiamento al loro centro di colore giallastro. Le regioni del disco sono occupate da polveri e gas freddo, mischiato con gas caldo ionizzato, come è nel caso della Via Lattea. Le loro caratteristiche più evidenti sono gli spettacolari bracci di spirale.

Le *galassie ellittiche* sono un po' più rossicce e più tonde, somigliando a una palla da rugby[3]. In confronto con le spirali, le ellittiche contengono molto meno gas freddo e anche meno polveri; invece, è più abbondante il gas caldo ionizzato.

Le galassie che non hanno né la forma di disco, né sono tondeggianti sono classificate come *galassie irregolari*.

Alcune galassie spirali mostrano una barra rettilinea di stelle che taglia il centro del loro disco, con i bracci di spirale che si dipartono dalle estremità di tale barra. Le galassie che presentano tale struttura sono conosciute come *galassie spirali barrate*.

Le galassie che hanno un disco, ma non bracci di spirale, sono dette *galassie lenticolari*, poiché hanno la forma di una lente quando sono viste di taglio.

Il sistema di classificazione conosce ulteriori suddivisioni per tener conto, per esempio, della luminosità della regione del nucleo (è la regione centrale compatta della galassia), il grado di apertura dei bracci di spirale e così via.

4.3 La struttura di una galassia

A questo punto, può essere utile descrivere un po' più in dettaglio quale sia la struttura di una galassia, anche perché, in una certa misura, ciò ci aiuterà a capire perché le galassie ci appaiono così come sono. Ci sono numerosi volumi che coprono dettagliatamente questi argomenti, e anche il modo in cui le galassie si sono originate.

Le spirali hanno un *disco* sottile che si estende a partire da un *rigonfiamento centrale* (in inglese *bulge*). Il rigonfiamento va a fondersi con l'*alone*, una regione sferica che può estendersi fino a oltre 100 mila anni luce. Il *bulge* e l'alone costituiscono la *componente sferoidale*. Non ci sono confini netti che dividano questa componente nelle sue parti costituenti, ma grosso modo possiamo dire che le stelle che si trovano entro 10 mila anni luce dal centro possono essere considerate stelle del rigonfiamento centrale, mentre quelle più all'esterno sono membri dell'alone.

La *componente di disco* di una galassia spirale taglia sia l'alone che il rigonfiamento centrale e, nelle grandi spirali come la Via Lattea, può estendersi fino a 50 mila anni luce dal centro. L'area del disco di tutte le spirali contiene una miscela di gas e di polveri che è detta *mezzo interstellare*: la quantità e le proporzioni relative del gas, se sia atomico, molecolare, oppure ionizzato, saranno differenti da galassia a galassia.

4.4 Le popolazioni stellari

Le stelle di una galassia spirale possono essere classificate a partire dalla regione in cui si trovano. Quelle che appartengono alla regione del disco sono dette stelle di *Popolazione I* e generalmente sono stelle giovani, calde e blu; quelle che si trovano nel rigonfiamento centrale sono stelle giganti rosse, vecchie, e sono dette stelle di *Popolazione II*. Le fotografie spesso mostrano i bracci di spirale di una colorazione azzurrina, per via della presenza delle stelle di Popolazione I, mentre il rigonfiamento ha una colorazione arancione per la presenza delle stelle di Popolazione II. I bracci di spirale possono anche presentarsi punteggiati di regioni HII [4], colorate di rosa e di rosso, che sono aree di formazione stellare. Le nuove stelle si formano normalmente nei bracci di spirale delle galassie, più raramente nel *bulge*.

Circa il 75% delle grandi galassie nell'Universo osservabile hanno la morfologia spirale o lenticolare. Alcune galassie spirali possono trovarsi all'interno di aggregazioni di altre spirali – i cosiddetti *gruppi* – che si distribuiscono su diversi milioni di anni luce. La nostra Galassia è membro del *Gruppo Locale*.

Le galassie ellittiche differiscono profondamente dalle spirali per il fatto di non avere una significativa componente di disco. Perciò, un'ellittica ha solo la componente sferoidale. Anche il mezzo interstellare è diverso da quello delle spirali, essendo una miscela di gas di bassa densità, caldo, emittente raggi X. Contrariamente a quanto si legge in certi libri, anche le ellittiche possiedono un po' di gas e di polveri, e alcune hanno persino un piccolo disco gassoso al loro centro, che si crede sia il resto delle galassie spirali che l'ellittica ha attratto a sé e consumato.

Le stelle della popolazione sferoidale delle galassie ellittiche sono di colore tra l'arancio e il rosso; l'assenza di stelle azzurre ci dice che sono tutti astri molto vecchi e che gli ultimi episodi di formazione stellare avvennero tantissimo tempo fa.

Le galassie ellittiche vengono spesso trovate nei grandi ammassi di galassie (vedi paragrafo 4.10), e generalmente sono localizzate nei pressi dei loro centri. Esse costituiscono solo circa il 15% delle grandi galassie osservate al di fuori degli ammassi, ma circa il 50% delle grandi galassie appartenenti agli ammassi. Spesso le grandi spirali sono accompagnate da un numero notevole di piccole galassie che sono dette *galassie ellittiche nane*. Un esempio alla portata di osservazioni amatoriali è la Grande Galassia in Andromeda, M31, una classica spirale, con le sue satelliti M32 e M110 che sono entrambe ellittiche nane.

Ci sono diverse galassie che non appartengono né alla categoria delle spirali né a quella delle ellittiche. Sono le irregolari, che includono tutti quei sistemi che non è facile ricondurre alle due classi principali. Sono irregolari certe piccole galassie, come le Nubi di Magellano [5], e quelle galassie che hanno forme peculiari per effetto delle interazioni mareali susseguenti a un incontro ravvicinato tra due sistemi. Queste galassie normalmente sono di color bianco e ricche di polveri, proprio come le spirali, benché le somiglianze finiscano qui. Quando si prendono immagini molto profonde, ossia di oggetti lontani, si scopre che le galassie primordiali sono irregolari: ciò indica che questo tipo di galassia era il più comune nel giovane Universo.

4.5 La classificazione di Hubble delle galassie

Il famoso astronomo americano Edwin Hubble fu il primo a mettere ordine fra i molti disparati tipi di galassie. La *classificazione di Hubble*, come è conosciuta, è stata usata come uno strumento per suddividere le varie categorie di galassie. Nei decenni successivi furono introdotte alcune varianti, grazie soprattutto al contributo dell'astronomo francese Gérard de Vaucouleurs.

La classificazione è la seguente. Una lettera maiuscola seguita o da un numero o da una lettera minuscola viene assegnata alla galassia in questione e ciò identifica la sua morfologia. Per esempio, nel caso di una galassia ellittica, viene usata la lettera E seguita da un numero. Quanto maggiore è il numero, tanto più elongata è la galassia. Una galassia E0 è praticamente tonda, mentre una galassia E7 è fortemente ellittica. Esiste poi un sottogruppo di ellittiche con la seguente nomenclatura: D significa che c'è un alone diffuso, *c* è una galassia supergigante, mentre *d* rappresenta una galassia nana. In tal modo, alcune delle galassie ellittiche più grandi vengono classificate come *c*D.

A una galassia spirale viene assegnata la lettera S; se viene indicata come SA significa che è una spirale ordinaria, mentre la sigla SB sta a indicare che è una spirale barrata. Seguono poi le lettere minuscole: *a*, *b*, *c* e *d*. Esistono anche classi intermedie, classificate come *ab*, *bc*, *cd*, *dm* e *m*. Le lettere minuscole, dalla *a* alla *d*, stanno a indicare le dimensioni della regione del *bulge*, il contenuto di polveri del disco e la forma dei bracci di spirale (se sono larghi o compatti), mentre la *m* denota lo stadio in cui la forma di spirale è difficilmente discernibile. Una galassia S*a* avrà normalmente un grosso *bulge*, una modesta quantità di polvere e bracci che si avvolgono strettamente, mentre una galassia S*b* avrà un piccolo *bulge* e bracci molto aperti. Una galassia SB*c* avrà una barra e un piccolo rigonfiamento centrale.

Le galassie di forma intermedia tra le spirali e le ellittiche, che sono dette lenticolari, sono classificate come S0: SA0 sono quelle ordinarie e SB0 sono le barrate. In aggiunta, la classificazione SAB viene utilizzata per le galassie che stanno tra i tipi S e SB. Sia le lenticolari che le spirali possono essere circondate da un anello esterno e i bracci di spirale potrebbero anche chiudersi su se stessi, formando in tal modo uno pseudo-anello. Queste nuove strutture sono classificate rispettivamente come R e R' (R sta per *ring*, anello).

Infine, ci sono anche classificazioni per quelle galassie che non cadono in alcuna delle tre categorie di cui si è detto. Ci sono, per esempio, le Pec, che sta per *peculiari*, ossia galassie dalla forma distorta. Ci sono poi le Irr, ossia le galassie dalla morfologia irregolare. Possono inoltre essere ulteriormente classificate come IA, non strutturate, o come IB, barrate. Le galassie nane sono classificate con la lettera *d* (dall'inglese *dwarf*, nano). La differenza tra una Pec e una Irr può essere minima; sembra comunque che una galassia peculiare sia un sistema che ha sofferto considerevolmente di distorsioni mareali per

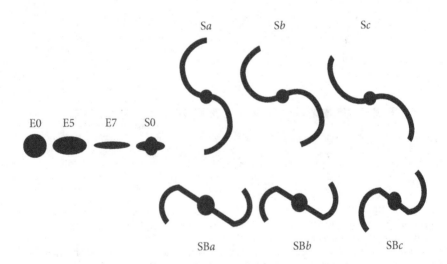

Figura 4.1. Il diagramma "a diapason" di Hubble mostra quali sono i principali tipi di galassie.

il passaggio ravvicinato di un'altra galassia.

Il sistema di classificazione di Hubble può essere rappresentato da un semplice diagramma (figura 4.1); si tenga comunque conto che il diagramma e la classificazione non rappresentano necessariamente una sequenza evolutiva. Le galassie non nascono come ellittiche e progrediscono diventando spirali: anzi, semmai c'è qualche evidenza del fatto che valga l'esatto contrario.

Il sistema di classificazione può indurre qualche confusione e si deve dire che la descrizione che ne abbiamo appena dato non è per niente completa: ci sono ulteriori suddivisioni all'interno di ciascuna classe. L'astrofilo, tuttavia, non dovrà preoccuparsi più di tanto: il sistema completo ha importanza soltanto per quegli astrofisici che studiano le galassie; per l'osservatore ciò che conta è se una galassia è un'ellittica o una spirale, e, se spirale, se è barrata. Nelle poche galassie in cui la struttura a spirale o ellittica è molto evidente sarà utile la suddivisione in E1, E2, S*a*, S*b*, SB*a* e così via. Al solito, le cose si semplificheranno con l'esperienza e con la pratica ripetuta.

Talvolta il sistema di classificazione sembrerebbe apparentemente di nessun aiuto, come quando una galassia è inclinata rispetto alla nostra linea visuale. La galassia M83, una bella galassia spirale, si mostra di faccia e dunque la classica forma a spirale è molto evidente. Invece, la galassia NGC 891, classificata come spirale, ci apparirà come una sottile stria di luce poiché noi la vediamo di taglio e quindi la struttura a spirale non risulta per niente visibile.

In ogni caso, trovare galassie che si presentano di taglio o quasi perfettamente di taglio, aggiunge un altro elemento di soddisfazione nel localizzare e nell'osservare questi deboli oggetti.

4.6 Osservare galassie

Per l'astrofilo, l'osservazione delle galassie può rivelarsi talvolta deludente. Nei libri e nelle riviste astronomiche l'astrofilo viene bombardato di immagini di galassie con i loro splendidi bracci a spirale variamente colorati e disseminati di vistose regioni HII di color rosa. Invece, quando poi guarda quella stessa galassia attraverso il suo telescopio, tutto quello che vede è una piccola pallida sferula luminosa.

È proprio vero che in quasi ogni caso, specialmente se osserviamo da un sito non lontano dalle città, la galassia sarà debole e indistinta: qualche struttura può essere scorta solo con grandi telescopi e sotto cieli il più possibile bui. Eppure, facciamoci coraggio, perché resteremo sbalorditi a considerare quello che si può vedere anche solo a occhio nudo se ci troviamo nel luogo giusto a osservare e se abbiamo alle spalle una certa pratica. Personalmente ricordo che, nel corso di una visita nei luoghi più incontaminati della Turchia sotto cieli straordinariamente scuri, in diverse occasioni mi è capitato di osservare M31 in Andromeda e M33 nel Triangolo con dettagli così definiti e spettacolari che ancora oggi la memoria di quei momenti mi crea qualche emozione. Anche già solo a occhio nudo, ero in grado di vedere i contorni di M31 per circa 2°,5 di cielo, mentre M33 era un oggetto d'enorme estensione, caratterizzato da un chiarore amorfo. Se avessi avuto le corrette informazioni su dove guardare, sicuramente sarei stato in grado di scorgere diverse altre galassie a occhio nudo; sfortunatamente, mi lasciai condizionare dall'equivoco, comune tra gli astrofili, che il limite di visibilità a occhio nudo è attorno alla magnitudine 6: ora invece io so per certo che, se il cielo è limpido e buio e se la visione è opportunamente adattata all'oscurità, tale limite deve essere spostato addirittura intorno alla magnitudine 8.

Ho raccontato questo mio ricordo personale per sottolineare come cieli bui siano indispensabili se si vogliono vedere le galassie più deboli e qualche dettaglio al loro interno. Bastano cieli scuri e un buon binocolo per poter scorgere molte galassie; se poi disponete di un telescopio, allora il numero cresce incredibilmente.

Come al solito, saranno di aiuto per individuare e vedere bene le galassie la visione distolta con un occhio opportunamente adattato all'oscurità. Vi aiuterà grandemente nelle vostre osservazioni anche uno strumento con ottiche di qualità. Attenzione che la polvere sull'obiettivo, per non dire di macchie di grasso o anche solo di sudore, ridurranno di molto la quantità di luce che raggiunge il vostro occhio e, in particolare, farà crollare il contrasto dell'immagine.

Generalmente, dentro un telescopio con un'apertura di 15 cm sarà possibile osservare galassie più brillanti della magnitudine 13; arriveremo alla magnitudine 14,5 con un telescopio del diametro di 30 cm. Sono numerose le galassie più brillanti dei valori che abbiamo appena dato e queste saranno perciò visibili anche in strumenti più modesti. In taluni casi, si renderanno visibili solo le parti più brillanti di una galassia, generalmente la sua regione nucleare, mentre i bracci di spirale saranno inosservabili.

Se si vogliono cogliere i più fini dettagli dei bracci a spirale, localizzare l'area del *bulge*, e le regioni HII si deve necessariamente utilizzare un telescopio di grande apertura. In ogni caso, se lo scopo della vostra osservazione è giusto la localizzazione di questi oggetti elusivi e la soddisfazione di sapere che la luce che sta colpendo il vostro occhio ha iniziato il suo viaggio più di 100 milioni di anni fa, allora c'è un intero esercito di galassie che vi attende in cielo[6].

Nelle descrizioni che seguono useremo la solita nomenclatura, ma con qualche novità. Le galassie sono oggetti estesi, il che significa che esse coprono una regione apprezzabile del cielo: in qualche caso alcuni gradi, in altri solo pochi primi d'arco. La luce che ci proviene da una galassia si distribuisce su tale area e perciò la magnitudine che daremo per ciascun oggetto sarà quella che la galassia avrebbe se tutta la sua luce provenisse da un unico punto; questa magnitudine viene detta *magnitudine integrata*. Ciò può essere causa di qualche confusione, poiché una galassia, diciamo di magnitudine 8, ci apparirà assai più debole di una stella di magnitudine 8: quando possibile, in taluni casi daremo anche la luminosità superficiale di una galassia, poiché questo parametro fornisce un'idea migliore del grado di visibilità dell'oggetto. Per esempio, M64, la galassia Occhio Nero, ha una magnitudine integrata di 8,5, mentre la luminosità superficiale è di 12,4. Quest'ultimo parametro sarà riportato in corsivo, racchiuso tra parentesi quadre, subito dopo il valore della magnitudine; per esempio, la magnitudine e la luminosità superficiale di M64 verranno riportate come: 8,5 m [*12,4 m*].

Come nel precedente paragrafo, il giudizio "facile", "impegnativa" o "difficile" tiene in considerazione non solo la brillantezza complessiva della galassia, ma anche la superficie su cui essa si estende. Così, una galassia potrebbe essere relativamente brillante, diciamo di magnitudine 8, ed essere ben visibile in un binocolo, in circostanze normali, tanto da essere designata come "facile"; se però essa copre un'area piuttosto grande in cielo, così da avere una luminosità superficiale bassa, verrà indicata come "impegnativa".

In aggiunta, le galassie spirali possono esibire una varietà di forme a seconda della loro inclinazione in cielo rispetto alla Terra. Qualcuna ci apparirà di faccia, altre leggermente inclinate, altre ancora di taglio. Noi useremo i seguenti simboli come indicatori della inclinazione.

di faccia:

poco inclinata:

di taglio:

Per finire, verrà riportata la sigla corrispondente alla classificazione di Hubble che è stata precedentemente spiegata.

4.6.1. Le galassie spirali

Caldwell 7	NGC 2403	07h 36,9m	+65° 35'	Dic-**Gen**-Feb
8,5 m [*13,9 m*]	17',8| 10',0		SAB(s)cd	facile

È una delle galassie più brillanti, benché curiosamente non compaia nel *Catalogo* di Messier, e spesso viene trascurata dagli astrofili. Osservata in un binocolo appare come un ovale di grandi dimensioni con una regione centrale più brillante. Con la visione distolta e uno strumento di 20 cm cominciano a farsi vedere, benché debolmente, i bracci di spirale. Aperture maggiori forniranno ulteriori dettagli. Non è un membro del Gruppo Locale[7], ma piuttosto si ritiene che faccia parte del gruppo di M81-M82. Fu la prima galassia al di là del Gruppo Locale nella quale vennero scoperte variabili Cefeidi[8]: la stima attuale della distanza è di 11,5 milioni di anni luce.

Messier 81	NGC 3031	09h 55,6m	+69° 04'	Gen-**Feb**-Mar
6,9 m [*13,0 m*]	26'| 14'		SA(s)ab	facile

Ecco un oggetto veramente spettacolare! Al binocolo si presenterà con una forma distintamente ovale e già con un binocolo a forti ingrandimenti sarà facile evidenziare la regione nucleare tra i bracci di spirale. Un telescopio può mostrare assai più dettagli: questa è una delle galassie spirali più vistose da osservare. Con un'apertura di 15 cm si scorgeranno le tracce di diversi bracci a spirale. Invece, localizzare questa galassia a occhio nudo rappresenta una vera sfida. Diversi osservatori riportano di averla vista sotto cieli bui. Se dovesse capitarvi di vederla senza alcun ausilio ottico, sappiate che probabilmente state guardando uno degli oggetti più lontani[9] che possono essere visti a occhio nudo: la sua distanza è di 4,5 milioni di anni luce. M81 è la galassia compagna di M82 ed entrambi questi oggetti spettacolari possono essere visti insieme nello stesso campo di vista dello strumento.

Caldwell 48	NGC 2775	09h 10,3m	+07° 02'	Gen-**Feb**-Mar
10,1 m [*13,1 m*]	5',0| 4',0		SA(R)ab	impegnativa

Oggetto difficile per il binocolo, questa galassia richiede assolutamente un telescopio. Con un'apertura di circa 20 cm ci apparirà come una larga chiazza luminosa: mancheranno dettagli d'ogni tipo dentro l'oggetto, ma si potrà risolvere il nucleo più brillante e la regione esterna più debole. L'assenza di dettagli (ossia di polvere e gas nei bracci di spirale) viene attribuita al fatto che la formazione stellare è proceduta già da parecchio tempo e ha dato fondo a tutta la materia prima da cui nascono le stelle. La prova di ciò è stata trovata nello spettro della galassia, nel quale mancano le righe d'emissione: queste righe vengono normalmente generate dalle regioni di formazione stellare che si trovano dentro o nei pressi dei bracci di spirale.

Messier 96	NGC 3368	10h 46,8m	+11° 49'	Gen-**Feb**-Mar
9,2 m [*12,9 m*]	7',6| 5',2		SAB(rs)ab	facile

Questa debole galassia può essere vista in un binocolo come una macchia luminosa, diffusa, debole, di forma ovale. Ciò che si sta osservando, in realtà, è solo il brillante nucleo centrale della galassia, poiché i bracci di spirale sono troppo deboli da risolvere. I telescopi evidenzieranno ulteriori dettagli e sotto buone condizioni di cielo si potrà scorgere anche la struttura a spirale. M96 è oggetto di qualche controversia poiché misure recenti della sua distanza la stimano in 38 milioni di anni luce, che è circa il 60% maggiore del valore adottato in precedenza. La galassia forma un bel triangolo con altre due galassie, M95 e M105.

Messier 65	NGC 3623	11h 18,9m	+13° 05'	Feb-**Mar**-Apr
9,3 m [*12,4 m*]	9',8	2',9	SAB(rs)a	facile

Visibile al binocolo, M65 è una componente della più famosa coppia di galassie in cielo dopo M81-M82. Si mostra abbastanza bene con la compagna M66 con ottiche a bassi ingrandimenti. Appare come una macchia di luce ovale e, aumentando gli ingrandimenti, si possono scorgere sia i bracci di spirale che una stria di polveri. In ogni caso, è spesso un oggetto difficile da osservare perché la luminosità del cielo sullo sfondo tende a interferire con i dettagli della galassia. M65 rappresenta una sfida osservativa per l'astrofilo che osserva dalla città.

Messier 66	NGC 3627	11h 20,2m	+12° 59'	Feb-**Mar**-Apr
9,0 m [*12,5 m*]	9',1	4',2	SA(s)b	facile

È l'altra componente della coppia di galassie appena menzionata. Si tratta di una galassia brillante, facilmente visibile al binocolo, che consente di risolvere la forma ellittica e il centro brillante. Il telescopio migliora la visione della forma del nucleo; a ingrandimenti più elevati si possono percepire un braccio di spirale e una nebulosa oscura. Telescopi di notevole apertura restituiranno notevoli dettagli, soprattutto sotto forma di macchie chiare e scure.

Messier 106	NGC 4258	12h 19,0m	+47° 18'	Feb-**Mar**-Apr
8,3 m [*13,8 m*]	18',6	7',2	SAB(s)bc	facile

La galassia appare come un vasto chiarore diffuso quando viene puntata con il binocolo e la sua forma è chiaramente ellittica. Binocoli potenti rivelano la presenza del nucleo. Con telescopi di piccola apertura (10 cm) e bassi ingrandimenti diventano evidenti i bracci di spirale; aumentando gli ingrandimenti emergono anche ulteriori dettagli. Questa galassia richiede grossi diametri strumentali e ingrandimenti elevati per rivelare un certo numero di dettagli. La vediamo praticamente di faccia, ma c'è una nube di gas e di polveri che avvolge il nucleo che apparentemente è disposta di taglio. Si hanno indicazioni del fatto che nel nucleo risieda un buco nero supermassiccio.

Messier 88	NGC 4501	12h 32,0m	+14° 25'	Feb-**Mar**-Apr
9,6 m [*12,6 m*]	6',9	3',7	SA(rs)b	facile

Bella galassia, osservabile al binocolo, con un nucleo brillante e un chiarore diffuso e debole che lo circonda, dovuto ai bracci di spirale. C'è comunque un problema: la galassia è posta in una regione del cielo vuota di stelle, ciò che complica la sua localizzazione. Con un telescopio di media apertura, diciamo di 20 cm, diviene visibile la sua struttura: i bracci di spirale e il nucleo possono venire risolti con la visione distolta.

Caldwell 38	NGC 4565	12h 36,3m	+25° 59'	Feb-**Mar**-Apr
9,6 m [*13,5 m*]	15',5	1',9	SA(s)bsp	facile

Splendido esempio di una galassia vista di taglio; con un piccolo binocolo si potrà apprezzare la forma affusolata contro il fondo stellare, mentre con un binocolo potente sarà facile evidenziare anche la regione nucleare centrale. Diventa oltremodo chiara la forma di taglio se la si guarda con un telescopio di 15 cm di apertura e si evidenzia anche il nucleo stellare. La fascia polverosa che attraversa il disco risulta osservabile solo con telescopi di almeno 20 cm di diametro. Si pensa che sia una galassia massiccia, del tutto simile alla Via Lattea.

Messier 98	NGC 4192	12h 13,8m	+14° 54'	Feb-**Mar**-Apr
10,1 m [*13,2 m*]	9',8| 2',8	▬▬▬	SAB(s)ab	impegnativa

Questa debole galassia giace sul bordo del grande ammasso della Chioma-Vergine*[10], un'area stracolma di galassie sia deboli che brillanti. Oggetto abbastanza difficile da localizzare, richiede un piccolo telescopio di almeno 10 cm di apertura. È molto inclinata sulla nostra linea visuale e ha una forma parecchio elongata. Sotto condizioni eccellenti del *seeing* e ad alti ingrandimenti si rendono visibili i bracci di spirale e le distese di polveri; più raramente si intravede l'intero alone che circonda la galassia. Oggetto eccellente da osservare, richiede abilità e pazienza per riuscire a evidenziare i dettagli, specialmente sotto cieli cittadini.

Messier 99	NGC 4254	12h 18,8m	+14° 25'	Feb-**Mar**-Apr
9,9 m [*13,0 m*]	5',4| 4',7	⟳	SA(s)c	impegnativa

Oggetto difficile per il binocolo: la sua forma a dischetto circolare può essere risolta soltanto sotto cieli molto bui. Con un telescopio di 10 cm di apertura, la galassia resta una macchia nebulosa tondeggiante, ma si rende visibile un piccolo nucleo. Alti ingrandimenti e uno strumento di maggiore apertura mostreranno due bracci di spirale. M99 è una di quelle galassie per le quali la probabilità di riuscire a scorgere dettagli dipende in maniera decisiva dalle condizioni atmosferiche. Provate a osservarla in una notte serena e poi in una notte con un *seeing* medio e fate il raffronto delle vostre osservazioni. M99 dista circa 55 milioni di anni luce ed è una delle galassie dell'ammasso della Chioma-Vergine.

Messier 61	NGC 4303	12h 21,9m	+04° 28'	Feb-**Mar**-Apr
9,6 m [*13,4 m*]	6',5| 5',8	⟳	SAB(rs)bc	impegnativa

Oggetto difficile per il binocolo: non si vedrà niente più che una macchiolina di luce debole e circolare anche sotto cieli bui. Diventa invece una delizia per l'astrofilo che dispone di un piccolo telescopio, benché resti un oggetto piccolo e difficile da localizzare. È una galassia spirale che vediamo di faccia. Si deve assolutamente usare la visione distolta per questo oggetto e allora diventano visibili il nucleo e i dettagli dei bracci a spirale. La galassia fa parte dell'ammasso della Vergine e allora sarà possibile notare diverse deboli e indistinte macchioline luminose nello stesso campo di vista: il numero dipenderà dalla magnitudine limite del vostro strumento. Tali macchie sono, con ogni probabilità, galassie non risolte.

Caldwell 36	NGC 4559	12h 35,9m	+27° 57'	Feb-**Mar**-Apr
9,8 m [*13,9 m*]	13',0| 5',2	◄▬•▬►	SAB(rs)cd	impegnativa

Anche questa galassia fa parte dell'ammasso della Vergine ed è un oggetto spesso trascurato dagli astrofili. Non adatto per il binocolo, è un oggetto perfetto per piccoli telescopi. Uno strumento di 20 cm risolverà chiaramente la forma ovale, insieme con il nucleo luminoso. Si può scorgere anche qualche altro tenue dettaglio. La struttura dell'oggetto emerge più chiaramente in strumenti di maggiore apertura.

Caldwell 40	NGC 3626	11h 20,1m	+18° 21'	Feb-**Mar**-Apr
11,0 m [*12,8 m*]	2',8| 2',0	⟳	(R)SA(rs)	difficile

È una galassia praticamente sconosciuta agli astrofili. Si trova vicina a diversi oggetti di Messier brillanti e molto spesso viene confusa con NGC 3607. Eppure vale la pena di ricercarla. È una macchia di luce ovale, senza apparenti strutture, e occorrerà un'apertura di almeno 20 cm per risolverla. Ciò che la rende speciale è il fatto che è una galassia *multispin*: ciò significa che il gas molecolare e ionizzato è in rotazione attorno al centro della galassia nel verso opposto a quello lungo il quale ruotano le stelle. L'origine di un tale fenomeno è sconosciuta: una scuola di pensiero sostiene che la galassia ha conosciuto recentemente una collisione e che ha attratto a sé un'enorme nube di gas con una massa di circa 1 miliardo di masse solari.

Caldwell 26	NGC 4244	12h 17,5m	+37° 48'	Feb-**Mar**-Apr
10,4 m [*14,0 m*]	18',5| 2',3	▬▬▬	SA(s)cd:sp	difficile

Si tratta di una delle poche galassie a forma di fuso che possono essere viste con strumentazione amatoriale. La galassia, di taglio, è straordinariamente sottile e occorrerà uno strumento con un'apertura di almeno 20 cm per localizzarla e osservarla. Essa presenta un nucleo puntiforme debole, ma facilmente risolvibile: dentro la galassia ben raramente si scoprono dettagli anche con aperture maggiori. La classificazione di Hubble è simile a quella di M33 nel Triangolo. Quando una galassia di questo tipo è vista di taglio, il minuscolo nucleo e i bracci di spirale molto aperti le conferiscono questo aspetto indistinto.

Messier 58	NGC 4579	12h 37,7m	+11° 49'	Mar-**Apr**-Mag
9,6 m [*13,0 m*]	5',9| 4',7	⟋⟍	SAB(rs)b	facile

La galassia si presenta come una debole macchia di luce soffusa con un nucleo difficilmnete discernibile quando la si osserva al binocolo. Nello stesso campo visuale si possono scorgere le galassie M59 e M60. Un telescopio di 10 cm d'apertura mostrerà qualche struttura nell'alone, insieme con macchioline deboli luminose e oscure. Qualche astrofilo sostiene che con un telescopio di 20 cm è possibile scorgere la barra che connette i bracci di spirale al nucleo. Ha circa la stessa massa della Via Lattea e ha un diametro di circa 95 mila anni luce.

Messier 104	NGC 4594	12h 40,0m	–11° 37'	Mar-**Apr**-Mag
8,0 m [*11,6 m*]	8',7| 3',5	▬▬▬	SA(s)asp	facile

Conosciuta anche come Galassia Sombrero, è un vero spettacolo! Regala vedute meravigliose con ogni binocolo e con ogni telescopio. In un piccolo binocolo si rivela come un disco ovale la cui luminosità va aumentando in direzione del centro. Grossi binocoli riveleranno tutta la sua magnificenza: per esempio, sarà ben evidente la fascia oscura polverosa che taglia il suo disco. Molti più dettagli emergeranno osservandola attraverso un telescopio. Con 10 cm di apertura si vedrà il nucleo brillante insieme con la lunga banda di polvere. I bracci a spirale diverranno evidenti a più alti ingrandimenti. Ancora più dettagli emergeranno osservandola con strumenti di grande diametro e a elevati ingrandimenti. Fu la prima galassia, escludendo la Via Lattea, per la quale furono determinati velocità e verso della rotazione.

Messier 94	NGC 4736	12h 50,9m	+41° 07'	Mar-**Apr**-Mag
8,2 m [*13,0 m*]	11',2| 9',1	◄▬●▬►	(R)SA(r)ab	facile

La galassia è visibile al binocolo come una macchiolina circolare con un nucleo stellare. I telescopi cominceranno a rivelare qualche struttura, come un debole braccio di spirale. Alcuni osservatori riportano che è possibile vedere nei pressi del nucleo un anello centrale che le conferisce un aspetto molto simile a M64, la Galassia Occhio Nero. Un ulteriore anello ellittico può essere scorto appena all'esterno dei confini della galassia. Naturalmente, per riuscire a scorgerlo bisognerà recarsi a osservare sotto cieli eccezionalmente scuri e trasparenti.

Messier 64	NGC 4826	12h 56,7m	+21° 41'	Mar-**Apr**-Mag
8,5 m [*12,4 m*]	9',3| 5',4	ᔕ	(R)SA(rs)ab	facile

Nota anche come Galassia Occhio Nero, un piccolo binocolo mostrerà questa galassia come un ovale nebuloso con un centro leggermente più brillante. La struttura che dà il nome alla galassia risulta visibile in grossi binocoli se il cielo è molto scuro. Piccoli telescopi rivelano un nucleo brillante incastonato in una macchia luminosa. L'"occhio" è una vasta distesa di polvere con un diametro di circa 40 mila anni luce. Si discute se l'"occhio" possa effettivamente essere visto anche in piccoli strumenti. Alcuni astrofili ritengono che già lo possa risolvere uno strumento di 6 cm, mentre altri ritengono che occorrano almeno 20 cm. Tutti sono d'accordo che è comunque necessario uno strumento capace di grandi ingrandimenti. Altro motivo di discussione è se il nucleo sia d'aspetto puntiforme oppure no. È possibile che la difformità di vedute nasca dal diverso ingrandimento con cui si osserva.

Messier 63	NGC 5055	13h 15,8m	+42° 02'	Mar-**Apr**-Mag
8,6 m [*13,6 m*]	12',6| 7',2	▬▬	SA(rs)bc	facile

Conosciuta anche come Galassia Girasole, questo è un oggetto talvolta difficile al binocolo, anche se è una sorgente relativamente brillante. Nei piccoli binocoli apparirà solo come una debole macchia luminosa, mentre in quelli più grandi diventerà apparente la classica forma ovale. I telescopi rivelano moltissimi dettagli, fra i quali diversi deboli, ma ben definiti, bracci di spirale.

Messier 51	NGC 5194	13h 29,9m	+47° 12'	Mar-**Apr**-Mag
8,4 m [*13,1 m*]	11',2| 6',9	ᔕ	SA(s)bcP	facile

È nota anche come Galassia Vortice ed è facilmente visibile nei binocoli. Galassia molto popolare, appare come una macchia nebulosa con un nucleo brillante e puntiforme. Taluni ritengono che M51 sia l'esempio più bello di una galassia vista di faccia. Ciò che la rende così speciale è la piccola galassia satellite irregolare NGC 5195, che le è molto vicina. Foto profonde rivelano che le due galassie sono tipicamente connesse da un ponte di materia, ma sfortunatamente la galassia satellite non può essere vista con la gran parte dei binocoli e anche con i binocoli giganti essa appare solo come una debole protuberanza che emerge da un bordo di M51. Un piccolo telescopio (10 cm) non rivela molti dettagli, eccetto forse un timido suggerimento della presenza di una struttura a spirale. I dettagli invece emergono con un'apertura di 25 cm: bracci a spirale, strutture all'interno dei bracci e nebulose oscure. Si discute se il ponte di materia che connette M51 con NGC 5195 possa essere visto nei piccoli telescopi: taluni osservatori dichiarano di averlo visto già con un'apertura di soli 10 cm, mentre altri ritengono che ne occorrano almeno 30 cm. Tutti sono d'accordo sul fatto che è necessaria una trasparenza del cielo assolutamente perfetta, poiché anche la più leggera delle velature o la presenza di polvere in atmosfera renderanno le osservazioni estremamente difficili.

Messier 83	NGC 5236	13h 37,0m	−29° 52'	Mar-**Apr**-Mag
7,5 m [*13,2 m*]	12',9| 11',5	ᔕ	SAB(s)c	facile

Spesso trascurata dagli astrofili osservatori, si tratta di una bella galassia collocata nei campi stellari dell'Idra ed è un vero capolavoro nei piccoli telescopi. Il binocolo rivela solo una macchia nebulosa con un nucleo brillante, d'apparenza stellare. Molti più dettagli emergeranno al telescopio, fra i quali i bracci di spirale, le distese di polveri, noduli luminosi e anche qualche struttura nella regione nucleare. È certamente un oggetto che merita diverse sessioni osservative. Oltretutto, è con M81 uno degli oggetti più lontani che si renda visibile a occhio nudo, posto com'è a circa 4,5 milioni di anni luce. Essendo collocato nell'emisfero meridionale, può esserci qualche problema per gli osservatori del Nord Italia.

Caldwell 30	**NGC 7331**	**22h 37,1m**	**+34° 25'**	Lug-**Ago**-Set
9,5 m [*13,5 m*]	11',4| 4',0		SA(s)bc	**facile**

È la galassia più brillante nella costellazione del Pegaso. Al binocolo si presenta come una debole nebulosità con un nucleo brillante, mentre qualche struttura comincerà a emergere in un telescopio di 20 cm. Questa galassia è abbastanza simile a M31, ma è molto più distante, collocandosi a 50 milioni di anni luce. C'è qualche discussione fra gli astronomi se sia fisicamente legata con il famoso Quintetto di Stephan (si veda il paragrafo relativo ai "gruppi e ammassi di galassie").

Caldwell 43	**NGC 7814**	**00h 03,2m**	**+16° 08'**	Ago-**Set**-Ott
10,6 m [*13,3 m*]	6',3| 3',0		SA(s)ab:sp	**impegnativa**

Non è un oggetto per il binocolo e offre una splendida visione con telescopi di grande apertura. Si tratta di un bell'esempio di galassia vista di taglio e assomiglia parecchio alla più nota M104. La si vede molto facilmente in telescopi di 20 cm e spesso provoca discussione tra gli astrofili relativamente al fatto se le sue distese di polveri possano essere viste nei piccoli telescopi. C'è chi sostiene di averle viste con un 20 cm, mentre altri ritengono che occorrano almeno diametri di 40 cm. Per risolvere questo dilemma si cerchi di osservarla con i maggiori ingrandimenti che il telescopio consente.

Messier 31	**NGC 224**	**00h 42,7m**	**+41° 16'**	Set-**Ott**-Nov
3,4 m [*13,6 m*]	3°| 1°		Sb	**facile**

È la famosissima Grande Galassia in Andromeda, la più conosciuta di tutto il cielo, quella che viene visitata più spesso e quasi sempre uno tra i primi oggetti del cielo profondo osservati dagli astrofili alle prime armi. Può essere visibile a occhio nudo persino in quelle notti in cui le condizioni del cielo non sono perfette. Molti osservatori a occhio nudo sostengono di vedere la galassia estesa oltre 2°,5 di cielo, ma questo dipende dalla trasparenza atmosferica. Splendida visione al binocolo, si vede facilmente l'alone galattico oltre che il nucleo luminoso. Binocoli di maggiore apertura possono anche mostrare una o due bande di polveri. Con la visione distolta e sotto un cielo veramente buio, diversi astronomi sostengono che la galassia possa essere scorta su un'estensione di circa 3° di cielo in un telescopio di 10 cm d'apertura. Con telescopi maggiori si rendono visibili moltissimi dettagli: con un 20 cm diventa ben evidente il nucleo stellare, racchiuso all'interno di diversi aloni ellittici. Altre strutture spettacolari sono le bande di polveri, specialmente quella che corre lungo il bordo nord-occidentale. Molti osservatori restano delusi quando osservano M31, poiché le fotografie che si trovano in libri e riviste sono assai più dettagliate di quello che si può vedere all'oculare. M31 è così grande che non c'è telescopio che possa abbracciare per intero tutto ciò che essa può mostrare. L'osservazione paziente di questa meravigliosa galassia vi ripagherà con un mucchio di sorprese. Spendete diverse notti nell'osservazione di questo oggetto e scegliete un cielo buio in un sito lontano dalle città. M31 è davvero una galassia spettacolare: con un diametro di 130 mila anni luce è tra le galassie più grandi che si conoscano e contiene circa 300 miliardi di stelle. È il membro più grande del Gruppo Locale. Nei testi di oltre un secolo fa viene spesso chiamata la Grande Nebulosa in Andromeda.

Caldwell 65	NGC 253	00h 47,6m	–25° 17'	Set-Ott-Nov
7,2 m [*12,6 m*]	25',0| 7',0		SAB(s)c	facile

Oggetto di notevole impatto viene da molti considerata come la controparte di M31 dell'emisfero meridionale. Può essere facilmente visibile al binocolo come un chiarore diffuso, elongato, a forma di fuso, con un nucleo brillante. Se le condizioni del cielo sono assolutamente perfette, qualche struttura può essere osservata già con un grosso binocolo. Le sue dimensioni sono impressionanti, essendo lunga come la Luna Piena e larga circa un terzo di essa. Qualunque telescopio basterà per mostrarvi questo oggetto, anche solo con un diametro di 6 cm, mentre aperture maggiori riveleranno più dettagli e i bracci di spirale potranno emergere con la visione distolta. Diversi osservatori riportano la presenza di numerose chiazze luminose all'interno della galassia, già percepibili con un telescopio di 15 cm. Si tratta di una delle galassie più polverose che si conoscano e anche di una tra quelle che stanno andando soggette a una fase di più frenetica attività di formazione stellare nella regione del nucleo.

Caldwell 70	NGC 300	00h 54,9m	–37° 40'	Set-Ott-Nov
8,1 m [*14,7 m*]	20',0| 15',0		SA(s)d	facile

Ecco un oggetto difficile da localizzare a causa della luminosità superficiale molto bassa: rappresenta una vera sfida per chi lo osserva con il binocolo. Nonostante ciò, una volta che lo si è localizzato, è un oggetto di sicuro interesse. Con un telescopio di 20 cm d'apertura si vede con facilità il nucleo avvolto nelle nebulosità non risolte dei bracci di spirale. Per scorgere ulteriori dettagli sono richiesti telescopi di maggiore apertura. È una galassia vicina, distando solo circa 7 milioni di anni luce.

Messier 33	NGC 598	01h 33,9m	+30° 39'	Set-Ott-Nov
5,7 m [*14,2 m*]	71'| 42'		SA(s)cd	facile

Conosciuta anche come Galassia Girandola, è famosa per diversi motivi. Senza dubbio è uno dei migliori esempi di una spirale vista di faccia. Ciò non di meno, è anche una delle galassie più difficili da localizzare in cielo. Ci sono astrofili che non sono mai riusciti a vederla, invece per altri non è poi così arduo stanarla. Il problema sorge per il fatto che questa galassia ha notevoli dimensioni angolari: benché abbia una magnitudine integrata di 5,7, essa distribuisce la sua luce su una superficie così larga da apparire estremamente debole. Il risultato è che la galassia potrebbe addirittura essere invisibile al telescopio, mentre può essere apprezzata con un semplice binocolo. Essa appare come una nube luminosa molto larga e debole con una parte leggermente più brillante al centro. Ci sono diverse registrazioni del fatto che essa risulti visibile anche all'occhio nudo; anch'io posso testimoniarlo: M33 appariva chiaramente visibile sotto un cielo estremamente buio e con un'atmosfera in condizioni perfette; tra l'altro, era impossibile riuscire a scorgerla con altri mezzi! Con un telescopio di 10 cm d'apertura già si possono vedere diversi bracci di spirale che si dipartono dal piccolo nucleo. Un gran numero di dettagli diventano visibili con telescopi più grandi: ammassi stellari, associazioni stellari, nebulose[11]. È davvero una galassia spettacolare.

Caldwell 62	NGC 247	00h 47,1m	–20° 45'	Set-Ott-Nov
9,1 m [*14,1 m*]	20',0| 7',0		SAB(s)	**impegnativa**

Questa galassia è difficilmente visibile con grossi binocoli, dentro i quali appare come una macchia nebulosa elongata con un nucleo poco più brillante. Essendo un oggetto meridionale, non viene troppo seguito dagli astrofili dell'emisfero nord. Con telescopi di grande apertura si evidenzia il suo aspetto chiazzato, insieme con la parte meridionale della galassia che è la più brillante. La regione settentrionale è assai più debole e richiede la visione distolta e cieli molto puliti. Si pensava un tempo che la galassia facesse parte del Gruppo dello Scultore, ma recentemente sono sorti dei dubbi al riguardo, da quando le stime più recenti della sua distanza la collocano a circa 13,5 milioni di anni luce, che è giusto il doppio della distanza di quel gruppo.

Caldwell 23	NGC 891	02h 22,6m	+42° 20'	Set-**Ott**-Nov
9,9 m [*13,8 m*]	14',0| 3',0	▬▬▬	SA(s)sp	impegnativa

Bell'esempio di una galassia vista di taglio: per alcuni è il più bell'esemplare di galassia di questo tipo. Al binocolo è a malapena visibile come una macchia nebulosa, ma chiaramente elongata. Con un telescopio di 20 cm si rende evidente la sua forma affusolata e con telescopi ancora più grandi si può cominciare a risolvere le sue bande di polveri.

4.6.2 Galassie spirali barrate

Messier 95	NGC 3351	10h 44,0m	+11° 42'	Feb-**Mar**-Apr
9,7 m [*13,5 m*]	7',4| 5',0	⟡	SB(R)b	impegnativa

È una debole galassia che al binocolo non mostra dettagli, apparendo solo come un batuffolo debolmente luminoso posto nello stesso campo visuale di M96. Qualche struttura può essere scorta con un telescopio di almeno 15 cm, mentre aperture maggiori mostreranno chiaramente la barra. C'è qualche discussione sulla vera magnitudine della galassia. Alcuni osservatori la danno di 9,2.

Messier 108	NGC 3556	11h 11,5m	+55° 40'	Feb-**Mar**-Apr
10,0 m [*13,0 m*]	8',7| 2',2	▬▬▬	SB(s)cdsp	impegnativa

La galassia è visibile al binocolo come una debole stria di luce. La condensazione centrale si dice risulti visibile con un telescopio di 8 cm; aperture maggiori riveleranno una quantità sorprendente di dettagli, con varie chiazze luminose. È una galassia molto piccola, con una massa che è la ventesima parte di quella della Via Lattea; manca il rigonfiamento centrale. Venne aggiunta solo in epoca tarda alla lista di Messier: l'astronomo francese l'aveva già osservata in passato, ma per qualche sconosciuta ragione non l'aveva inclusa nel suo *Catalogo*.

Messier 109	NGC 3992	11h 57,6m	+53° 23'	Feb-**Mar**-Apr
9,8 m [*13,5 m*]	7',6| 4',7	◁●▷	SB(rs)bc	impegnativa

Ecco un'altra tarda aggiunta al Catalogo di Messier. La galassia può essere scorta al binocolo se le condizioni del cielo sono perfette. Con telescopi di piccola apertura e con bassi ingrandimenti risulta chiaro che stiamo osservando una galassia, ma non c'è dettaglio che emerga. Qualche struttura può essere mostrata da telescopi di grande apertura e a forti ingrandimenti: per esempio, il nucleo e le regioni dell'alone. La barra centrale si mostra in telescopi con diametro attorno a 25 cm. Questo è il penultimo oggetto della lista di Messier.

Caldwell 3	NGC 4236	12h 16,7m	+69° 27'	Feb-**Mar**-Apr
9,6 m [*14,7 m*]	23',0| 8',0	◁●▷	SB(s)dm	difficile

Galassia molto grande, quasi debole è abbastanza difficile da localizzare. In aggiunta, poiché si presenta quasi di taglio, è molto stretta e quindi non si rendono visibili i bracci di spirale. Diventa cospicua la sua forma chiaramente affusolata con aperture attorno ai 20 cm. È la galassia ideale per coloro che vogliono compiere un test sulle potenzialità dei piccoli telescopi e anche sulla propria abilità osservativa. Si trova a una distanza di circa 10 milioni di anni luce.

Messier 91	NGC 4548	12h 35,4m	+14° 30'	Feb-**Mar**-Apr
10,1 m [*13,3 m*]	5',4| 4',3	$\backsim$	SB(rs)b	**difficile**

Ecco un bel mistero! se cerchiamo di localizzare M91 a partire dalle note originali di Messier ci accorgeremo che nella posizione riportata non c'è proprio nulla. Gli storici ritengono che Messier l'abbia confusa con la galassia NGC 4548. M91 è un oggetto debole e per riuscire a vedere qualche dettaglio sono necessari telescopi di media apertura; in ogni caso, già con un 10 cm si potrà vedere una debole macchia nebulosa circolare.

Caldwell 32	NGC 4631	12h 42,1m	+32° 32'	Mar-**Apr**-Mag
9,2 m [*13,3 m*]	17',0| 3',5	▬▬	SB(s)dsp	**impegnativa**

Benché sia un oggetto spesso trascurato dagli astrofili, questa galassia ha molto da offrire all'osservatore. Nel binocolo è un oggetto debole ed elongato: occorrerà assolutamente un telescopio per apprezzarne la bellezza. È una galassia molto grande; a causa del suo particolare aspetto è stata soprannominata Galassia Balena. Il suo bordo orientale è decisamente più largo di quello occidentale: da qui il nome. La forma particolare può essere apprezzata già con un telescopio di 20 cm, mentre strumenti di diametro maggiore mostreranno ulteriori dettagli, come macchie luminose e oscure, insieme a due noduli molto evidenti. Sul lato nord della galassia vi è una stella di magnitudine 12 che, ammesso che il *seeing* sia buono, aiuterà a individuare una debole galassia compagna. Diverse idee sono state proposte per spiegare la causa di questo aspetto strano e disturbato: quella probabilmente più corretta è che sia frutto dell'interazione mareale con alcune galassie vicine.

Caldwell 72	NGC 55	00h 15,1m	–39° 13'	Ago-**Set**-Ott
7,9 m [*13,5 m*]	25',0| 4',1	◄●►	SB(s)m:sp	**facile**

Galassia dell'emisfero meridionale, praticamente invisibile per gli astrofili italiani, merita tuttavia che la si citi. Al binocolo appare come un debole oggetto affusolato e se il binocolo è grosso cominciano a comparire alcune delicate strutture. I telescopi mostreranno molti più dettagli e questa è una delle poche galassie per le quali un filtro H-α migliorerà la visione delle regioni HII.

Caldwell 44	NGC 7479	23h 04,9m	+12° 19'	Ago-**Set**-Ott
10,9 m [*13,6 m*]	4',4| 3',4	$\backsim$	SB(s)c	**impegnativa**

Può già essere vista in un piccolo telescopio di soli 8 cm come un batuffolo luminoso, ma non aspettatevi ulteriori dettagli da questa debole galassia. La barra centrale e forse anche qualche altra struttura diventa visibile con aperture intorno ai 20 cm. Per vedere i bracci di spirale che fuoriescono dall'estremità della barra è necessario almeno un telescopio di 30 cm, benché alcuni osservatori sostengano che possa bastare un 25 cm sotto condizioni perfette del *seeing*. Il nucleo può essere facilmente risolto. Per alcuni astrofili questa è la più bella galassia barrata che possa essere vista dall'emisfero nord. Si trova a circa 100 milioni di anni luce da noi.

–	NGC 1365	03h 33,6m	–36° 08'	Ott-**Nov**-Dic
9,5 m [*13,7 m*]	9',8| 5',5	◄●►	(R)SB(s)b	**impegnativa**

Galassia davvero impressionante, facilmente visibile al binocolo come un oggetto nebuloso elongato, con un centro brillante. Già con un telescopio di soli 8 cm la sua natura di galassia si rende evidente, mentre aperture maggiori riveleranno più dettagli. È un oggetto visibile con difficoltà dagli osservatori dell'emisfero settentrionale.

4.6.3 Galassie ellittiche

Messier 84	NGC 4374	12h 25,1m	+12° 53'	Feb-**Mar**-Apr
9,1 m [*12,3 m*]	6',5| 5',6		E1	facile

Posta nei pressi dell'ammasso di galassie della Vergine, visto attraverso un binocolo si presenta come un piccolo ovale luminoso, con il nucleo brillante che può essere individuato se le condizioni del cielo sono favorevoli. Come per la gran parte delle ellittiche osservate con strumentazione amatoriale, non sono molti i dettagli che si possono cogliere nella galassia; quasi tutte le ellittiche rimangono infatti oggetti senza strutture, o quasi, e probabilmente tutto ciò che si può risolvere è il nucleo leggermente più brillante del resto. In ogni caso, si tratta di oggetti che meritano di essere osservati. Gli astronomi discutono se classificare M84 come una galassia E1 oppure come una S0, ossia come una galassia che si colloca al confine tra le ellittiche e le spirali. Fa parte dell'ammasso della Vergine, a circa 55 milioni di anni luce. L'area che la circonda è ricca di galassiette deboli, che vale la pena di passare in rassegna benché siano elusive: solo una manciata di queste mostrerà qualche dettaglio percettibile.

Messier 86	NGC 4406	12h 26,6m	+12° 57'	Feb-**Mar**-Apr
8,9 m [*13,9 m*]	8',9| 5',8		E3	facile

Molto simile a M84, e sua compagna, questa è la più brillante delle due: presenta però un nucleo forse un po' meno condensato. La si può generalmente vedere con binocoli e telescopi di ogni tipo. Come per M84, l'area intorno è ricolma di deboli galassie, molte delle quali potranno risultare visibili in un cielo buio se si ha molta pazienza.

Messier 49	NGC 4472	12h 29,8m	+08° 00'	Feb-**Mar**-Apr
8,4 m [*12,9 m*]	10',2| 8',3		E2	facile

È la seconda galassia in ordine di luminosità di tutto l'ammasso della Vergine e può essere vista in un binocolo come un ovale luminoso senza strutture. Benché la gran parte delle ellittiche si presenti in questo modo, M49 si impone sulle altre quando si usino telescopi di grande apertura ad alti ingrandimenti: in queste circostanze è possibile risolvere qualche struttura nella regione nucleare. Sembra avere un nucleo brillante circondato da una regione di luminosità soffusa, che a sua volta è circondata da un vasto alone. Qualche osservatore riporta che il nucleo ha un'apparenza chiazzata quando lo si osserva ad alti ingrandimenti. La galassia si trova al centro di un sottogruppo di galassie chiamato Nube della Vergine, che naturalmente fa parte dell'ammasso della Vergine. La galassia ellittica è avvolta in un inviluppo di gas caldo alla temperatura di circa 10 milioni di gradi, che emette copiosi raggi X rivelabili con telescopi X professionali.

Messier 89	NGC 4552	12h 35,7m	+12° 33'	Feb-**Mar**-Apr
9,7 m [*12,3 m*]	5',1| 4',7		E0	**impegnativa**

Galassia difficile da localizzare al binocolo, specialmente se le condizioni del *seeing* non sono ideali. Comunque, una volta localizzata, apparirà come una piccola nebulosità tondeggiante. Un nucleo brillante e ben definito, circondato dalla luminosità diffusa dell'alone, può essere visto con un telescopio a ingrandimenti medi. Se l'apertura è grande e gli ingrandimenti elevati, qualche astrofilo riporta di aver osservato qualche chiaroscuro nell'alone, ma, ancora una volta, le condizioni atmosferiche possono limitare l'osservabilità di tali strutture. Nello stesso campo visuale di M89 compare la galassia spirale M90. Entrambe sono membri dell'ammasso della Vergine.

| **Messier 59** | **NGC 4621** | **12h 42,0m** | **+11° 39'** | Mar-**Apr**-Mag |
| **9,6 m [12,5 m]** | **5',4\| 3',7** | | **E5** | **impegnativa** |

Benché sia visibile al binocolo, questa galassia rappresenta una sfida osservativa per la gran parte degli astrofili e probabilmente necessiterà la visione distolta, per poterla spiare, oltre che un adattamento dell'occhio all'oscurità. Al telescopio, M59 dà soddisfazioni all'osservatore, essendo una delle poche ellittiche che sembri mostrare qualche dettaglio. Ha un nucleo puntiforme e qualche osservatore riporta un aspetto debolmente chiazzato: potrebbe tuttavia essere solo un effetto delle stelle di fondo che si frappongono fra noi e l'ovale della galassia. Sarebbe interessante verificare se quanto viene riportato sia corretto. Si cerchi di osservarla sotto condizioni di cielo eccellenti nel tentativo di rivelare qualche dettaglio. Nello stesso campo visuale si trova la galassia ellittica M60.

| **Caldwell 52** | **NGC 4697** | **12h 48,6m** | **−05° 48'** | Mar-**Apr**-Mag |
| **9,2 m [12,7 m]** | **6',0\| 3',8** | | **E6** | **impegnativa** |

Bella galassia, eppure spesso ignorata dagli astrofili. Dall'aspetto decisamente omogeneo, tuttavia risalta abbastanza bene sopra il campo stellare di fondo. Non è un oggetto binoculare e al telescopio non presenta strutture, ma con diametri generosi si può vedere un aumento della luminosità nella regione del nucleo. È uno dei membri dominanti di un piccolo ammasso di galassie che dista da noi circa 60 milioni di anni luce.

| **Caldwell 35** | **NGC 4889** | **13h 00,1m** | **+27° 58'** | Mar-**Apr**-Mag |
| **11,5 m [13,4 m]** | **2',8\| 2',0** | | **E4** | **difficile** |

Vale senz'altro la pena di cercarla, essendo un oggetto molto distante, a circa 350 milioni di anni luce. Con un telescopio di almeno 20 cm di apertura e se le condizioni del *seeing* sono eccellenti, questo oggetto potrà essere osservato con il suo nucleo brillante circondato dall'usuale alone debole. È uno dei membri dominanti dell'ammasso di galassie della Chioma, che comprende circa mille galassie (diverse delle quali possono essere viste con telescopi di grande apertura, almeno di 40 cm). L'ammasso è costituito da molte galassie ellittiche e del tipo S0. Pare che questa galassia risulti dalla fusione di due antichi sistemi.

| **Caldwell 18** | **NGC 185** | **00h 38,9m** | **+48° 20'** | Ago-**Set**-Ott |
| **9,2 m [14,3 m]** | **12'\| 10'** | | **dE0** | **impegnativa** |

Si tratta di un'altra galassia compagna di M31, già menzionata in precedenza. È persino più facile da localizzare e da osservare della stessa M31. Con un telescopio di 10 cm la si può già vedere, mentre diventa un facile oggetto in un 20 cm, ma rimane senza strutture anche quando la si osservi con grandi aperture (40 cm): mostra al più un nucleo luminoso. Diverse segnalazioni suggeriscono che è possibile risolvere qualche dettaglio della galassia solo con strumenti di almeno 75 cm. È una galassia ellittica nana.

| **Caldwell 17** | **NGC 147** | **00h 33,1m** | **+48° 30'** | Ago-**Set**-Ott |
| **9,5 m [14,5 m]** | **13'\| 8',1** | | **dE4** | **difficile** |

Posta nella costellazione di Cassiopea, viene classificata come una galassia ellittica nana. È abbastanza vicina a M31, la Grande Galassia in Andromeda, e in effetti è una sua satellite. Difficile da localizzare e da osservare a meno che il cielo non sia molto buio. Si dice che occorra almeno un telescopio di 20 cm per riuscire a vederla; tuttavia, se le condizioni atmosferiche sono eccellenti, forse può bastare un telescopio di 10 cm, e la visione distolta. Quello che vogliamo ancora una volta rimarcare è che un cielo davvero buio è essenziale per riuscire a vedere gli oggetti deboli. Osservando con grandi aperture e ad alti ingrandimenti è possibile evidenziare la sua regione nucleare. La galassia fa parte del Gruppo Locale ed è una della trentina, o più, di galassie che si pensa siano satelliti o di M31 o della Via Lattea.

Messier 110	NGC 205	00h 40,4m	+41° 41'	Set-**Ott**-Nov
8,0 m [*13,9 m*]	21',9| 11',0		E5P	facile

Questa è l'ultima galassia elencata nel *Catalogo* di Messier ed è stata aggiunta alla lista originale solo nel 1967. È la seconda galassia satellite di M31 e, benché sia più brillante di M32 (la prima galassia satellite), ha una luminosità superficiale molto più bassa, ciò che la rende assai più difficile da vedere. In ogni caso, essa appare già in un grande binocolo, mostrandosi come un chiarore debole e senza strutture a nord-ovest di M31. Al telescopio essa mostra una quantità sorprendente di dettagli e se useremo alti ingrandimenti riusciremo a evidenziare l'aspetto chiazzato della regione nucleare. In aggiunta, NGC 205 mostra alcuni dettagli che sono peculiari per una galassia ellittica e visibili comunque anche dall'astrofilo: si guardino le macchie scure che si trovano nei pressi del centro brillante, stranamente richiamanti analoghe strutture che normalmente si scorgono in una galassia spirale. Naturalmente, occorrono cieli bui e un'atmosfera di perfetta trasparenza, ma per evidenziare quanto detto basterà un telescopio di modesta apertura, diciamo di 10 cm, ad alti ingrandimenti.

4.6.4 Le galassie lenticolari

Caldwell 53	NGC 3115	10h 05,2m	–07° 43'	Gen-**Feb**-Mar
8,9 m [*12,6 m*]	8',3| 3',2	⬛	S0sp	facile

Conosciuta anche come Galassia Fuso, è un oggetto spesso trascurato ed è un peccato perché si tratta di un bell'esempio di galassia del tipo S0, oltretutto piuttosto brillante. Al binocolo apparirà come una piccola e debole nubecola elongata, ma con un grande binocolo mostrerà la caratteristica forma di lente. Può essere facilmente localizzata al telescopio in virtù della sua notevole luminosità superficiale. In un telescopio di 20 cm di apertura apparirà come una nube ovale senza strutture, forse con solo un lieve aumento di luminosità verso il centro. Essendo classificata come galassia di tipo S0, non mostrerà alcun dettaglio nemmeno usando telescopi di grande apertura. Si tratta di una galassia molto grande, circa cinque volte più della Via Lattea. È anche uno degli oggetti per i quali si sospetta la presenza di un buco nero supermassiccio nel nucleo.

Caldwell 60/61	NGC 4038/9	12h 01,6m	–18° 51'	Feb-**Mar**-Apr
10,3/10,6 m [*14,4 m*]	7',6| 4',9	⬯⬯	Sp S(B)p	impegnativa

Coppia di galassie conosciute anche come Antenne. Insieme, le due galassie costituiscono probabilmente uno degli oggetti più famosi del cielo; nonostante ciò, sono pochi gli astrofili che provano a osservale, pensando di trovarsi di fronte a un oggetto troppo debole. Da osservare solo al telescopio, non in un binocolo, le Antenne appariranno come una nebulosità asimmetrica in uno strumento di 20 cm, mentre con aperture maggiori si indovineranno le prime strutture. Con un telescopio di 25 cm la forma è quella di un apostrofo. Se lo strumento è di 30 cm, e se si usano medi o alti ingrandimenti, sarà possibile cominciare a risolvere entrambi gli oggetti: potrebbe essere un bel progetto cercare di verificare quanti dettagli sia possibile risolvere con differenti gruppi di telescopi e di osservatori. È uno di quegli oggetti celesti così familiari, poiché lo conosciamo dalle fotografie professionali, che la percezione di ciò che effettivamente vediamo sarà un poco guidata da ciò che ci aspettiamo di vedere. In ogni caso, è un oggetto magnifico. Peccato che abbia una declinazione negativa, di modo che saranno necessarie condizioni osservative pressoché perfette. La forma spettacolare delle Antenne è il risultato di un incontro ravvicinato tra due galassie spirali, le cui interazioni mareali hanno causato la dispersione di materia nello spazio. Si osservino le lunghe code mareali che vengono rivelate nelle riprese profonde di queste galassie. Lavori recenti hanno dimostrato che l'interazione ha innescato una notevole attività di formazione stellare. Le Antenne sono l'oggetto che più di ogni altro ha suggerito agli astronomi l'idea che, dopo incontri di questo tipo, le galassie spirali evolvano in galassie ellittiche.

Messier 85	NGC 4382	12h 25,4m	+18° 11'	Feb-**Mar**-Apr
9,1 m [*13,0 m*]	7',1| 5',5		SA(s)OP	impegnativa

Galassia brillante che può essere scorta al binocolo nelle notti serene. Se il binocolo è di notevole apertura, sarà ancora più facile da vedere e mostrerà un nucleo luminoso puntiforme circondato dal debole chiarore dell'alone. Un telescopio non potrà che riproporre, benché ingrandito, il suo aspetto omogeneo: eppure, diversi astrofili riportano che, ad alti ingrandimenti, è possibile vedere qualche debole dettaglio a sud del nucleo, il che potrebbe anche rappresentare una traccia di qualche struttura a spirale. Inoltre, qualcuno riporta una tinta azzurrina per questa galassia.

Caldwell 21	NGC 4449	12h 28,1m	+44° 05'	Feb-**Mar**-Apr
9,6 m [*12,5 m*]	6',0| 4',5		IBm	impegnativa

Questo oggetto debole, spesso trascurato, fa parte del gruppo di galassie dei Cani da Caccia. La sua forma irregolare viene sovente confusa con una cometa. Se il cielo è buono, un telescopio di 20 cm vi farà facilmente discernere la forma a ventaglio, insieme con il debole nucleo. Telescopi di grande apertura risolveranno invece un considerevole numero di dettagli dentro la galassia. È interessante rilevare che si rendono visibili diverse regioni HII, in particolare una nell'angolo settentrionale del "ventaglio". Pare che si tratti di un sito di intensa formazione stellare, simile per molti aspetti alla Grande Nube di Magellano.

Caldwell 57	NGC 6822	19h 44,9m	–14° 48'	Giu-**Lug**-Ago
8,8 m [*14,2 m*]	20',0| 10',0		IB(s)m	impegnativa

Conosciuta anche come Galassia di Barnard, questo oggetto rappresenta una sfida per i binocoli: pur essendo una galassia relativamente brillante, la sua luminosità superficiale è bassa e quindi è difficile localizzarla in cielo. Una volta trovata, apparirà come un chiarore indistinto che corre da est a ovest. Questa struttura è, in effetti, la barra della galassia. Abbastanza stranamente, si tratta di uno di quegli oggetti che sono più facili da localizzare usando piccole aperture (diciamo 10 cm) piuttosto che grandi diametri. Naturalmente, sono indispensabili cieli molto bui.

Caldwell 51	IC 1613	01h 04,8m	+02° 07'	Set-**Ott**-Nov
9,2 m [–]	11,0'| 9',0		dIA	impegnativa

Galassia molto difficile da osservare, secondo alcuni astrofili sarebbe visibile in grossi binocoli come un chiarore debole e diffuso, secondo altri, invece, sarebbe necessario come minimo un telescopio di 20 cm per poterla localizzare. In ogni caso, è assolutamente indispensabile osservare sotto un cielo buio. Membro del Gruppo Locale, è simile per molti aspetti alla Caldwell 57. È anche una vecchia galassia che sta ancora formando nuove stelle.

4.7 Galassie attive e AGN

Discuteremo ora di un tipo di galassie che è diventato centrale nella ricerca astrofisica degli ultimi decenni: le *galassie attive* e i *nuclei galattici attivi* (AGN).

La storia di questi oggetti inizia negli anni Cinquanta del secolo scorso, quando i radioastronomi cominciarono a rivelare galassie che emettevano una grande quantità di energia nelle onde radio, in taluni casi fino a 10 milioni di volte più di quanto faccia una galassia normale. Qualche decennio dopo, quando si iniziò a lanciare telescopi a bordo di satelliti, si trovò che esistevano galassie emittenti incredibili quantità di energia anche nelle bande infrarossa, ultravioletta e nei raggi X. Queste galassie sono dette "attive". Successive osservazioni mostrarono che la gran parte di questo "extra" di energia viene emesso dalle regioni centrali di tali galassie: da qui la spiegazione del termine "nuclei galattici attivi".

I tipi differenti di galassie attive sono moltissimi. In effetti, ci furono anni in cui ogni volta che si scopriva una galassia attiva la si collocava all'interno di una classe specifica. Ora però le idee sono cambiate parecchio[12]. Tra le classi di galassie attive più note vi sono[13]:

- le *galassie di Seyfert* dei tipi *1* e *2* (e *1.6, 1.7, 1.8* e *1.9*!);
- le *LINER* (regioni nucleari a righe d'emissione di bassa ionizzazione);
- le *LLAGN* (AGN di bassa luminosità);
- gli *AGN radio-emittenti*;
- gli *AGN radio-quieti*;
- i *blazar*, che comprendono i *BL Lac* e gli *OVV* (sorgenti violentemente variabili in ottico);
- i *FSRQ* (quasar radio dallo spettro piatto);
- gli *SSRQ* (quasar radio dallo spettro ripido);
- le *galassie starburst*;
- i *QSO* e i *quasar*, che sono i tipi più estremi di AGN.

Di che si tratta? La risposta è abbastanza semplice. Al centro della galassia c'è un buco nero supermassiccio circondato da un disco di accrescimento. Il disco è molto caldo nella parte più interna, quella più vicina al buco nero, ma presenta una temperatura più bassa all'esterno. Studi teorici suggeriscono che la parte interna del disco può essere molto sottile e che il buco nero si cela nel profondo di quest'area centrale. Invece, la parte esterna del disco si ritiene che sia molto spessa, con la forma di un toro (una "ciambella"), costituita di gas e polveri. La materia cade nel buco nero passando attraverso il disco di accrescimento e, come conseguenza, viene emessa una quantità imponente di energia. Talvolta l'energia viene focalizzata in due getti, come nel caso di M87, getti che talvolta possiamo anche vedere in ottico. Inoltre, quest'energia fa sì che nubi di idrogeno vicine al centro, che si stanno muovendo ad alta velocità, emettano fortemente nella lunghezza d'onda Hα; altre circostanze danno origine a nubi un poco più lontane dal centro anch'esse emittenti luce.

Il tipo di galassia attiva (o AGN) che noi vedremo dipende da quanto il disco di accrescimento risulta essere inclinato rispetto alla nostra linea visuale. Se possiamo vedere le regioni interne, allora la sorgente potrebbe apparirci come una galassia di Seyfert 1. Se la regione interna è oscurata e non la vediamo, allora ci può apparire una Seyfert di tipo 2. È importante capire che anche quando noi vediamo una galassia di faccia, non è detto che necessariamente si veda di faccia anche il nucleo attivo, poiché il disco di accrescimento potrebbe essere inclinato rispetto al piano della galassia, come avviene in Centaurus A. La figura 4.2 cerca di rappresentare la situazione.

Come si è già detto, si pensa che sorgente di tutta l'energia emanante dalle galassie attive sia il buco nero supermassiccio che si annida nei loro nuclei. Ulteriori osservazioni suggeriscono che molte delle galassie attive stanno interagendo o fondendosi con piccole galassie vicine ed è noto che questi eventi forniscono una sorgente di materia che può andare ad alimentare il buco nero. Questo suggerisce l'idea che le galassie che non stanno interagendo con una compagna, o che non sono andate soggetto a un tale evento nel recente passato, non avranno materia che fluisca nel buco nero e perciò non saranno attive. In effetti, questo è proprio ciò che si vede.

Un tipo particolare di AGN che ha conseguenze profonde sull'evoluzione delle galassie e del nostro Universo sono i quasar, conosciuti anche come *oggetti quasi-stellari*, o QSO. È importante che ne discutiamo brevemente. La storia dei quasar inizia nel 1963, quando Maarten Schmidt, agli Hale Observatories, lavorava per identificare alcune righe spettrali mai viste in precedenza in uno spettro che si supponeva essere di una stella. Egli scoprì che quelle strane righe erano in effetti normali righe dell'idrogeno, ma caratterizzate da un alto *redshift*. Per l'oggetto che egli stava studiando, il 3C 273, egli misurò uno spostamento verso il rosso delle righe spettrali del 15,8%. Questo non è un valore particolarmente elevato, ma subito dopo vennero scoperti anche altri quasar con *redshift* ben maggiori. Il significato dei forti spostamenti verso il rosso è che queste sorgenti sono

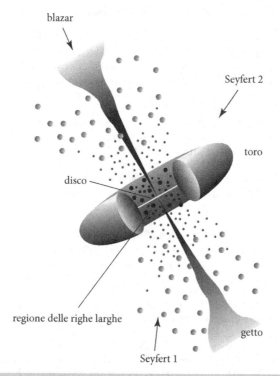

Figura 4.2. Il diagramma esemplifica la teoria unificata dei nuclei galattici attivi.

molto lontane da noi: lo denuncia proprio il loro *redshift*; comunque, in fotografia essi appaiono relativamente brillanti e comunque puntiformi come le stelle, da cui il nome di sorgenti quasi stellari. Per essere così facilmente visibili[14], pur trovandosi a distanze immense da noi, i quasar devono essere sorgenti estremamente luminose, forse anche fino a mille volte più di una galassia normale. I quasar devono dunque essere sorgenti superluminose.

Un altro fattore importante è questo: ci sono quasar che fluttuano in luminosità con periodi di pochi mesi e, poiché un oggetto non può alterare apprezzabilmente la sua luminosità in un tempo minore di quello che la luce impiega per percorrere il suo diametro, allora tali quasar devono essere oggetti molto piccoli, con un diametro non più grande di alcuni mesi luce. Ma allora, cosa potrebbe alimentare un quasar, stante che l'oggetto dev'essere piccolo, eppure mille volte più potente di tutte le stelle di una galassia? La risposta è abbastanza chiara: un buco nero supermassiccio.

Ormai sappiamo che i quasar sono i nuclei di galassie poste a enormi distanze da noi e quindi devono essere oggetti che si formarono nell'Universo primordiale. Immagini profonde suggeriscono che i quasar contengano buchi neri supermassicci; inoltre, le giovani galassie che li ospitano hanno generalmente una forma distorta, e sono per lo più accompagnate da galassie molto vicine. L'attività nucleare che noi osserviamo è probabilmente innescata dall'interazione tra la galassia ospite e una sua compagna.

L'osservazione delle galassie attive mette l'astrofilo in condizioni di fare astrofisica osservativa. Sono diverse le galassie di questo tipo che possono essere inquadrate da strumenti amatoriali: ne indichiamo alcune nella lista che segue.

4.7.1 Galassie attive luminose

Caldwell 29	NGC 5005	13h 10,9m	+37° 03'	Mar-**Apr**-Mag
9,8 m [*12,6 m*]	6',3| 3',0		SAB(rs)bc	facile

Questa galassia non è un oggetto binoculare e anche un telescopio di circa 15 cm d'apertura la rivelerà unicamente come una macchia ovale con un nucleo brillante. La galassia non mostra bracci di spirale cospicui e anche con telescopi di grande diametro non c'è speranza di cogliere ulteriori dettagli, se non una lieve irregolarità nella luminosità complessiva dell'oggetto. Benché sia simile alla Via Lattea, ciò che rende speciale questa galassia è il fatto di essere una galassia attiva della classe LINER (regione nucleare a righe d'emissione di bassa ionizzazione). Al centro della galassia c'è qualche tipo di meccanismo che dà origine sia alle righe spettrali osservate, sia alla sorgente radio. Il tutto potrebbe essere dovuto ad ammassi di stelle massicce, oppure a un disco di accrescimento posto attorno al buco nero.

Messier 77	NGC 1068	02h 42,7m	−00° 01'	Ott-**Nov**-Dic
8,9 m [*13,2 m*]	7',1| 6',0		(R)SA(rs)b	facile

Galassia famosa per diverse ragioni. Al binocolo è visibile come una macchia nebulosa e solo sotto un cielo eccellente per trasparenza è possibile risolvere un nucleo dall'aspetto di debole stellina. Con telescopi di 10 cm di apertura, o maggiore, se il cielo è molto buio, possono comparire anche i bracci di spirale. Questa galassia è il prototipo delle galassie attive di Seyfert. L'unicità di queste galassie fu scoperta verso la metà del XX secolo da Carl Seyfert, che notò la presenza di righe d'emissione molto pronunciate. Tali righe sono dovute all'alta velocità del gas posto negli stretti dintorni del nucleo della galassia. La velocità, dell'ordine di 350 km/s, si pensa sia dovuta alla presenza del buco nero massiccio. M77 viene classificata come una galassia di Seyfert 2, indicando con ciò che nel suo spettro sono presenti solo righe d'emissione sottili. Le Seyfert sono lontane cugine dei quasar. M77 è una delle galassie attive più brillanti e perciò è visibile anche con strumenti amatoriali.

Caldwell 67	NGC 1097	02h 46,3m	–30° 16'	Ott-**Nov**-Dic
9,5 m [13,6 m]	9',3| 6',6	ʂ	SB(s)b	facile

Bella galassia che mostra chiaramente la sua barra. Con un telescopio di 20 cm d'apertura si può risolvere il nucleo, insieme con un chiarore debole ed elongato che è appunto la barra. Con strumenti ancora più aperti sarà semplice risolvere queste strutture, compresi i bracci di spirale che prendono corpo dalle estremità della barra. Caldwell 67 è una galassia attiva classificata come Seyfert 1: ciò significa che il gas nei pressi del nucleo si muove a velocità estremamente elevata, anche maggiore di 1000 km/s. La causa più probabile per questi moti è un buco nero supermassiccio. Una galassia di Seyfert 1 presenta righe d'emissione sia larghe che strette: l'ampiezza delle righe dà la misura della velocità a cui si muove il gas che produce le emissioni.

Messier 87	NGC 4486	12h 30,8m	+12° 24'	Feb-**Mar**-Apr
8,6 m [12,7 m]	8',3| 6',6		E0.5P	facile

Brillante, e facilmente visibile al binocolo, M87 è una galassia davvero speciale. Al telescopio emergono ulteriori particolari. Si tratta di una galassia-mostro con una massa stimata in 800 miliardi di volte quella del Sole, ciò che la rende una delle galassie più massicce che si conoscano nell'intero Universo. Ma ciò non è tutto. È anche una galassia attiva che nasconde nel suo nucleo un buco nero supermassiccio con una massa di 3 miliardi in unità solari. Altra struttura che taluni osservatori dicono sia possibile osservare con telescopi di almeno 50 cm è il famoso getto che esce dal suo nucleo. Sarebbe un risultato trionfale per l'astrofilo riuscire a evidenziarlo nei cieli italiani, purtroppo inquinati dalle luci. Il getto è un fascio di plasma (gas caldo ionizzato), lungo diverse migliaia di anni luce, che si pensa sia dovuto a qualche sorta di interazione tra il buco nero e la materia del suo ambiente. È comunque facile da fotografare se si dispone di una camera CCD. M87 si trova al centro dell'ammasso della Vergine e la gran parte delle galassie che la circondano sono influenzate dalla sua poderosa attrazione gravitazionale. L'ammasso è costituito da circa 300 galassie di grosse proporzioni e forse da 2000 galassie più piccole. È il più vicino tra i grandi ammassi di galassie, distando da noi circa 55 milioni di anni luce. Esso occupa oltre 100 gradi quadrati nelle costellazioni della Vergine e della Chioma di Berenice. È tale la sua influenza che anche la Via Lattea, con il resto del Gruppo Locale, ne viene attratta gravitazionalmente.

Messier 82	NGC 3034	09h 55,8m	+69° 41'	Gen-**Feb**-Mar
8,4 m [12,8 m]	11',2| 4',3	▬	Isp	facile

Galassia molto strana, che comunque si mostra con facilità all'oculare del telescopio. Se la si guarda con un binocolo, si presenta come un pallido chiarore elongato. Un binocolo di buon diametro farà forse intravedere qualche dettaglio e la visione distolta aiuterà nell'evidenziare la banda oscura di polveri. Già solo con un piccolo telescopio di 10 cm risulta evidente che qualcosa di strano dev'essere capitato a M82, poiché la parte occidentale è chiaramente più brillante di quella orientale. La regione del nucleo appare spigolosa e seghettata. Guardando lungo l'intera galassia, la luce delle stelle sembra scaturire attraverso le aperture delle bande di polveri. È una galassia che merita di essere studiata a lungo e in ogni dettaglio, specialmente con strumenti di grossa apertura e ad alti ingrandimenti. Si tratta di una galassia attiva del tipo *starburst*, poiché va soggetta a formazione di stelle a tassi elevati. Ciò potrebbe essere stato causato dal passaggio ravvicinato della sua compagna M81: circa 40 milioni di anni fa, gli effetti gravitazionali di M81 potrebbero aver innescato il collasso delle nubi di materia interstellare di M82. La materia che in un primo tempo venne risucchiata a M82 ora si pensa che stia ricadendo su di essa, il che giustifica sia l'aspetto generale della galassia sia questa nuova fase di intensa formazione stellare. M81 e M82 possono essere viste nello stesso campo visuale e regalano visioni stupende.

Caldwell 77	**NGC 5128**	**13h 25,5m**	**–43° 01'**	Mar-**Apr**-Mag
6,8 m [*12,9 m*]	**18',2| 14',5**		**S0pec**	**facile**

Conosciuta anche come Centaurus A, questa galassia è spettacolare: peccato che sia troppo a sud per essere visibile dall'Italia. Le fotografie la mostrano come un oggetto quasi perfettamente circolare tagliato a metà da una banda polverosa molto evidente. È visibile al binocolo come una stella "nebulosa"; solo binocoli di grande apertura consentono di indovinare la presenza della famosa banda oscura, la quale è invece ben visibile in telescopi di 15 cm. Con maggiori aperture si avrà la visione di molti più dettagli e si potrà cogliere anche qualche struttura all'interno della banda di polveri. Oggetto interessante anche per il fatto di essere la galassia attiva più vicina a noi, ha un nucleo compatto che probabilmente ospita un buco nero supermassiccio. Centaurus A è per me uno degli oggetti più spettacolari del cielo.

Caldwell 24	**NGC 1275**	**03h 19,8m**	**+41° 30'**	Ott-**Nov**-Dic
11,9 m [*13,2 m*]	**3',5| 2',5**		**P**	**difficile**

L'ultima galassia della nostra lista è un oggetto di grande importanza anche se poco spettacolare nell'osservazione visuale. Merita di essere seguita per diverse ragioni. È il membro principale dell'ammasso di galassie del Perseo, conosciuto in sigla come Abell 426. Diversi astrofili riportano che possa essere vista attraverso telescopi anche solo di 15 cm d'apertura; naturalmente, sarà più facile localizzarla con telescopi di maggiore diametro. Se la si guarda con uno strumento di 40 cm, o anche maggiore, la galassia apparirà circondata da diverse galassiette più deboli che fanno tutte parte dell'ammasso. Probabilmente, per gli osservatori dell'emisfero nord è il campo di galassie più denso di oggetti del cielo invernale. Caldwell 24 è un'intensa radiogalassia e si pensa che sia il risultato della fusione tra due grossi sistemi. L'ammasso del Perseo, costituito da più di 550 membri, è parte di un ammasso ben maggiore, il superammasso Pesci-Perseo.

3C 273		**12h 29,1m**	**02° 03'**	Feb-**Mar**-Apr
12,8 m	*z* = 0,158			**2 miliardi di a.l.**

Questo quasar è il più brillante di tutto il cielo ed è alla portata di un telescopio di media-grande apertura. Astrofili riportano di essere stati in grado di osservarlo con telescopi di 20 cm. Per localizzare il quasar si tengano presenti queste indicazioni: grosso modo, esso si situa 3°,5 a nord-est della stella η Virginis. Ora si provi a localizzare la galassia NGC 4536 (magnitudine 10,6; luminosità superficiale 13,2; coordinate: A.R. 12h 34,5m, dec. 2° 11'). Circa 1°,25 a est di questa galassia si trova il quasar.

Nelle sue immediate vicinanze vi è una stella doppia, con le componenti disposte in direzione est-ovest e separate da 3 secondi d'arco. Le due stelle hanno magnitudini rispettivamente 12,8 e 13 e il quasar è un oggetto apparentemente stellare altrettanto brillante, di colore azzurro a est del sistema doppio.

PKS 405–123	**MSH 04–12**	**04h 07,8m**	**–12° 11'**	Ott-**Nov**-Dic
14,8 m	*z* = 0,57			**6 miliardi di a.l.**

Ecco un altro quasar che dovrebbe essere alla portata degli astrofili, poiché può essere già rivelato da un telescopio di 20 cm. Si trova nella costellazione dell'Eridano, circa 3° a nord-est di Zaurak (γ Eri). Guardandolo nell'oculare del telescopio, si potrà vedere una piccola macchiolina verdastra sulla sinistra: si tratta della nebulosa planetaria NGC 1535 (detta l'Occhio di Cleopatra). Se vi sforzate di vedere il quasar, andando a consultare dettagliate mappe stellari per confermare la corretta localizzazione, allora fate parte di un piccolo gruppo elitario di astrofili (non sono in molti gli astronomi non professionisti che dedicano tempo all'osservazione dei quasar). Fa un certo effetto pensare che la luce che sta entrando nei vostri occhi è partita da questo quasar circa 1,5 miliardi di anni prima che nascessero il Sole e la Terra!

4.8 Lenti gravitazionali

Prima di lasciare l'argomento quasar, si deve senz'altro menzionare il fatto che, sotto le giuste condizioni, è possibile verificare con i nostri occhi una delle più affascinanti conseguenze della teoria della relatività generale di Einstein: le *lenti gravitazionali*.

Non vogliamo certo trattare in questo libro la teoria generale della relatività: basterà, in questo contesto, accennare ad alcuni concetti. La gravità ha la proprietà di "piegare" il cammino della luce, a patto che la forza gravitazionale sia sufficientemente intensa. La prima verifica sperimentale della teoria di Einstein, in effetti, fu proprio la misura dell'entità della curvatura di un fascio luminoso. Il 29 maggio 1919 l'astronomo inglese Arthur S. Eddington misurò di quanto la luce stellare fosse stata deflessa dal campo gravitazionale del Sole. Egli sfruttò un'eclisse totale di Sole in modo tale che le deboli stelline che circondavano il disco della nostra stella non venissero cancellate dal suo soverchiante chiarore. La precisione della misura fu soltanto del 20%, ma risultò sufficiente per verificare la correttezza della teoria. Misure successive, sfruttando le onde radio, sono riuscite a confermare le previsioni di Einstein entro l'1%.

Il Sole non è l'unico oggetto che può piegare un raggio di luce. Qualunque oggetto celeste, purché sufficientemente massiccio, può deflettere le onde luminose. I calcoli indicano che quando un raggio di luce proveniente da una sorgente lontana transita nei pressi di una galassia compatta e massiccia, la curvatura della luce può dar luogo alla comparsa di immagini multiple della stessa sorgente. È come se la galassia agisse da lente, cosicché qualunque sorgente luminosa posta al di là di essa ha i suoi raggi piegati quando le passano radenti. La galassia deflettente è detta *lente gravitazionale*.

Nel 1979, alcuni astronomi notarono che c'erano due quasar vicinissimi in cielo, conosciuti in sigla come Q0957+561, che mostravano identici spettri e *redshift*: fu immediato concludere che i due quasar in realtà fossero due immagini dello stesso oggetto e che lo sdoppiamento d'immagine era prodotto da una lente gravitazionale. La spiegazione si rivelò corretta qualche tempo dopo, quando si poté mostrare che la luce del lontano quasar veniva deflessa da un ammasso di galassie antistante, posto sulla stessa linea visuale.

Probabilmente avrete visto le immagini di lenti gravitazionali pubblicate su libri e riviste e avrete ànche pensato che sarebbe praticamente impossibile per voi vederle attraverso il telescopio. Gli esempi che i libri riportano sono solitamente quelli di quasar così lontani che solo il Telescopio Spaziale "Hubble" o i più grandi telescopi del mondo basati al suolo possono rivelare.

In effetti, il sospetto è abbastanza fondato, e tuttavia ci sono quasar che possono essere osservati anche dagli astrofili. L'impresa non è delle più semplici e si deve ancora una volta sottolineare che le buone condizioni atmosferiche sono essenziali per riuscire a vedere questi deboli oggetti; inoltre, si richiederà un buon atlante stellare per confermare le osservazioni.

| Quasar gemelli | Q0957+0561A/B | 10h 01m | 55° 53' | Gen-**Feb**-Mar |
| 16,8 m (17,1; 17,4 A/B) | | separazione 6" | | 8 miliardi di a.l. |

La coppia si trova nella costellazione dell'Orsa Maggiore e quindi è un comodo obiettivo per gli osservatori dell'emisfero settentrionale. Per individuarla, si parta dalla brillante galassia vista di taglio NGC 3079 (8',1×1',4; magnitudine 11,5, alla portata di un telescopio di 20 cm; intorno ci sono diverse galassie deboli). La galassia punta il quasar nella direzione di sud-est: il quasar si trova a circa due diametri galattici di distanza, vicino a un parallelogramma di stelle di magnitudine 13 e 14. Lo si vede appena fuori dell'angolo sud-orientale. Le due componenti hanno magnitudini 17,1 e 17,4, separate di 6 secondi d'arco. Osservatori dotati di strumenti di notevole apertura (intorno ai 50 cm) riportano di essere stati in grado di risolvere chiaramente i due oggetti. Come molti quasar, anche il Q0957+0561 è debolmente variabile in luminosità. Dentro un piccolo telescopio le due immagini appariranno sovrapposte, conferendo alla sorgente una forma appena elongata. In questo caso specifico, l'effetto lente è dovuto a un ammasso di galassie lontano 3,5 miliardi di anni luce, che scinde la luce del quasar, molto più distante, in immagini multiple. Due di queste immagini sono marcatamente più brillanti delle altre e perciò le possiamo vedere. Sarà saggio utilizzare il più alto ingrandimento possibile. Quella dei quasar gemelli è una buona sfida osservativa per i possessori di una camera CCD. Il quasar si colloca a una distanza di circa 8 miliardi di anni luce ed è probabilmente l'oggetto più distante che un astrofilo possa vedere con la sua strumentazione.

| Quasar doppio del Leone | QSO 1120+019 | 11h 23,3m | 01° 37' | Feb-**Mar**-Apr |
| 15,7 20,1 m (A/B) | $z = 1,477$ | | | |

Quasar estremamente difficile da risolvere. Mentre la componente A, la più brillante, può essere facilmente vista con un grosso telescopio, la componente B, più debole, è davvero una sorgente ardua.

| Quasar Quadrifoglio | H 1413+117 | 14h 15,8m | 11° 29' | Mar-**Apr**-Mag |
| 17 m (A/B/C/D) | $z = 2,558$ | | | |

Oggetto straordinariamente difficile da osservare, a meno che non si possano sfruttare condizioni atmosferiche perfette e solo con telescopi di diametro molto grande. La separazione più larga tra le quattro immagini è di 1",36. Gli astrofili che hanno provato a puntarlo riportano di riuscire a raccogliere un'immagine debole, nebulosa, asimmetrica, anche utilizzando camere CCD.

4.9 Redshift, distanza e legge di Hubble

Nei primi decenni del XX secolo, gli astronomi, e in particolar modo Edwin Hubble, iniziavano a prendere misure accurate degli spettri delle galassie. Ben presto si accorsero che molti di essi esibivano un *redshift*, uno *spostamento verso il rosso*: le righe spettrali comparivano tutte a lunghezze d'onda maggiori (spostate verso la regione del rosso), il che indica che la galassia è animata da un moto di allontanamento dalla Terra. In aggiunta, diversi astronomi, tra cui Milton Humason, che migliorarono la determinazione delle distanze, si accorsero che le galassie più distanti sembravano essere caratterizzate da valori più grandi del *redshift*. Ben presto questo fenomeno venne osservato non solo in una manciata di galassie, ma in centinaia di esse e, man mano che si facevano nuove misure e che miglioravano le tecniche osservative, divenne chiaro che in tutto l'Universo osservato le galassie si stanno allontanando da noi e che le più lontane si muovono più velocemente.

Quella che si scoprì fu l'espansione dell'Universo, riassunta nella *legge di Hubble*.

Benché una trattazione rigorosa di questo argomento vada al di là degli scopi di questo libro, è relativamente facile determinare sia lo spostamento verso il rosso che la *velocità di recessione* di una galassia. Per essere più precisi, dovremmo dire che sono gli ammassi di galassie ad essere animati da moti di allontanamento reciproco. Le singole galassie, come quelle che fanno parte del Gruppo Locale, sono caratterizzate da moti abbastanza casuali, in tutte le direzioni. Per esempio, la Via Lattea non si allontana da M31, ma anzi si sta avvicinando a essa; anche la Grande Nube di Magellano si muove verso di noi.

La legge di Hubble è uno dei più importanti concetti astrofisici, poiché non riguarda solo le distanze e le velocità delle galassie, ma si porta dietro implicazioni profonde. Si può dire che essa sia il succo della cosmologia e che prepari l'ingresso sulla scena del più grandioso di tutti i concetti cosmologici, quello del Big Bang.

Box 4.1 Il *redshift*

Il *redshift* (z) di una sorgente celeste è dato dalla differenza relativa tra la lunghezza d'onda osservata (λ) di una riga spettrale e il suo valore di laboratorio (λ_0):

$$redshift = z = (\lambda - \lambda_0) / \lambda_0$$

Esempio. Nello spettro di una galassia la riga Hα viene osservata alla lunghezza d'onda di 662,9 nm. Sappiamo che la lunghezza d'onda di laboratorio della Hα è 656,3 nm. Calcoliamo perciò il *redshift* della galassia e la sua velocità di recessione:

$$z = (662,9 - 656,3) / 656,3 = 0,010$$

Il *redshift* della galassia è 0,010.
Per le galassie vicine, per le quali lo z è molto minore di 1, la velocità può essere calcolata attraverso la formula:

$$v = c \times z$$

dove $c = 3,0 \times 10^5$ km/s è la velocità della luce. Dunque:

$$v = c \times z = (3,0 \times 10^5) \times 0,010 = 3000 \text{ km/s}$$

La velocità di recessione della galassia è di 3000 km/s.

La legge di Hubble

La legge di Hubble ci consente di stabilire la distanza a cui si trova una galassia se conosciamo con quale velocità essa si allontana da noi (velocità di recessione cosmologica):

$$v = H_0 \times d$$

H_0 è la costante di Hubble e generalmente viene espressa in km/s per Megaparsec. Il valore attualmente accettato è di circa 70 km s^{-1} Mpc^{-1}.

Esempio. Stimiamo la distanza della galassia con $z = 0,010$.

$$d = v / H_0 = 3000 / 70 = 43 \text{ Mpc}$$

La galassia dista approssimativamente 43 Mpc. Poiché 1 Mpc = 3,26 milioni di anni luce, ciò equivale a 140 milioni di a.l.

4.10 Ammassi di galassie

Le galassie singole, isolate, sono una razza rara. Gran parte delle galassie vive infatti negli ammassi, che ne possono contenere anche solo una dozzina; alcuni, invece, sono ammassi giganti e contano migliaia di membri. Gli ammassi più modesti occupano regioni relativamente piccole, diciamo dell'ordine di 1 Mpc, mentre gli ammassi più imponenti si estendono anche per 10 Mpc. La Via Lattea è membro di un piccolo ammasso detto *Gruppo Locale*, di cui fanno parte una quarantina di galassie[15].

Si possono considerare due tipi di ammassi, quelli *ricchi* e quelli *poveri*. I primi possono essere costituiti da più di mille galassie, tra le quali moltissime ellittiche, e coprono generalmente aree di oltre 3 Mpc di diametro. In questi tipi di ammassi, le galassie si affollano verso il centro, là dove è facile trovare una o due galassie ellittiche giganti. Un bell'esempio di ciò è l'ammasso della Vergine, nel cui centro domina l'ellittica gigante M87.

Gli ammassi poveri, come suggerisce il nome, contengono meno di un migliaio di membri, benché l'area occupata sia paragonabile a quella degli ammassi ricchi: qui evidentemente le galassie sono più disperse.

Gli ammassi ricchi contengono circa l'80-90% di galassie ellittiche e lenticolari, con poche spirali, mentre gli ammassi poveri presentano una frazione più importante di galassie spirali. Tra le galassie isolate (cioè quelle che non appartengono agli ammassi) le proporzioni si ribaltano: l'80-90% sono spirali. Ci sono prove che le grandi galassie ellittiche siano passate attraverso molti episodi di fusione tra galassie, mentre le spirali dovrebbero averli evitati. In effetti, potrebbe essere che le ellittiche si formino a seguito della fusione di due spirali. Le ellittiche nane, d'altra parte, sembrano invece aver seguito un differente cammino evolutivo: queste sono piccole galassie che hanno perduto il loro gas e le polveri a causa dell'interazione con galassie di maggiori dimensioni.

Benché l'evoluzione delle galassie non sia del tutto compresa, risulta evidente che le interazioni sono eventi di grande rilevanza. Collisioni, fusioni e incontri ravvicinati possono causare fenomeni di formazione stellare a tassi elevati, oltre che la distruzione di interi sistemi stellari per effetto delle forze mareali. Anche la nostra Via Lattea sta fagocitando alcune delle galassie ellittiche nane che le sono satelliti.

4.10.1 Gruppi e ammassi di galassie

Gruppo di Hickson 68	NGC 5353	13h 53,4m	+40° 47'	Mar-**Apr**-Mag
11,1 m	→11',2←	5		impegnativo

Bel gruppo di galassie per l'osservatore amatoriale. Il membro più brillante del gruppo può essere scorto già con un telescopio di 6 cm e mostrerà il centro più brillante in uno strumento di 15 cm. Le altre galassie appariranno come deboli macchioline luminose; per riuscire a vedere anche i componenti più deboli è richiesta un'apertura di almeno 25 cm.

Settetto di Copelands	NGC 3753	11h 37,9m	+21° 59'	Feb-**Mar**-Apr
13,4 m	→7',0←	7		**difficile**

È conosciuto anche come Gruppo di Hickson 57 ed è un piccolo gruppo di galassie situato nella costellazione del Leone: è racchiuso in un diametro di circa 7 primi d'arco. Neppure i telescopi di 25 cm riusciranno a mostrare i membri più deboli del gruppo, ma solo le quattro galassie più brillanti. Le più deboli emergeranno invece negli strumenti più impegnativi, e solo se le condizioni del *seeing* saranno perfette. Del gruppo fanno parte spirali barrate, spirali ordinarie e galassie lenticolari.

Ammasso della Chioma	NGC 4889	12h 57,7m	+28° 15'	Mar-**Apr**-Mag
11,4 m	→120'←	10		**difficile**

Questo è un grosso ammasso di galassie. Molti dei suoi membri sono alla portata di telescopi amatoriali di 25 cm di apertura. È un ammasso piuttosto disperso, cosicché il campo visuale sarà punteggiato da innumerevoli macchioline debolmente luminose. Contiene galassie di tutti i tipi.

Quintetto di Stephan	NGC 7320	22h 36,1m	+33° 57'	Mar-**Apr**-Mag
12,6 m	→4'←	5		**difficile**

Gruppo di galassie famosissimo, localizzato nella costellazione del Pegaso: stranamente, in passato veniva ritenuto un oggetto difficile per l'astrofilo, quando invece sotto un cielo perfetto il gruppo è visibile con un telescopio di 20 cm. Per osservare il gruppo risolto nelle sue componenti, e non soltanto come una debole e indistinta luminosità, occorrerà un telescopio di 25 cm di apertura. Si renderanno visibili in tal modo almeno quattro componenti del gruppo, mentre il quinto richiederà un diametro di almeno 30 cm. Ad alti ingrandimenti e con diametri ancora maggiori, si può percepire qualche struttura nella galassia più brillante del gruppo. Si ritiene che quattro delle cinque galassie stiano interagendo tra loro e ci si chiede se la quinta sia semplicemente un oggetto posto sulla linea visuale. Il Quintetto di Stephan rappresenta una sfida osservativa per chi opera sotto cieli cittadini.

Sestetto di Seyfert	NGC 6027	15h 59,2m	+20° 46'	Apr-**Mag**-Giu
13,3 m	→1',5←	6		**molto difficile**

È davvero un oggetto molto difficile! A meno che non si disponga di telescopi molto grandi, è dubbio che si possa vedere qualcosa; anche con diametri intorno ai 40 cm sarà difficile risolvere le singole galassie. È tuttavia interessante scoprire qual è la più piccola apertura richiesta per riuscire a a vedere queste deboli galassiette.

Ammasso della Fornace	NGC 1316	03h 20,9m	−37° 17'	Ott-**Nov**-Dic
11,4 m	→12'←	10		**difficile**

Altro ricco ammasso di galassie. Telescopi amatoriali dovrebbero essere in grado di evidenziare i membri più brillanti senza alcuna difficoltà. Ciò che rende questo ammasso così spettacolare è il fatto che con un modesto telescopio (diciamo di 25 cm) e sotto un cielo buio compaiono così tante galassie nell'oculare che risulta difficilissimo identificarle. Il membro più brillante risulta già visibile in un telescopio di 8 cm. Una galassia degna di nota è la NGC 1375, che è una spirale barrata lunga 8 secondi d'arco e visibile come una debole nebulosità in un telescopio di 8 cm.

4.11 Note conclusive

Siamo giunti al termine del nostro viaggio e io spero che il lettore abbia potuto gustare le scorribande in cielo che gli abbiamo proposto, divertendosi, e talvolta sbalordendosi, per ciò che ha letto e speriamo anche osservato. Questo tuttavia non è la fine, ma semmai l'inizio di un percorso che finora ci ha fatto assaporare soltanto poche delle innumerevoli delizie celesti che ci aspettano. La prossima volta che osserverete il cielo notturno, pensate che se non altro adesso avete un'infarinatura di cosa sono quegli oggetti lassù, come si sono formati, come potrebbero morire, di cosa sono fatti e, soprattutto, ora sapete distinguere se sono stelle, ammassi, nebulose o galassie. Buone osservazioni!

Note

1. Alla Via Lattea, la nostra galassia, spesso ci si riferisce come Galassia, con la "g" maiuscola: tutte le altre sono semplicemente "galassie".

2. Potrebbe comunque capitare che qualche stella, dopo molti miliardi di anni, possa liberarsi dalla gravità della propria galassia e diventare un vagabondo intergalattico.

3. O a una palla da *football* americano.

4. Si veda il capitolo 2 per una descrizione delle regioni HII.

5. Recenti ricerche dicono che la Grande Nube di Magellano, spesso classificata come irregolare, in realtà è una galassia spirale.

6. Naturalmente, non devo ricordarvi che se avete un telescopio medio-grande potrete vedere un numero sconfinato di galassie, spesso con un dettaglio che vi sorprenderà.

7. Del Gruppo Locale fanno parte, oltre che la Via Lattea, M31, M33, M110, M32, la Grande e la Piccola Nube di Magellano e circa 25 galassie nane, tra le quali Leo I, Leo II, And I, And II, le nane del Dragone, della Carena, del Sestante e della Fenice.

8. Le variabili Cefeidi vengono usate come *candele standard* per determinare le distanze degli oggetti extragalattici.

9. La galassia M83 si trova alla stessa distanza e diversi astrofili dicono di averla osservata a occhio nudo.

10. Talvolta l'ammasso viene detto semplicemente Ammasso della Vergine. Per una sua descrizione si veda M87.

11. Tra queste, una grande regione HII, la NGC 604. Se ne veda la descrizione nel paragrafo sulle nebulose a emissione, nel capitolo 2.

12. I nuclei galattici attivi sono normalmente classificati in base a tre parametri: la variabilità ottica, la radioemissione e l'ampiezza delle righe spettrali. Le *galassie di Seyfert* sono per lo più radio-quiete e non sono così fortemente variabili come altri tipi di AGN; le *Seyfert 1* hanno righe spettrali sia larghe che strette, mentre le *Seyfert 2* presentano solamente righe strette. I *quasar* hanno righe larghe e alcuni di essi sono variabili; la classe può essere ulteriormente suddivisa tra quasar radio-quieti e radioemittenti. Le *radiogalassie* hanno una forte emissione radio e non sono variabili. I *blazar* sono sorgenti altamente variabili e alcuni di essi hanno forti emissioni radio; possono essere suddivisi in *oggetti BL Lac*, dalle righe sottili (ce ne sono che non mostrano alcuna riga spettrale e questo è il motivo per cui il *redshift* di molti BL Lac resta sconosciuto), e in *quasar violentemente variabili in ottico* (OVV), dalle righe larghe.

13. E la lista non è completa!

14. Quando si dice "facilmente" si intende in fotografia.

15. Nuovi membri del Gruppo Locale vengono continuamente scoperti. Generalmente sono piccoli e tutt'altro che cospicui: da qui la difficoltà di rivelarli.

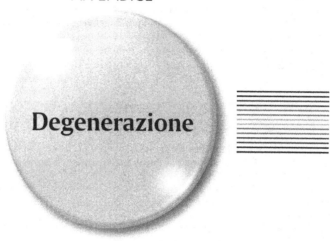

Degenerazione

La degenerazione è un argomento assai complesso, ma molto importante specialmente quando si discutono gli stadi finali della vita di una stella. È comunque un argomento che spaventa parecchia gente: ha a che fare con la meccanica quantistica e tanto basta per allontanare da una discussione più approfondita l'astrofilo medio. Eppure, non è poi così difficile da capire, tenendo presente che l'informazione che qui si dà è piuttosto rudimentale e che comunque non faremo uso di formule matematiche.

Nella gran parte delle stelle, il gas di cui sono fatte si comporta come un gas ideale, ossia un gas per il quale vale una semplice relazione tra la temperatura, la pressione e la densità. Per essere più precisi, la pressione esercitata da un gas è direttamente proporzionale alla sua temperatura e alla sua densità. Sono concetti abbastanza familiari per noi. Se un gas viene compresso si riscalda; analogamente, se si espande si raffredda. Questo capita anche dentro una stella: quando cresce la temperatura, le regioni nucleari si espandono e, così facendo, si raffreddano, operando come una specie di valvola di sicurezza.

Affinché possano aver luogo certe reazioni nell'interno stellare, il nocciolo deve essere compresso a valori estremi, il che consente che si raggiungano temperature molto elevate. Tali temperature sono necessarie se vogliamo, per esempio, che possa aver luogo la combustione dell'elio. A queste altissime temperature, gli atomi sono ionizzati e quindi il gas diventa una "zuppa" di nuclei atomici e di elettroni.

All'interno delle stelle, specialmente di quelle che hanno valori di densità estremi, come le nane bianche o i nuclei delle giganti rosse, gli elettroni presenti nelle regioni centrali resisteranno a ulteriori compressioni e svilupperanno essi stessi una potente pressione[1]. Questo fatto si chiama *degenerazione*: in una gigante rossa di piccola massa, per esempio, gli elettroni sono degeneri e il nocciolo stellare viene sostenuto proprio dalla loro pressione.

Ma una conseguenza di questa degenerazione è che il comportamento del gas ora è del tutto diverso da quello di un gas ideale. In un gas degenere, la pressione degli elettroni non risente più della temperatura, e in una gigante rossa, mentre la temperatura cresce, la pressione non fa altrettanto, cosicché il nocciolo non si espande come farebbe se fosse un gas ideale. Perciò, la temperatura continua a salire e possono aver luogo ulteriori reazioni nucleari.

Si giunge tuttavia a un punto in cui la temperatura è così elevata che gli elettroni nella regione centrale della stella risultano non più degeneri e il gas torna a comportarsi ancora come un gas ideale.

Anche i neutroni possono diventare degeneri, ma ciò avviene solo all'interno delle stelle di neutroni.

Note

1. Ciò è conseguenza del *principio di esclusione di Pauli*, che stabilisce l'impossibilità per due elettroni di occupare il medesimo stato quantico. E tanto basti!

Indice
per argomento

Indice
per oggetto